Python青少年趣味编程108例

（全视频微课版）

方其桂　主　编
吴　烜　张小龙　副主编

清華大學出版社
北　京

内容简介

本书以Python 3.10版本为基础，通过108个案例，详细、全面地介绍Python的基础知识和使用方法，通过制作多种有趣味的编程作品，让读者在思考中充分发挥想象力和创造力。本书共分为9章，第1章概述Python下载、安装的方法和编程环境的应用；第2章介绍Python的基础知识；第3章讲解以条件进行判断的选择结构；第4章探究重复执行的循环结构；第5章讲述字符串的应用方法；第6章介绍列表、元组与字典的作用与方法；第7章分析函数进阶应用的方法；第8章阐述turtle画图应用模块的相关知识；第9章探究运用Python编程语言综合解决实际问题的方法。

本书可作为中小学生的编程启蒙读物，也可供对Python编程感兴趣的读者学习参考，还可作为学校编程兴趣班及相关培训机构的教材。

图书在版编目（CIP）数据

Python青少年趣味编程108例：全视频微课版 / 方其桂主编. -- 北京：清华大学出版社, 2024. 7.
ISBN 978-7-302-66522-9

Ⅰ. TP311.561-49

中国国家版本馆CIP数据核字第20249P3P34号

责任编辑：李　磊
封面设计：杨　曦
版式设计：孔祥峰
责任校对：马遥遥
责任印制：刘　菲

出版发行：清华大学出版社
网　　址：https://www.tup.com.cn，https://www.wqxuetang.com
地　　址：北京清华大学学研大厦A座　　邮　　编：100084
社 总 机：010-83470000　　邮　　购：010-62786544
投稿与读者服务：010-62776969，c-service@tup.tsinghua.edu.cn
质 量 反 馈：010-62772015，zhiliang@tup.tsinghua.edu.cn
印 装 者：大厂回族自治县彩虹印刷有限公司
经　　销：全国新华书店
开　　本：170mm×240mm　　印　　张：21.5　　字　　数：471千字
版　　次：2024年7月第1版　　印　　次：2024年7月第1次印刷
定　　价：118.00元

产品编号：099494-01

前言

一、学习编程的意义

随着数字时代的到来，未来社会对人的要求，尤其是对青少年的要求正发生着巨大的转变。如何提升青少年的信息素养，使他们的计算思维能力得到提升，更好地应对现实生活中的各种挑战？学习编程是一个很好的途径。

编程不仅可以提升青少年的计算思维能力，还可以实现他们一些有趣的想法，有助于增强其创新意识和创意思维。学习编程需要长时间的精力投入，这能够培养青少年的耐心和毅力，让他们在追求自己的目标时更加坚定，使青少年拥有适应和驾驭未来的能力。

Python编程语言功能强大，而且可读性强、应用广泛，其语法规则简单，易于理解，降低了编程的门槛，即使是初学者也可以轻松上手。Python语言可以开发各种类型的软件，包括科学计算、桌面应用程序、游戏、Web应用程序、人工智能等，多样化的应用场景可以让青少年更好地理解编程在现代社会中的实际应用范围。

二、本书结构

本书通过9章内容，带领读者制作108个案例，调动读者学习编程的积极性。为便于学习，书中设计了如下栏目。

- **案例分析**　对每个案例需要解决的问题进行分析。
- **案例准备**　对案例中需要运用的知识进行认识和理解，设计算法，明确问题解决的过程。
- **实践应用**　每个案例都将任务进一步细分成若干个更小的环节，详细介绍操作步骤，降低学习难度。此外，通过“答疑解惑”对案例中容易出错的地方或疑难问题进行解释或补充，同时以“拓展应用”来强化和巩固各项重要知识点。

三、本书特色

本书适合10岁以上的青少年阅读，也可作为编程初学者的入门书籍，还可作为学校创客课程的教材，为了充分调动读者学习的积极性，本书在编写时努力体现如下特色。

- **案例丰富**　书中所有案例均设置了一定的情境，都有详细的分析和制作指导，利用案例将思维训练和程序设计串联起来，引发读者的思考和学习兴趣。

- **图文并茂** 在案例的具体操作过程中，语言简洁，基本上每一个步骤都配有对应的插图，用图文来分解复杂的步骤。读者也可以扫描书中的二维码，借助微课在线学习，再进行实践操作。
- **提示技巧** 本书对读者在学习过程中可能遇到的困惑，以"答疑解惑"的形式进行阐述，使读者的学习之路更加顺畅。
- **易学易用** 本书以典型、实用的案例为线索，知识点详略有度，内容编排合理，难度适中，便于读者学习和应用。

四、配套资源

本书配有数字化教学资源，提供了案例素材、源程序、PPT课件和微课视频，读者可以扫描下方二维码，将内容推送到自己的邮箱中，然后下载获取。读者也可扫描书中的二维码，借助微课在线学习，再进行实践操作。

源程序+课件

微课视频1

微课视频2

微课视频3

微课视频4

五、本书作者

参与本书编写的人员有省级教研人员、一线信息技术教师，其中有两位正高级教师，一位特级教师，其他作者也都曾获得全国或全省优质课评选奖项，他们长期从事信息技术教学方面的研究工作，具有较为丰富的计算机图书编写经验。

本书由方其桂担任主编，吴烜、张小龙担任副主编。具体编写分工如下：第1章由王芳、梁祥编写，第2章由王芳、周松松编写，第3章由王军编写，第4章由吴烜编写，第5章由张小龙编写，第6章由高纯编写，第7章由梁祥、吴烜编写，第8章由黎沙编写，第9章由张小龙编写。随书配套资源由方其桂整理制作。

虽然作者团队拥有十多年撰写编程方面图书(累计已编写、出版三十多种)的经验，在编写本书过程中也尽力认真构思验证和反复审核修改，但书中仍难免存在一些瑕疵。我们深知一本图书质量的好坏，需要广大读者去检验评说，在这里我们衷心希望您对本书提出宝贵的意见和建议。读者在学习使用过程中，对同样案例的制作可能会有更好的方法，也可能对书中某些案例的制作方法的科学性和实用性提出质疑，敬请读者批评指正。

方其桂
2024.1

目录

第1章 一见如故——Python编程环境

第2章 知根知底——Python基础知识

第3章 左右逢源——选择结构应用

第6章 渐入佳境——Python数据管理

第7章 化繁为简——函数进阶应用

第8章 惟妙惟肖——turtle画图应用

第 1 章

一见如故——Python 编程环境

Python 是一门非常优秀的计算机编程语言，它免费、开源、跨平台，拥有大量功能强大的内置对象和库。本章将带领读者走近 Python，熟悉它的编程环境，了解编程规范。不久的将来，我们也可以用一段小程序，来辅助完成自己工作中的小任务，提高工作效率。

本章通过 8 个小案例，讲解 Python 下载、安装、运行和调试的过程。通过阅读程序注释语句，理解程序代码；通过借鉴他人代码并尝试修改，实现案例新功能。小案例大发现，让你对 Python 一见如故。

学习内容

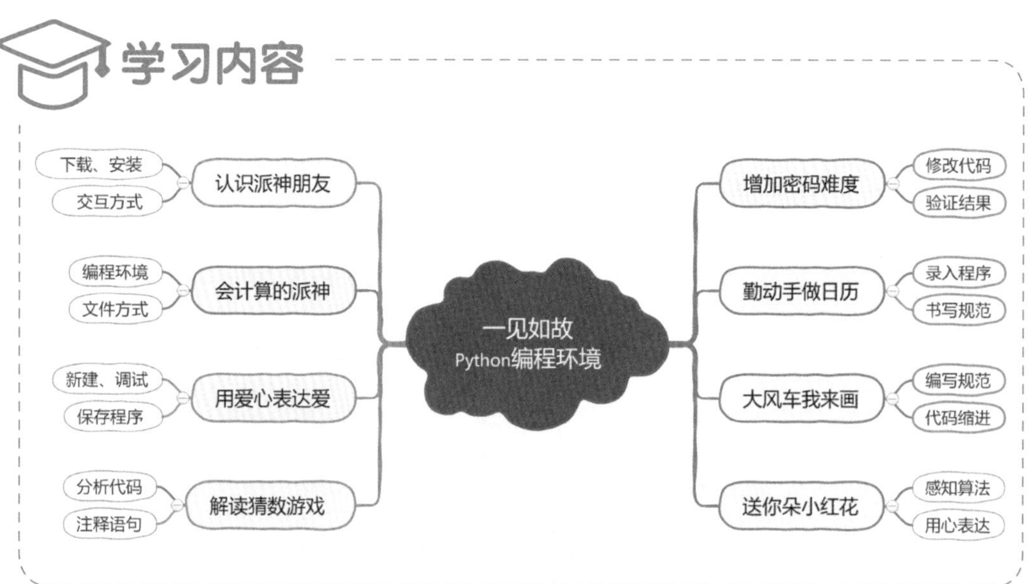

案例 1 认识派神朋友

知识与技能：下载、安装Python，体验交互方式编程

“派神”是沙沙对Python软件的昵称，沙沙觉得Python简单又神奇，所以经常使用它编写代码。朋友王雪看到沙沙能够用Python轻松完成各种学习任务，还能玩游戏，非常羡慕，于是她向沙沙请教。沙沙很开心地向王雪介绍派神：派神能写会算、可以画画、擅长数据处理、能做Web开发……说到这沙沙突然想起应该先告诉王雪如何拥有一款合适的派神软件，以便更好地了解这个朋友。

1. 案例分析

想要使用派神编程，当然要先拥有派神软件。那么哪里能找到派神？找到后怎样才能和它成为朋友呢？

问题思考

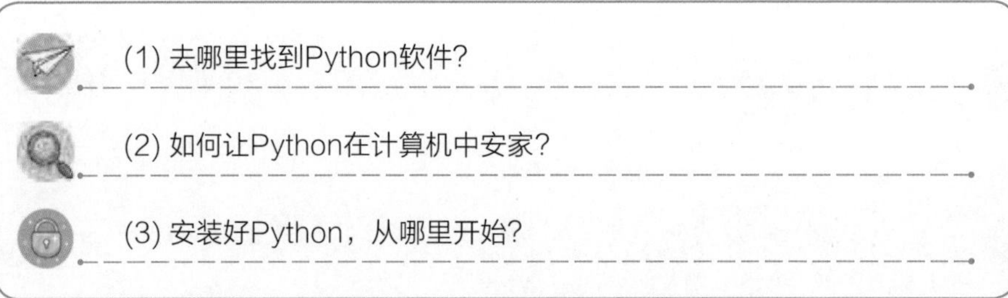

(1) 去哪里找到Python软件？

(2) 如何让Python在计算机中安家？

(3) 安装好Python，从哪里开始？

理一理　网络浩瀚，打开浏览器，去哪里寻找派神呢？当然是去派神的官方网站比较放心啦。根据我们使用其他应用软件的经验，找到派神软件后，应该先下载到自己的计算机中，安装后便可使用。

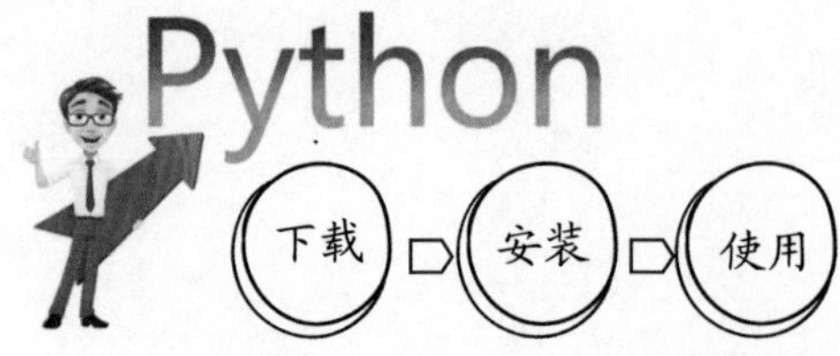

2. 案例准备

寻找软件　打开浏览器，进入Python官方网站，搜索Python安装软件。

你常用的搜索引擎是：____________

输入的关键词是：________________

Python的官方网站是：____________

我的发现

下载软件　打开浏览器，在地址栏中输入www.python.org，进入Python官方网站，按下图所示操作，下载Python安装文件。

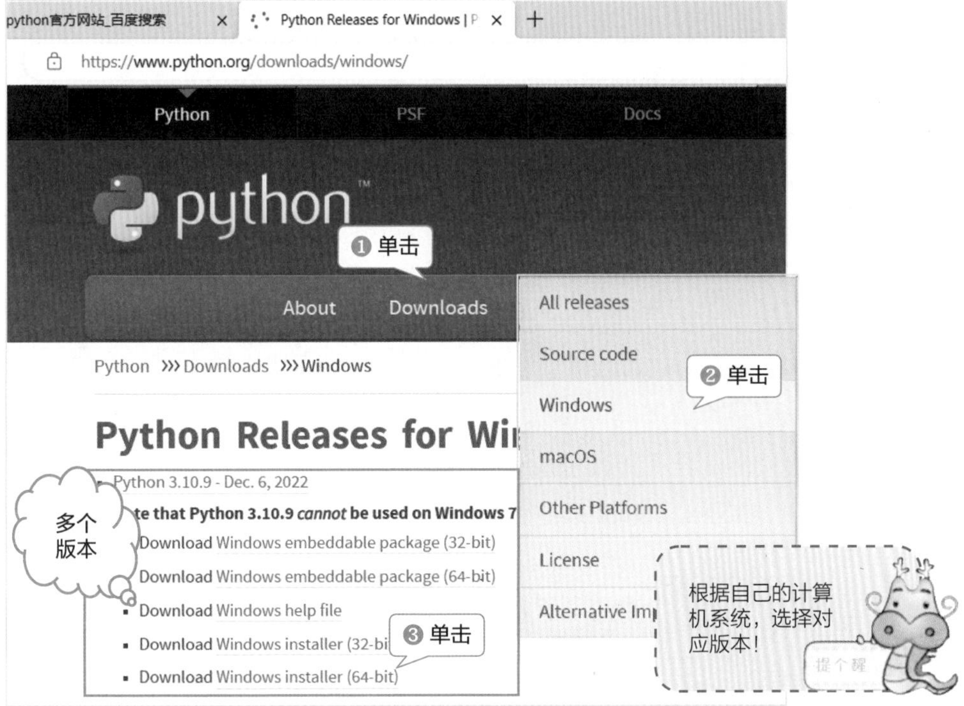

安装软件　双击下载的python-3.10.9-amd64.exe文件，按下图所示操作，安装Python软件。

走近派神　打开Python软件自带的编辑器IDLE，按下图所示操作，进入Python交互方式，在>>>命令提示符后写一句代码，按回车键，代码开始运行。

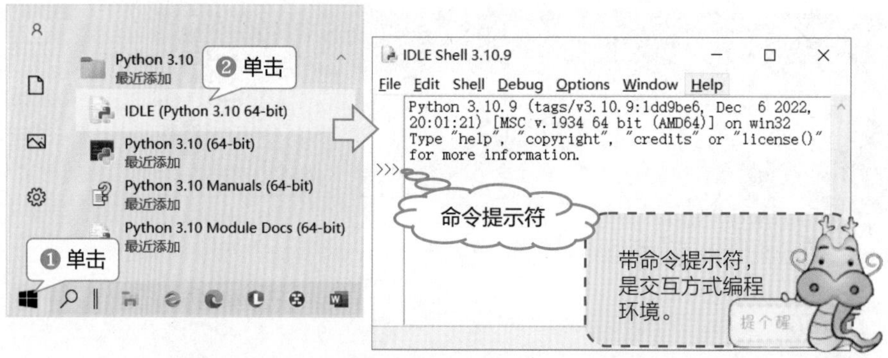

策划内容　和派神第一次见面，聊点什么呢？我想让它算一道数学题，显示一句问候语，或者呈现一个由符号组成的图案。

3. 实践应用

与派神交流　在>>>后分别输入365/108、"你好Python! "*3和print('(@^_^@)')，每次输入后按回车键，查看Python的反馈。

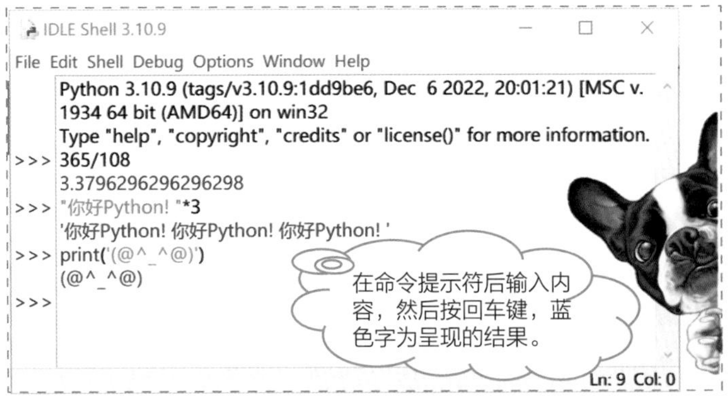

答疑解惑　在Python交互方式下，主要适合测试简单的Python命令，或者测试一些函数的功能。例如，print("　")函数的功能，就是将引号内的字符原样输出。

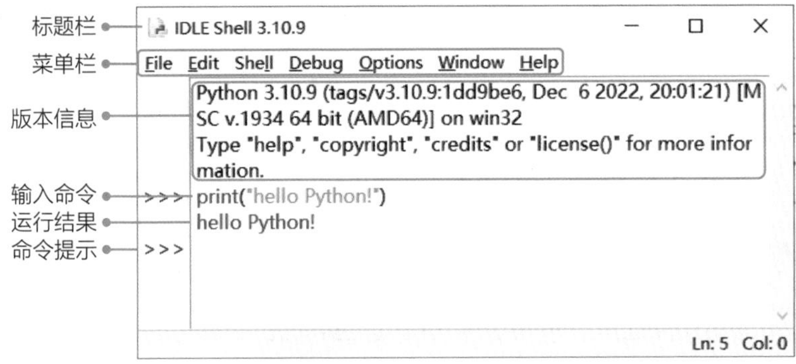

拓展应用　选择菜单File→New File命令，进入文件方式编程环境，可以一次编写多行代码让计算机执行。按下图所示操作，完成设置后，再次启动IDLE编辑器，进入文件方式编程环境。

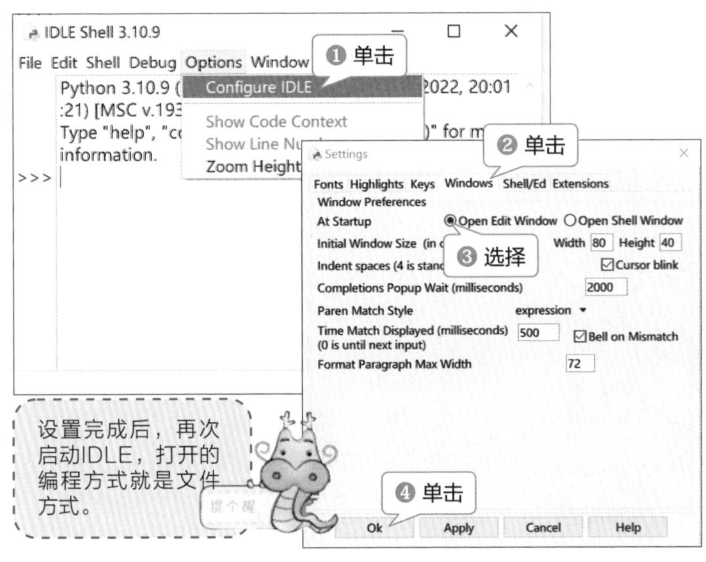

案例2 会计算的派神

知识与技能： 文件方式编程环境

王雪和沙沙争论人和计算机谁更聪明的问题，沙沙的观点是人比计算机聪明，但是人的运算速度是比不过计算机的，因为数据计算是计算机最基本、最擅长的能力。王雪将信将疑，想和沙沙用派神编写的“自然数运算”程序比一比，看看这场人机对战到底谁是赢家。

1. 案例分析

用派神编写的计算程序，不是一句代码就能实现的，它需要运行多行代码，这就需要在文件方式编程环境下进行了。在案例1中，我们知道在交互方式下，按回车键就可以运行一行代码。那么在文件方式下，如何让多行代码运行起来，实现计算功能呢？

问题思考

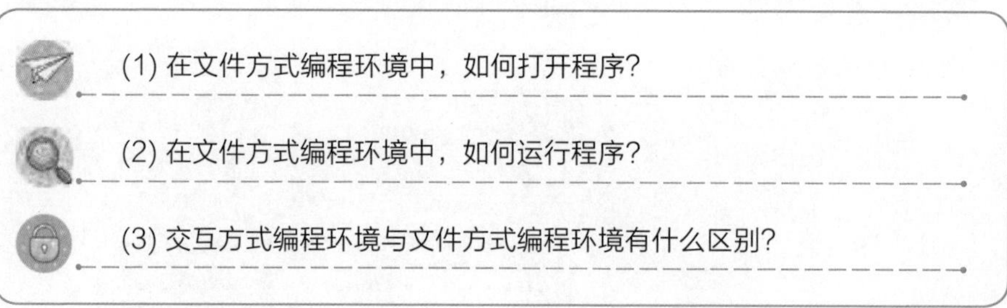

(1) 在文件方式编程环境中，如何打开程序？

(2) 在文件方式编程环境中，如何运行程序？

(3) 交互方式编程环境与文件方式编程环境有什么区别？

理一理　启动Python软件，以打开“案例2 会计算的派神.py”文件为例，体验打开和运行Python文件的过程。

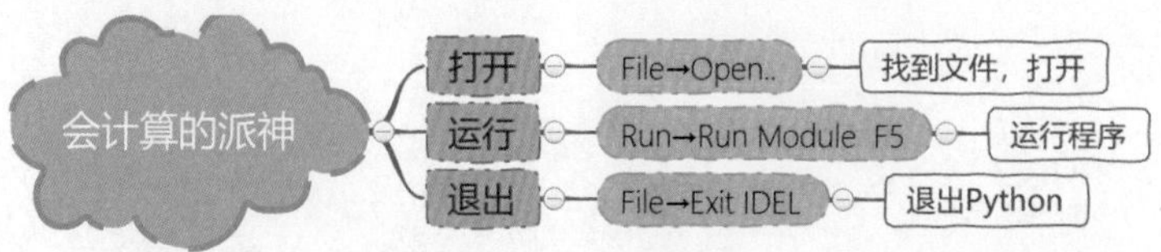

2. 案例准备

打开文件　启动Python的IDLE编辑器，按图所示操作，打开“案例2　会计算的派神”文件。

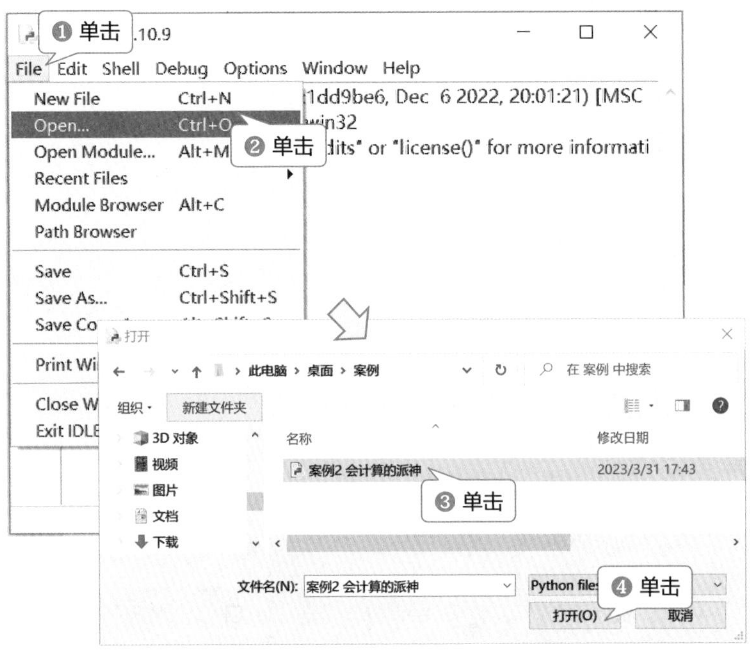

文件方式编程　文件方式是编写Python程序的主要方法，它可以把程序代码保存下来，方便随时调试和优化。其具体特点如下。

> 在文件方式编程环境下编写的代码保存成以.py为扩展名的文件，该环境下具有代码编写提示功能，便于查看源代码和调试运行。
>
> 在文件方式编程环境下，代码编辑方便，可以复制、粘贴；代码显示有高亮效果，不同类型代码呈现不同颜色，提高程序可读性，降低出错率。

算法设计　在Python自带的IDLE编辑器中，运行Python程序的步骤：打开Python程序→运行与调试程序→查看运行结果。

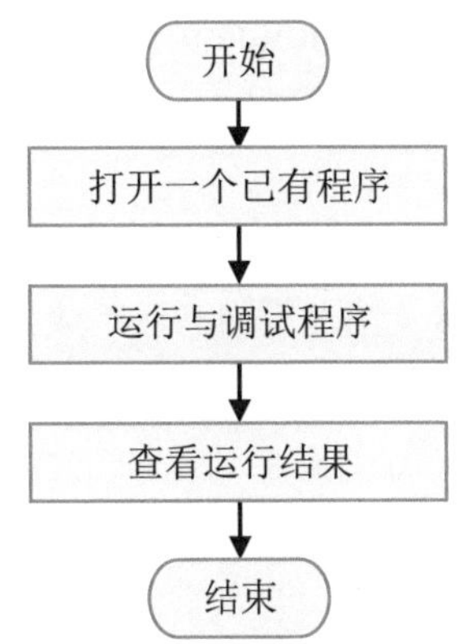

3. 实践应用

打开程序 在Python的IDLE编辑器中，选择菜单File→Open命令，找到“案例2会计算的派神.py”文件，打开程序，看看能否看懂。

```
print("自然数进行加减乘除的计算小程序")            # 显示提示文字
num1 = int(input("输入第1个自然数: "))            # 输入两个自然数
num2 = int(input("输入第2个自然数: "))
choice = input("输入运算符号(+、-、*、/): ")      # 输入运算符号
if choice == '+':
  print(num1,"+",num2,"=", num1+num2)           # 输出两数之和
elif choice == '-':
  print(num1,"-",num2,"=", num1-num2)           # 输出两数之差
elif choice == '*':
  print(num1,"*",num2,"=", num1*num2)           # 输出两数之积
elif choice == '/':
  print(num1,"/",num2,"=", num1/num2)           # 输出两数之商
else:
  print("非法输入")
```

运行程序 按下图所示步骤，运行计算程序。

测试程序 输入不同的自然数和运算符号，测试程序运行的结果，和王雪比一比，看谁计算得又快又准。

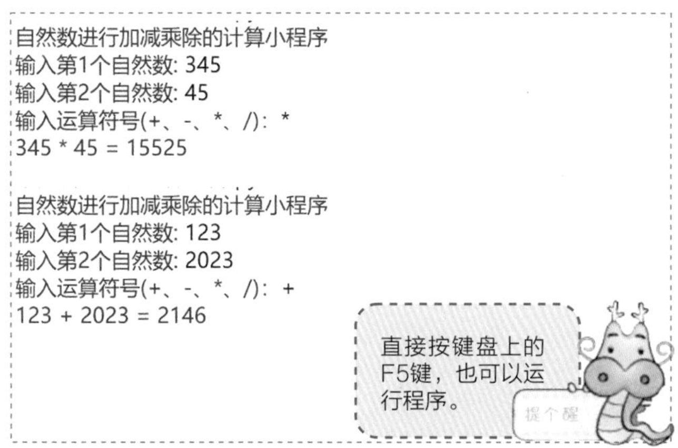

退出程序　要关闭打开的程序，单击IDLE编辑器窗口右侧的 × 图标即可。按下图所示操作，也可以退出IDLE编辑器。

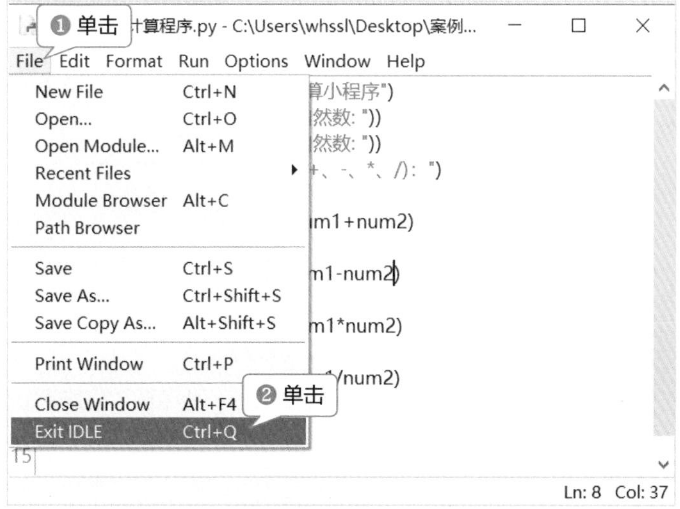

答疑解惑　在Python自带的IDLE编辑器中打开已有Python文件，进入的是文件方式编程环境。我们在编写程序时也可以经常使用文件方式，这样可以将多行代码以文件形式保存下来，方便调试和修改。

案例 3 用爱心表达爱

知识与技能： 新建、调试、保存程序

认识了派神这个新朋友以后，王雪特别想用一段代码绘制出爱心图案，表达自己对派神的喜爱之情。但王雪自己还不具备独立编写一段代码的能力，于是她向沙沙求

助，沙沙笑着说自己虽然不会写，但这个问题是可以解决的。那么，他到底是如何解决的呢？

1. 案例分析

在互联网上有很多Python编程高手，他们经常会将自己编写的代码进行分享。在文件方式编辑环境下，新建一个文件，复制他人代码，尝试修改、调试，这也是学习编程的好方法。

问题思考

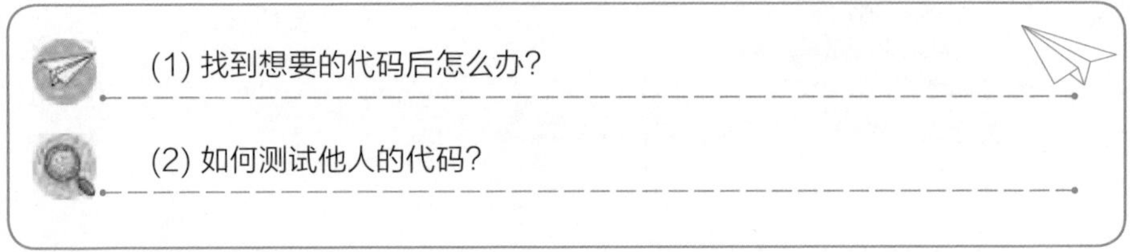

理一理　在Python的IDLE编辑器中，可以借鉴一段代码，如下图所示，表达自己的爱心。

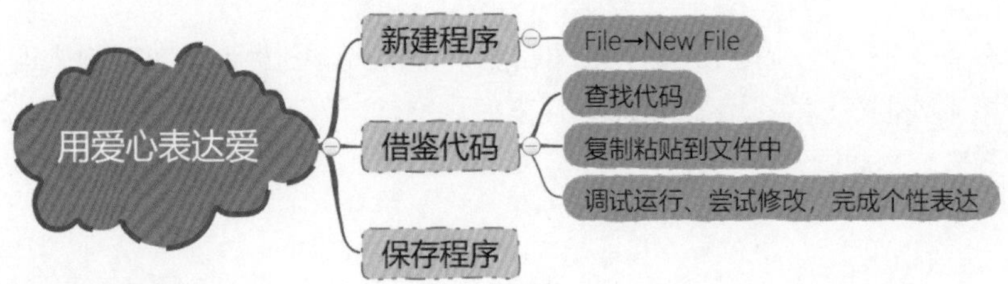

2. 案例准备

新建文件　启动Python的IDLE编辑器，按图所示操作，新建一个显示行号的空白文件。

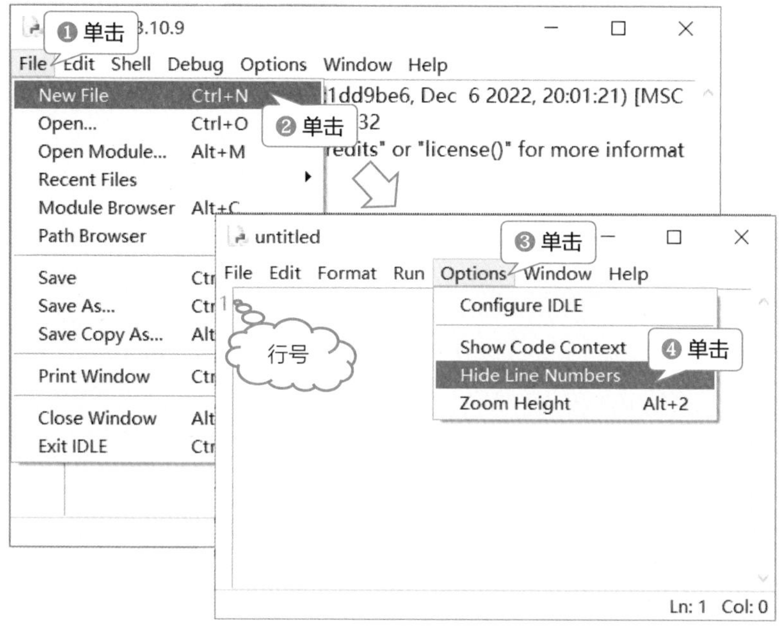

查找代码　在互联网中寻找呈现“爱心”图案的Python代码，全选代码，使用Copy命令复制代码，备用。

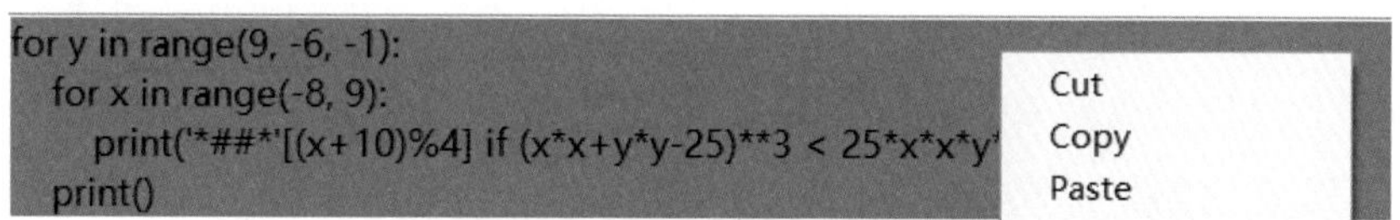

算法设计　复制要借鉴的Python代码后，在IDLE编辑器中新建文件，将代码粘贴到文件中，保存文件，根据运行结果尝试修改代码，呈现不一样的爱心。

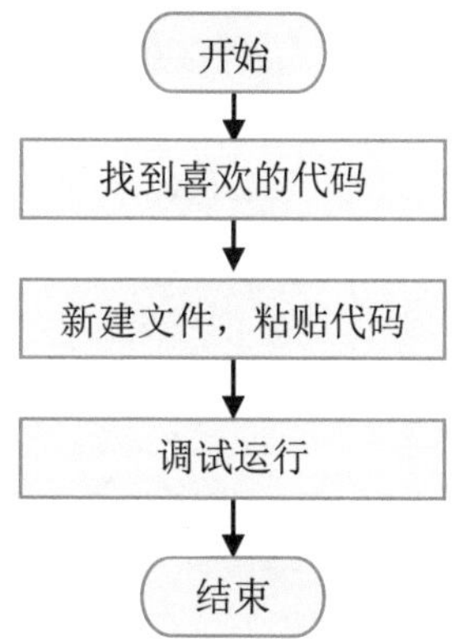

3. 实践应用

创建文件　在新建的空白文件中，将从互联网上复制的呈现“爱心”图案的代码粘贴到文件中。

```
for y in range(9, -6, -1):
    for x in range(-8, 9):
        print('*##*'[(x+10)%4] if (x*x+y*y-25)**3 < 25*x*x*y*y*y else '_', end=' ')
    print()
```

保存程序　按图所示操作，保存程序。

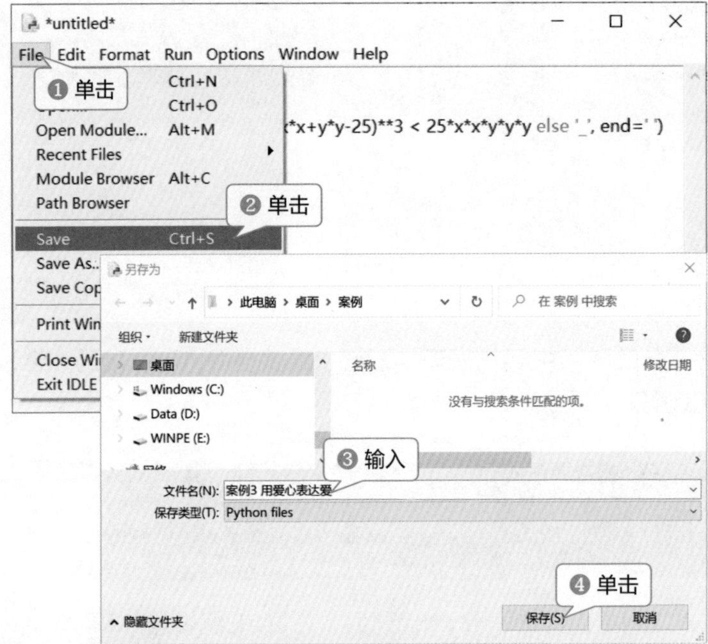

调试运行　按F5键运行程序，观察代码和运行结果，尝试在代码的合适位置添加字母p和y，呈现派神版“爱心”。

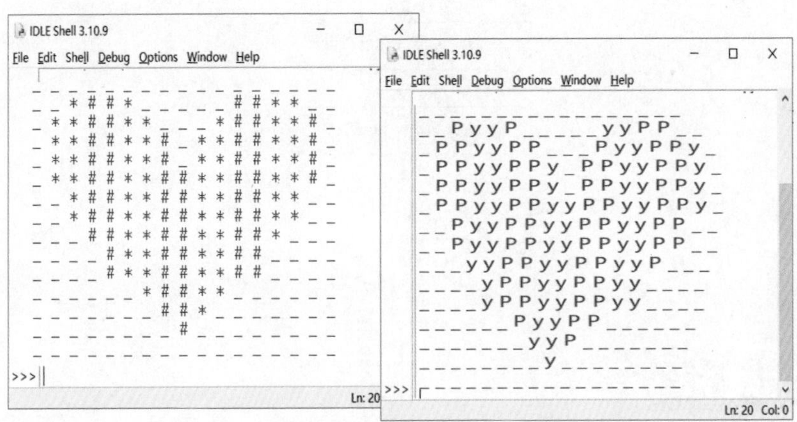

答疑解惑　复制网页中的代码，粘贴到Python文件中并运行，如果出现报错，通常是因为复制时出现了多空格或少空格的情况，有时网页中的代码含有全角标点符号，需要修改成英文标点才可以调试成功。

拓展应用　在互联网中有非常多好玩的代码，如Python编写的“冰墩墩”“玫瑰花”图案等，我们都可以借鉴，并稍作修改，生成不一样的图案。

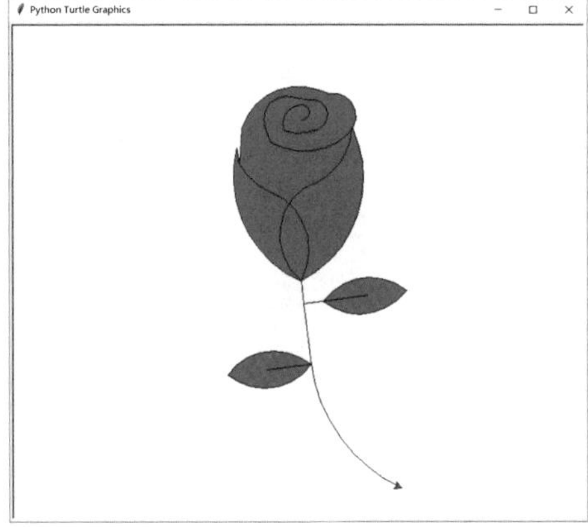

案例 4　解读猜数游戏

知识与技能： 分析代码、注释语句

解读其他人编写的程序，是提升编程能力的一个有效途径。沙沙给了王雪一个“猜数游戏”的程序，希望王雪通过测试与分析，读懂代码的作用，并注释出来。

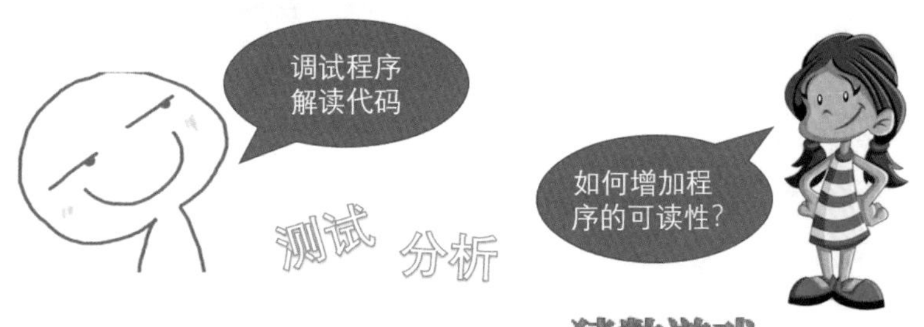

1. 案例分析

在解读程序代码时，我们可以利用掌握的英语知识，根据单词含义去理解代码；也可以运行调试程序，根据程序运行结果，分析代码的功能。

问题思考

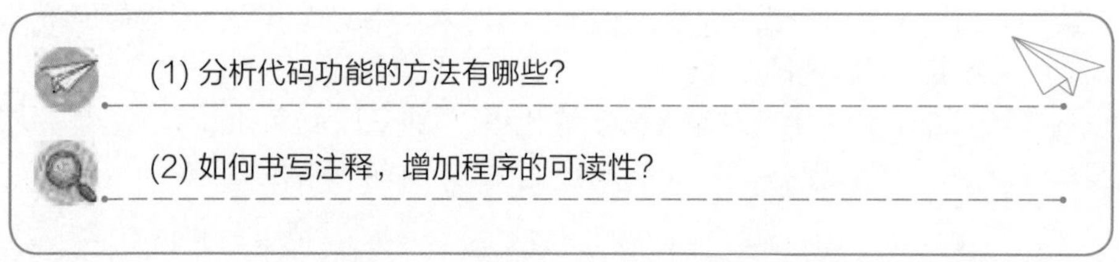

理一理　以Python程序“解读猜数游戏”为例，理解代码含义后，添加注释语句，增加程序的可读性。

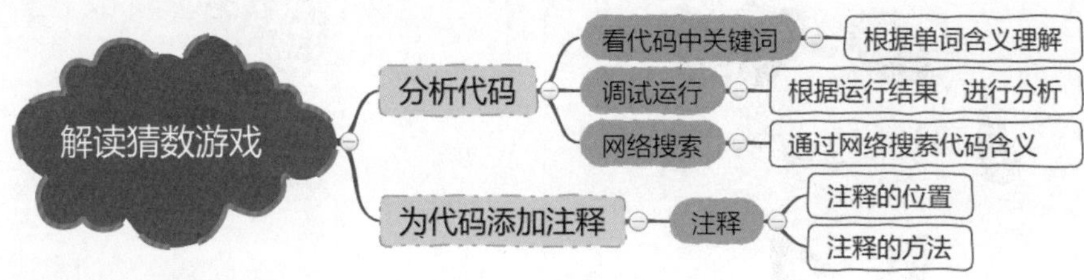

2. 案例准备

了解注释的作用　为代码添加注释语句，可以提升程序的可读性，方便程序编写人员读懂代码的功能，更高效地对程序进行迭代和优化。

认识注释的方法　Python语言的注释语句可以是单行，也可以是多行。单行注释用#开头编写注释内容，多行注释语句使用三对单引号或三对双引号将注释内容括起来。

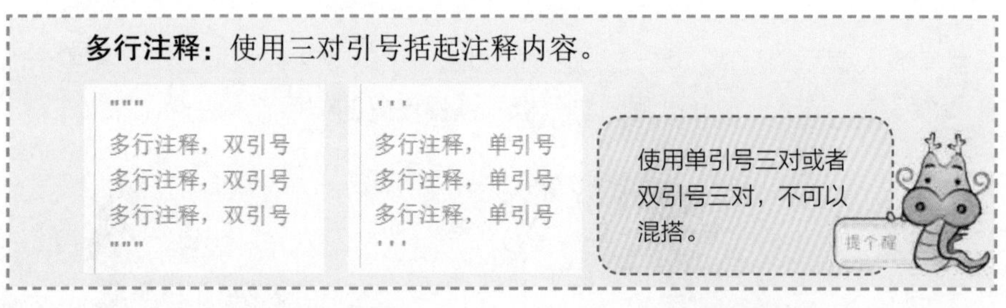

算法设计　要想读懂一个程序中的代码，可如右图思路，对代码进行分析，然后完成注释。

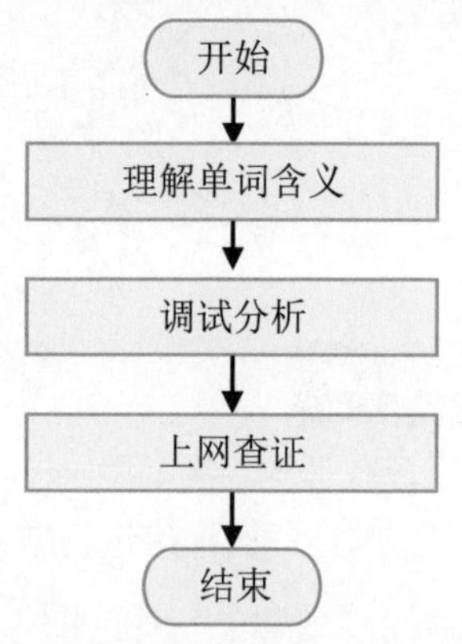

3. 实践应用

分析程序　分析“解读猜数游戏.py”程序代码，在下图横线上写出代码的注释语句。

```
1 import random
2 print ('电脑在1~10的范围产生一个随机整数!')      ____________________
3 temp=input('我猜电脑产生的整数是 ：')          ____________________
4 a=int(temp)
5 guess=random. randint(1,10)  # 产生1~10的一个随机整数
6 if a==guess:                 # 如果我猜的数和随机数相同
7     print('恭喜你猜中了！ ')
8 else:                        ____________________
9     print ('猜错啦！电脑产生的随机整数是{}! '.format(guess))
```

单行注释语句可以直接写在被注释语句的后面，也可以独立成行，写在被注释语句的前面。

测试程序　在代码窗口按F5键运行程序，多次运行，体验猜数游戏背后的逻辑，验证自己对程序代码的理解。

答疑解惑　在“解读猜数游戏”案例中，因随机的数据范围是1~10的整数，所以很难猜中。王雪根据自己对程序的解读，将第5行代码guess=random. randint(1,10)修改为 guess=random. randint(1,2)，猜中的概率就变大了，你一定明白这是为什么吧！

案例5 增加密码难度

知识与技能：修改代码、验证结果

在生活中，我们经常要为自己的数字身份设置密码，设置的密码包含多种字符并且时常更换，才能保证较高的安全性。沙沙找到一个可以生成随机密码的程序，但是生成的密码太简单，于是沙沙通过修改程序代码，增加了生成密码的复杂度。你知道他是如何做的吗？

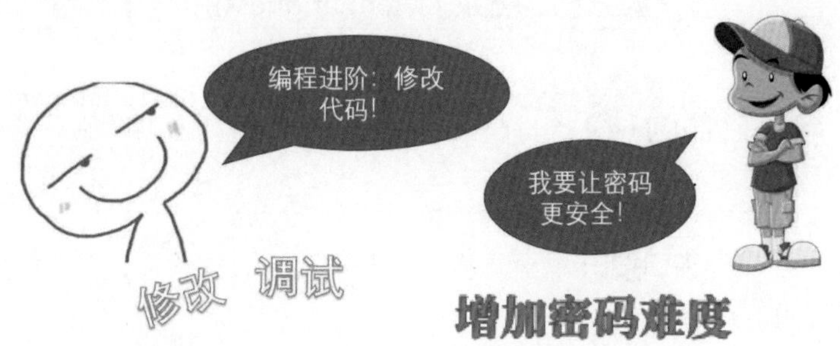

1. 案例分析

分析常见密码的设置，不难发现密码一般是由字母、数字、符号组成的，而且长度也不同。那么，要设置更具安全性的密码应该考虑哪些因素呢？

问题思考

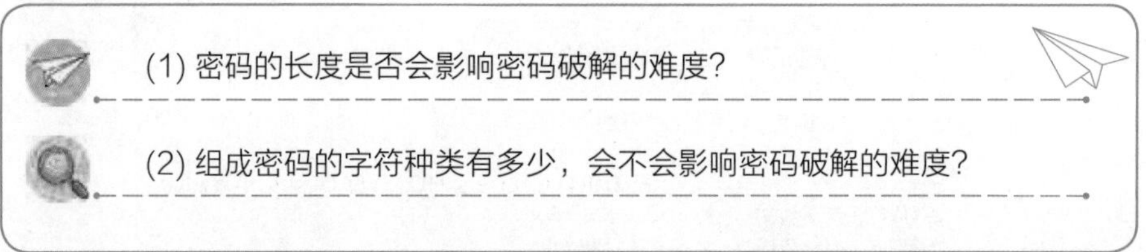

(1) 密码的长度是否会影响密码破解的难度？

(2) 组成密码的字符种类有多少，会不会影响密码破解的难度？

理一理　优化程序功能，一定要先读懂程序，找到关键语句进行修改。为了防止调试出错，可以先为源程序做一个备份文件，在备份文件上修改调试，以便对照源程序进行解读和分析。

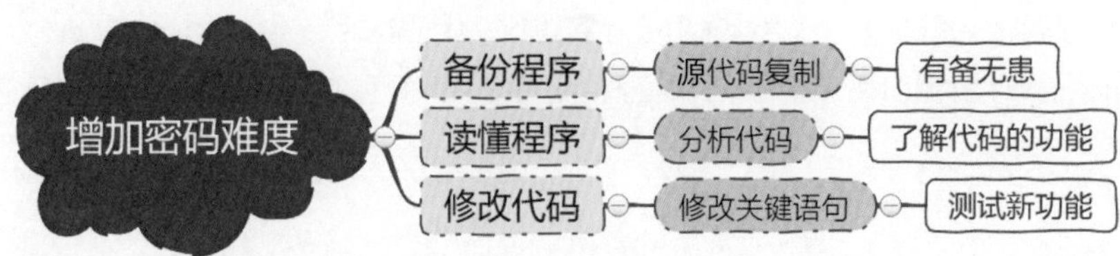

2. 案例准备

备份代码　在修改Python代码前，先做好源程序代码的备份工作。将源代码复制后，粘贴在文本文档中，是一种备份方法；也可以将整个代码文件另存为一个新的文件，实现备份。

修改代码　在Python文件方式编程环境下，对代码进行复制、删除、插入、修改等操作后，运行调试。

算法设计　如右图思路，修改代码，优化程序功能。

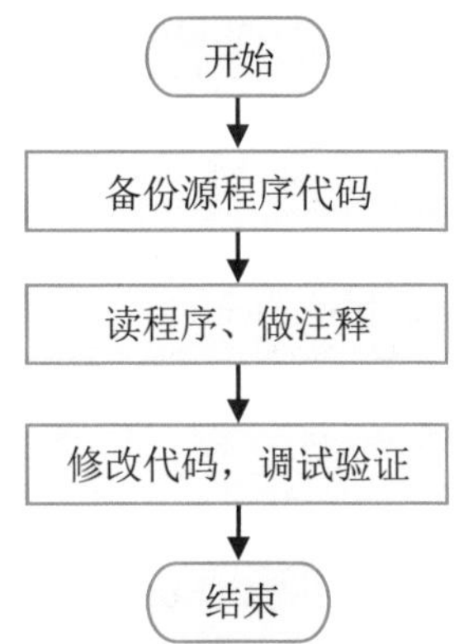

3. 实践应用

分析程序　根据“生成随机密码.py”中的注释语句，分析代码功能，寻找影响密码复杂度的关键语句。

```
1 import random                                          # 导入随机模块
2 password_len=int(input("请输入密码长度: "))            # 输入密码长度
3 str= "abcdefghijklmnopqrstuvwxyz0123456789!@#$%/&*_."  # 设置组成密码的字符
4 password="".join(random.sample(str,password_len))      # 生成随机密码
5 print("随机生成的密码: ",password)                     # 显示生成的密码
```

分析“生成随机密码.py”程序，我认为影响生成密码复杂度的关键代码是第________行。

测试程序　在代码窗口按F5键运行程序，多次运行，观察运行结果，体会密码的破解难度与密码长度的关系。

修改程序　经过对“生成随机密码.py”程序的多次测试，结合对代码的解读，会发现无论密码设置得多长，生成的密码中都没有大写字母。如果在第3行代码的引号内添加26个大写字母，组成密码的字符种类就会多一种。使用枚举法猜测所有可能的密码时，会发现密码更难破解，从而增加了密码的复杂度。

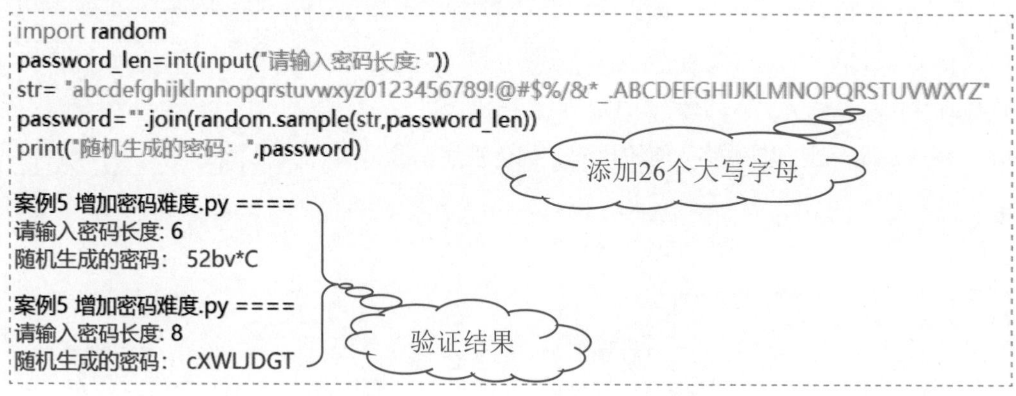

```
import random
password_len=int(input("请输入密码长度: "))
str= "abcdefghijklmnopqrstuvwxyz0123456789!@#$%/&*_ABCDEFGHIJKLMNOPQRSTUVWXYZ"
password="".join(random.sample(str,password_len))
print("随机生成的密码：",password)

案例5 增加密码难度.py ====
请输入密码长度: 6
随机生成的密码： 52bv*C

案例5 增加密码难度.py ====
请输入密码长度: 8
随机生成的密码： cXWLJDGT
```


我们可以尝试继续修改程序，进一步增加密码的破解难度。

> 关于增加密码破解难度的方法，还可以将第______行代码，做如下修改：____。

案例6 勤动手做日历

知识与技能：代码书写规范

王雪购买了一本关于Python的书籍，看到书上有一个制作日历的案例很有趣，就想亲自动手录入代码验证一下。但是，她明明是对照着书上代码一个一个字符录入的，运行时却总是报错，无法得出结果，问题出在哪儿呢？

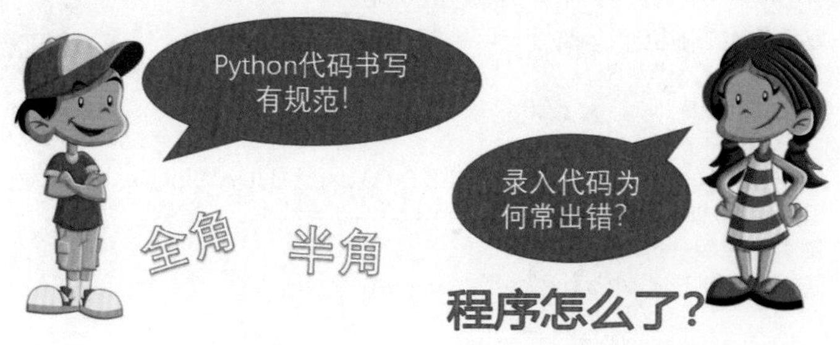

1. 案例分析

王雪所遇到的问题，也是初学编程者经常会遭遇的困境。调试运行Python程序代码时出现报错，多是由于书写代码时没有遵守书写规范。那么，代码书写规范具体有哪些要求呢？

问题思考

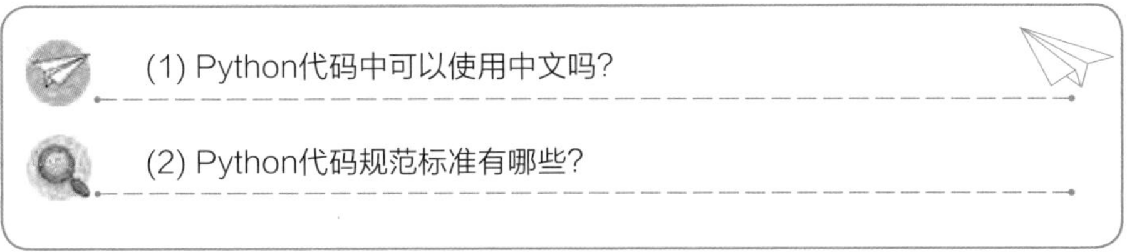

理一理　使用Python语言书写程序代码时，要使用英文标点符号，即在半角状态下输入括号、逗号、引号等；有些成对的标点，要成对录入使用，比如括号、引号等。

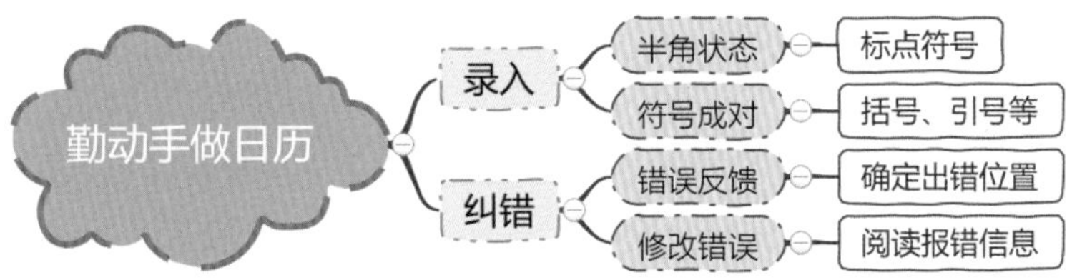

2. 案例准备

代码书写规范　在编写Python代码时，遵循书写规范可有效降低出错概率和维护难度，提高代码的可读性。

代码	规范要求
高亮显示	在Python的IDLE编辑器中，不同的代码类别显示不同的颜色。默认状态下，关键字显示为橘红色，注释语句为红色，字符串为绿色，输出结果为蓝色。语法高亮显示的优点是更容易区分不同的语法元素，提高程序可读性，降低出错率
引号	字符串引号支持单引号、双引号，但是不能混搭使用
分号	与其他语言代码不同，不在命令行尾加分号
英文字母	模块名、函数名通常使用小写字母；常量名使用大写字母；变量名区分大小写
换行	Python代码语句如果太长，结尾加续行符“\”换行

算法设计　根据下图思路，录入程序代码，方便调试。

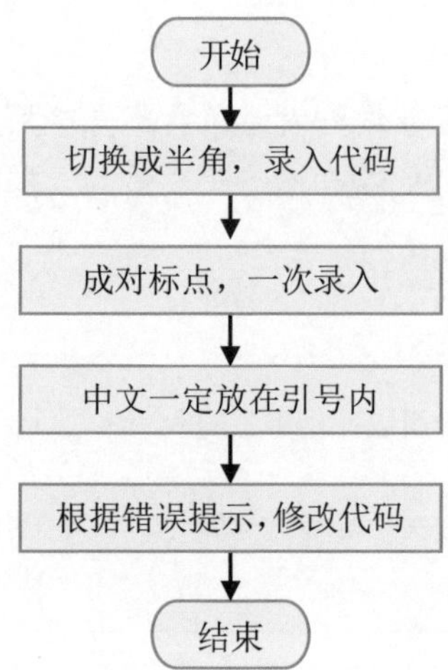

3. 实践应用

录入程序

```
1 import calendar
2 print("打印一年中指定月份的日历")
3 year =int(input("输入年："))
4 month = int( input("输入月："))
5 print(calendar.month(year,month))
```

调试程序　如下图所示，输入年为2023，输入月为11月，查看测试结果。

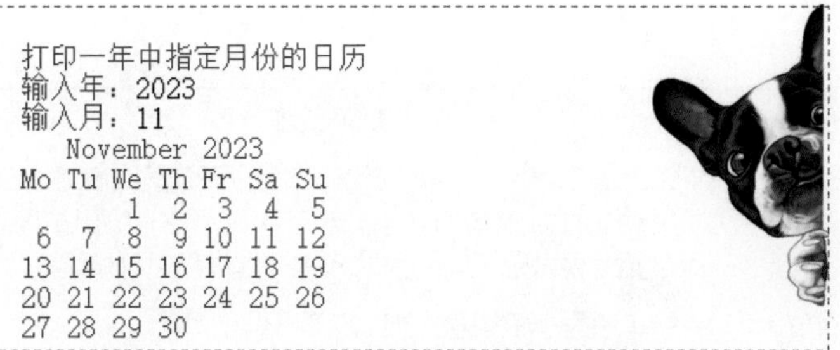
```
打印一年中指定月份的日历
输入年：2023
输入月：11
   November 2023
Mo Tu We Th Fr Sa Su
       1  2  3  4  5
 6  7  8  9 10 11 12
13 14 15 16 17 18 19
20 21 22 23 24 25 26
27 28 29 30
```

答疑解惑　如下图所示，调试程序时第2行代码的红色色块处，错误地使用了全角左括号，修改成半角后，调试成功。如下图第3行代码红色色块处，该代码没有出错，但该行行尾缺少一个半角的右括号，所以Python把错误点放在第一个左括号之后，以红色色块提醒，要求重点检查该语句前后录入时是否出错。

案例 7 大风车我来画

知识与技能： 代码缩进

王雪在从书上找到一段能画风车的Python代码，她将代码录入IDLE文件窗口中，但调试时，系统又报错了，根本画不出风车。根据案例6中代码书写规范的经验，她仔细检查了所有的标点符号，修改成半角状态，但调试还是不成功。问题出在什么地方呢？

1. 案例分析

在本案例中，一个大风车由多片相同的风车扇叶组成，需要多次执行画一片扇叶的操作。对于被循环控制的语句，有什么规矩呢？Python程序代码的书写有缩进要求，被循环控制的语句要向右缩进。

问题思考

(1) 代码缩进有什么要求？

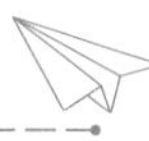

(2) Python代码在哪些情况下需要缩进？

理一理　Python代码缩进表示程序的控制结构，控制循环执行的语句，它后面被控制的语句用向右缩进表达被控制关系。缩进可以让程序更清晰，更易读易懂。

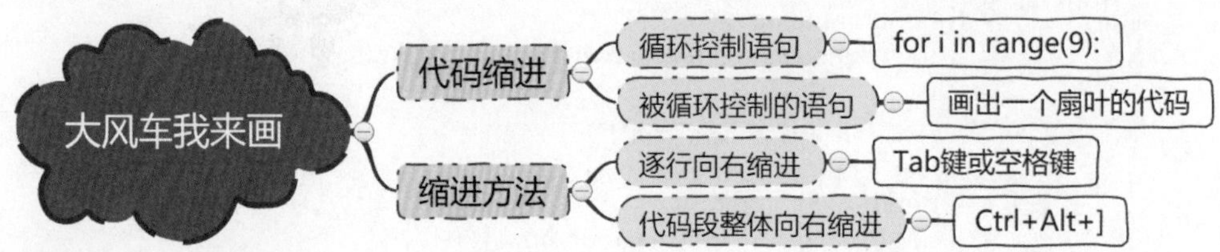

2. 案例准备

缩进规则　Python使用缩进来区分不同的代码块，所以对缩进有严格的要求。

缩进规则	示例
首行顶格，不缩进	“大风车我来画.py”第1行
相同层级的代码块，向右缩进量相同	“大风车我来画.py”第4~9行
“：”标记缩进，从下一行开始	“大风车我来画.py”第3行

缩进方法　Python可以使用空格键或制表符(Tab)标记缩进，缩进量(字符个数)不限，只要相同级别的代码缩进量相同即可。

缩进方法	说明
空格键	按一次，向右1个空格，适合单行缩进
Tab键	按一次，向右4个空格，适合单行缩进
Ctrl+Alt +】	先选中多行代码，按下组合键，整段同时向右缩进
Ctrl+Alt +【	先选中多行代码，按下组合键，整段同时向左缩进

算法设计　如下图思路，规范程序代码的缩进检查。

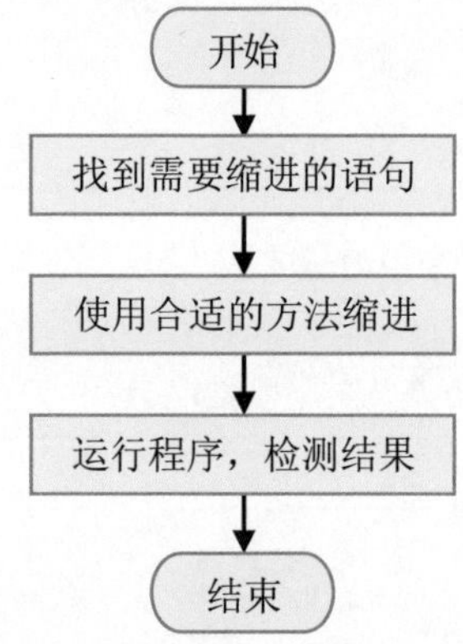

3. 实践应用

录入程序　按照缩进规则和缩进方法，录入下面的程序代码，程序第3~9行是for循环结构，第4~9行代码相对于第3行要向右缩进相同的空格，表示被循环控制的关系。

```
1 import turtle as t
2 t.goto(100,0)
3 for i in range(9):        # for循环控制语句
4     t.left(80)
5     t.fd(100)
6     t.left(135)           # 被for循环控制的语句，重复执行9次
7     t.fd(165)
8     t.left(225)
9     t.fd(115)
```

调试程序　调整第4~9行代码的向右缩进量，按F5键运行，多次调试，画出下图中大风车的效果。

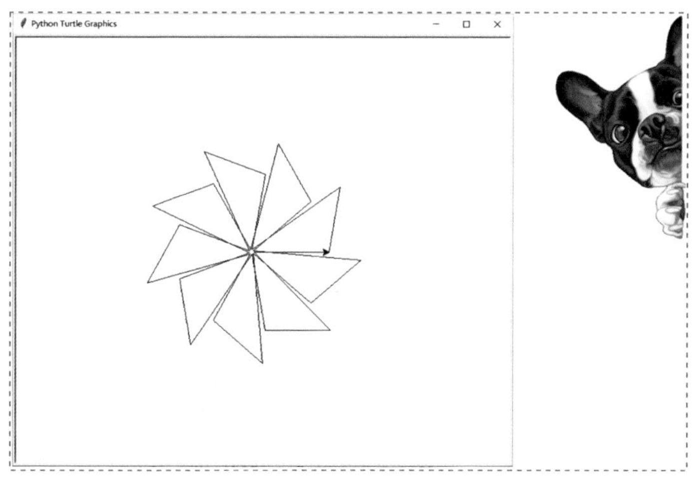

答疑解惑　for循环控制语句结尾的半角冒号一定不能漏掉，如果在书写代码时正确输入for语句结尾的冒号，按回车键换行后，你会发现被控制语句的位置就已经自动向右缩进了。

案例 8　送你朵小红花

知识与技能： 感知问题求解的算法

前面几个案例都是在沙沙的指导和帮助下完成的，这次王雪想独立完成一朵小红花

的绘制，送给乐于助人的沙沙。采用借鉴他人代码的方法，王雪从互联网中找到一段画花朵的Python代码，经过运行测试，发现结果是一朵小黄花。王雪能否通过分析代码，将程序修改，成功送出自己的小红花呢？

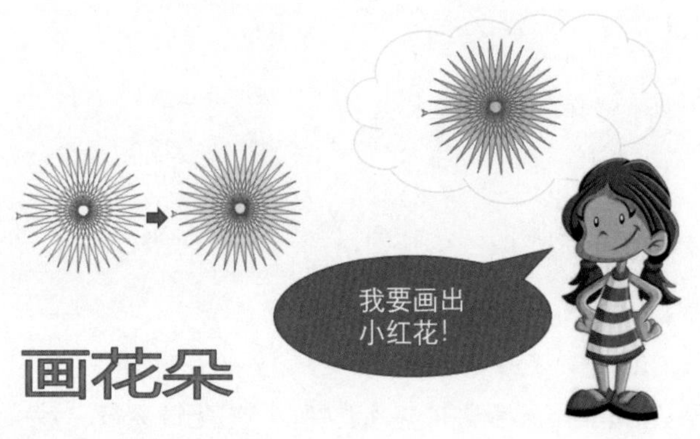

1. 案例分析

小黄花和小红花的区别在于花朵内部填充的颜色不同，王雪想将花朵填充成红色。解读“送你朵小红花.py”代码，体会使用Python程序绘制花朵的过程和方法。

问题思考

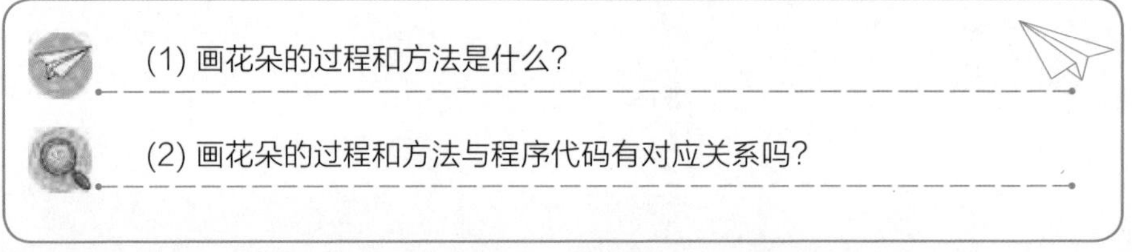

理一理　要使用计算机程序画小红花，首先要理解画小黄花的过程与方法(算法)，根据画小黄花的算法，在关键步骤上进行代码的修改，绘制小红花。

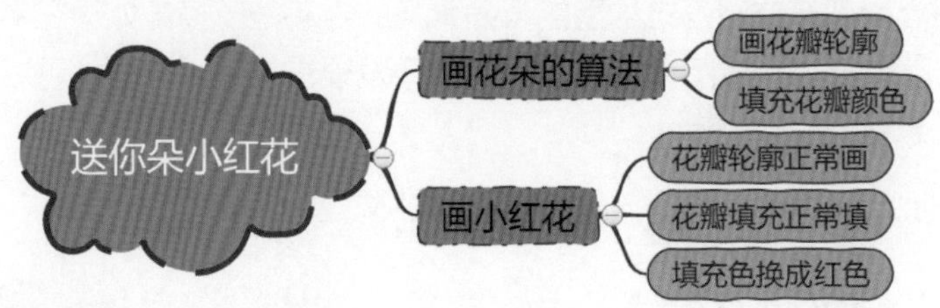

2. 案例准备

算法的含义　广义上的算法是指解决问题或完成任务的方法与步骤。解决问题可以是各种事务的处理，如洗一件衣服、烧制一道菜等，完成这些事情的流程都可以看作算法，算法的执行者往往是人，而不是计算机。计算机领域所说的算法是编程解决问题的核心，是指用计算机解决问题的方法与步骤，编写程序之前必须先明确解决问题的算法。

算法的描述　解决问题的算法，可以用自然语言描述，也可以用流程图呈现，流程图的符号有以下含义。

符号	符号名称	符号含义
	起止框	表示算法流程图的开始或者结束
	处理框	表示具体某一个步骤或者操作
	判断框	表示判断的条件
	输入/输出框	表示输入数据到计算机内部或从计算机内部输出数据
	流程线	表示算法运行的方向
	连接符	表示流程图的接续

算法特征　计算机领域的算法，有如下特征。

特征	具体解释
有穷性	✧ 一个算法必须能在执行有限个步骤之后结束 ✧ 每一步执行的时间是有限的
确定性	✧ 算法中的每一步运算都有确切的定义 ✧ 算法具有无异议性 ✧ 通过计算可以得到唯一的结果
可行性	✧ 算法中执行的任何计算都可以在有限时间内完成
输入项	✧ 一个算法可以有零个或多个输入
输出项	✧ 至少产生一个输出 ✧ 任何算法如果无功而返是没有意义的

算法设计　如下图思路，根据算法修改程序代码。

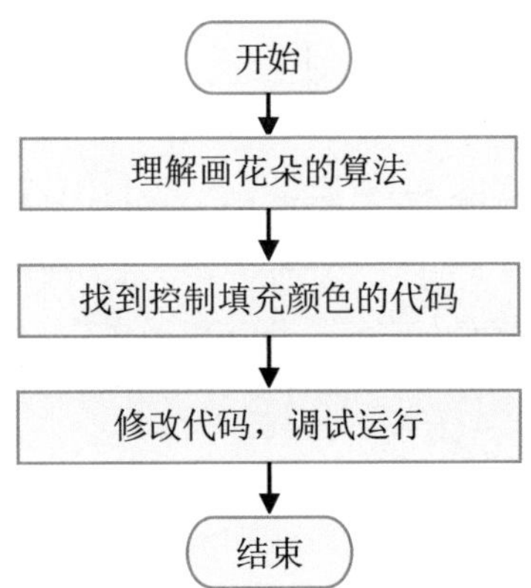

3. 实践应用

分析代码功能　将第3行、第9行设置成注释语句，观察运行结果，删除第3行、第9行句首的#号，对比运行结果，给这两句代码添加注释。

```
1 from turtle import *
2 color('red', 'yellow')
3 #begin_fill()                # ____________________
4 while True:                  # while 循环控制语句
5     forward(200)             # while 循环体，画一条200像素长度的线
6     left(170)                # while 循环体，旋转170°
7     if abs(pos()) < 1:       # 当前位置与原点的距离小于1时
8         break                # 退出循环
9 #end_fill()                  # ____________________
```

修改调试程序　根据画花朵的算法，修改填充颜色的相关代码，实现如图所示的效果。

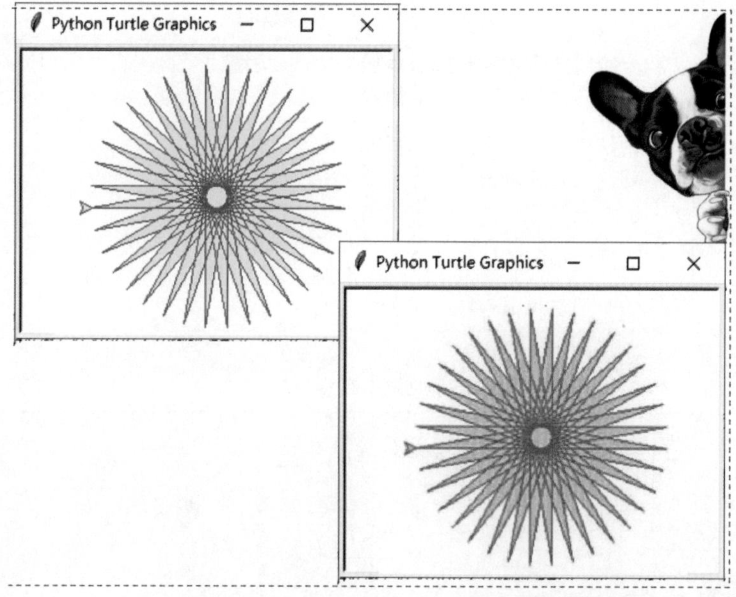

答疑解惑　采用将代码改成注释语句的方法，对比程序运行结果，可以帮助分析代码功能。在程序第3行与第9行代码前面添加注释#号，程序就会失去填充花瓣颜色的功能。修改第2行color( )中表示颜色的单词，即可修改填充颜色，得到想要的花朵颜色。

第 2 章

知根知底——Python 基础知识

通过第 1 章的学习我们已经初步认识了 Python，本章我们将继续前行，学习 Python 基础知识，走进 Python 编程世界。

输入输出、变量、赋值、数据类型、运算符、函数等，这些都是编写 Python 程序所必需的基础元素，学会这些基础知识，我们才能够编写出规范、简洁、高效的代码。本章通过 12 个案例，讲解编制计算机程序以解决日常生活中问题的方法，使读者能够掌握利用编程的方法解决现实问题的技巧与策略。

学习内容

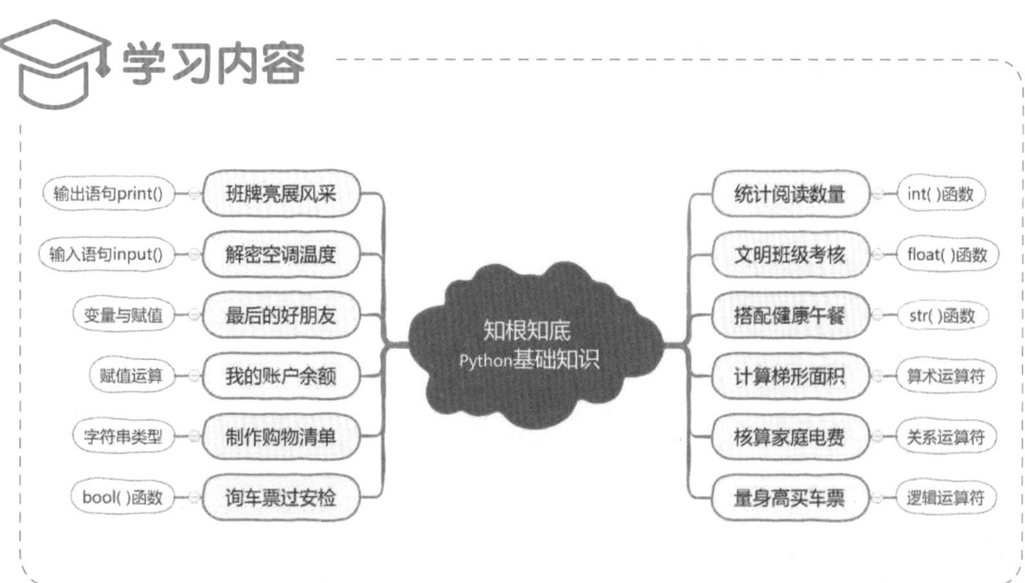

案例 9 班牌亮展风采

知识与技能： 输出语句print()

教室门口的电子班牌是学生的精神家园，可以展示学生在学习生活中的风采。今天，班牌上展示的是本周“学习之星”和“最佳团队”名单。用班牌展示文本有多种方法，可以用Word、PowerPoint等软件编辑好直接呈现，也可以使用编程的方法，让文本在屏幕上输出。一起来看看，如何用Python语言实现电子班牌的效果吧！

1. 案例分析

显示器是最常见的输出设备，编写代码实现在显示器屏幕上的输出，是编程解决问题的最基本环节。用Python语言实现屏幕输出，要用到print( )函数，利用该函数实现案例图中的输出效果，要考虑哪些问题呢？

问题思考

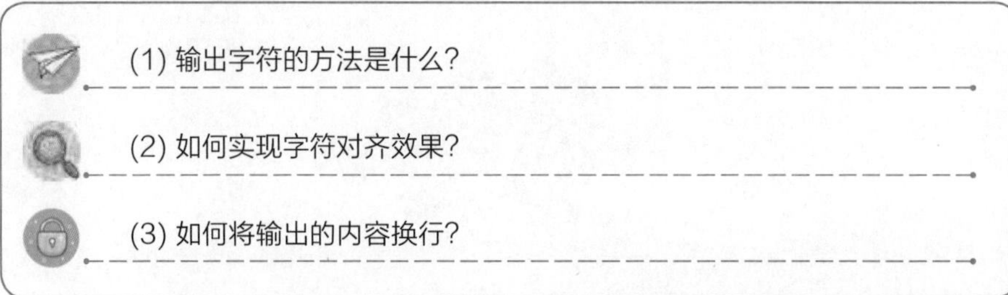

理一理　在Python中，print()函数的功能是将括号中的内容输出到屏幕上。案例中电子班牌上的输出内容，主要有*、文字、空格和~符号，这些都可以称为字符。print()函数输出字符的方法，是将字符用一对英文引号引起来，再放到括号内。

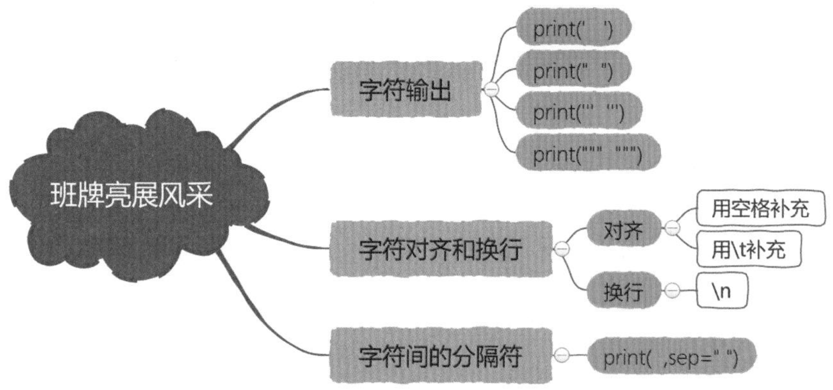

2. 案例准备

了解引号用法 要用print( )函数输出字符，必须用一对英文引号将字符包括起来。引号有单引号、双引号和三单引号、三双引号4种。不同的引号在输出字符时有什么区别呢？

单引号： 输出不含单引号的字符。

如： print('知根知底') **屏幕输出：** 知根知底

双引号： 输出任意字符。

如： print("Let's start!") **屏幕输出：** Let's start!

三引号： 三对单引号或三对双引号，输出带有换行效果的字符，即实现字符串原样格式输出。

如：

```
print('''
一心一意
专心专注
''')
```

屏幕输出：

```
一心一意
专心专注
```

认识转义字符 在Python语言中，转义字符为：反斜杠(\)+需要转义的字符。例如，\n就是换行；\t就是空出4个空格，具有Tab键功能。单个反斜杠放在行尾为特殊情况，代表书写连接，是续行符。

如： print('一如既往\t二龙腾飞\n三阳开泰\t四季欢歌')

屏幕输出：

```
一如既往    二龙腾飞
三阳开泰    四季欢歌
```

认识分隔符　如果用print()函数输出多项数据，那么书写代码时数据间用逗号分隔。如果设置多项数据输出时的分隔效果，那么在print()函数的括号内使用参数(,sep=" ")，引号内放置分隔符号；没有sep参数，则默认为以空格分隔输出。

> **如：** print('学习', '实践', '提升', sep="&")
> **屏幕输出：**
> 学习&实践&提升

算法设计　根据本案例中电子班牌的内容，可以设计如下算法思路，依次输出多行字符。

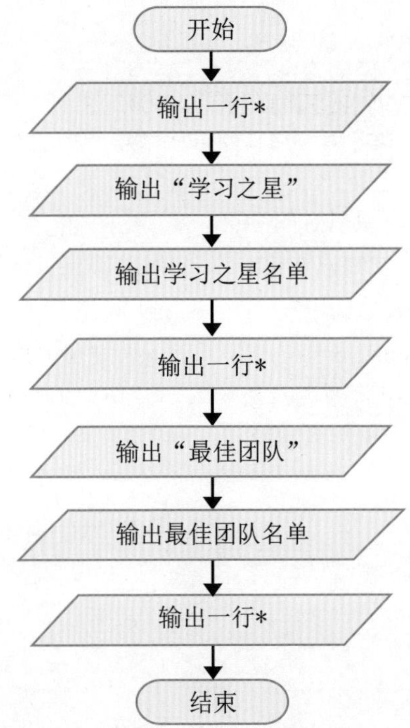

3. 实践应用

编写程序

```
print('******************************')          # 输出一行*号
print('              学习之星              ')    # 输出“学习之星”
print('张小薇\t\t王  雪\t\t\n沙  沙\t\t梁  洋 \t\t')  # 对齐输出学习之星名单
print('******************************')          # 输出一行*号
print('              最佳团队              ')    # 输出“最佳团队”
print('第1组','第2组','第5组',sep='~~~')           # 输出最佳团队名单，并用~~~分隔
print('******************************')          # 输出一行*号
```

测试程序 运行程序，观察屏幕输出结果，体会转义字符的功能。

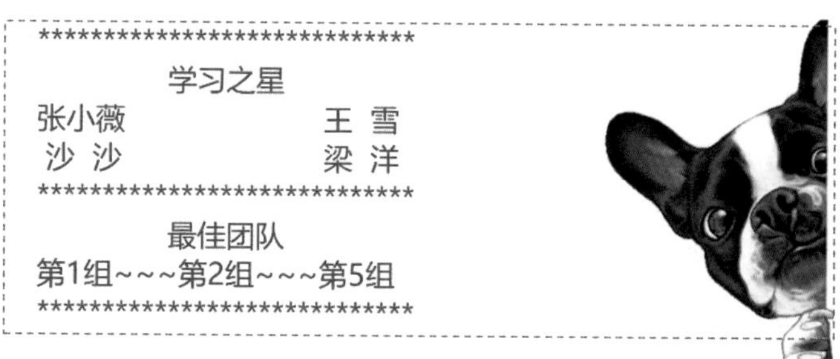

答疑解惑 在第3行代码中，print()函数输出字符时用到了转义字符\t和\n，实现了字符的对齐排版效果。根据三引号的功能，也可以用一个print语句配合三引号实现类似的输出效果。

拓展应用 print()函数除了在括号内使用引号输出字符外，还可以不加引号，直接以数字或算术表达式为参数，输出数字或算术表达式的计算结果。如print(0.2)，输出0.2；print(2+9)，输出11。

案例10 解密空调温度

知识与技能： 输入语句input()

计算机教室里，信息课代表王雪打开空调，发现空调温度显示为77，不知道是空调坏了，还是显示出了问题。王雪向信息技术老师汇报后，老师并不着急下结论，而是带领同学们研究起了空调温度显示的秘密。

1. 案例分析

学生通过站在空调出风口感受吹风效果，以及细听空调外机压缩机工作声音的方法，初步判断空调在正常工作，没有损坏。同学们结合出风口的温度，判断77一定不是大家熟悉的摄氏温度，那又是什么温度呢？翻找空调说明书后，同学们终于找到了答案，原来是将空调显示模式设置成华氏温度了。接下来，同学们开始思考，将温度设定成华氏77度是否合适？

问题思考

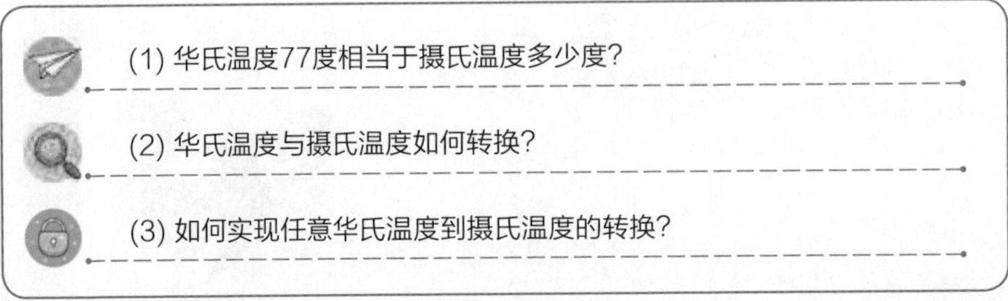

理一理　将华氏温度转换到我们熟悉的摄氏温度，就可以明确知道空调的调温效果。转换过程中，我们需要知道华氏温度和摄氏温度的转换公式。如果想编写程序让计算机快速得出转换结果，该怎么处理呢?

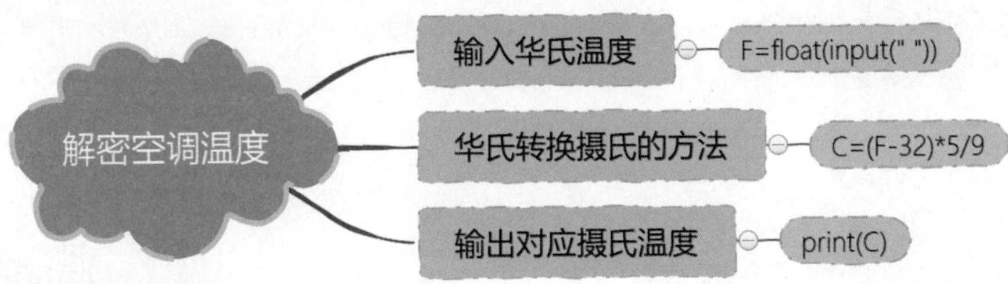

2. 案例准备

input( )函数的值　input( )是Python的内置函数，可以为用户提供从键盘输入的机会，实现人机对话，用户输入的内容就是input( )函数的值。使用input( )函数时，提示用户输入的提示语可以用一对英文引号引起来，放在括号内。

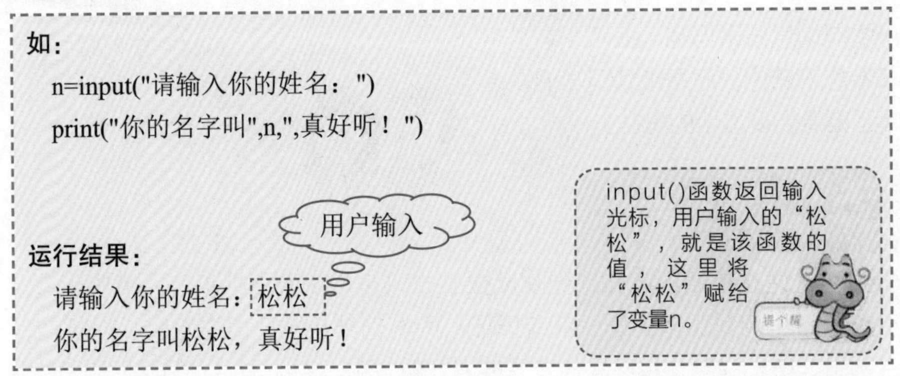

input( )函数值的类型　在input( )函数返回的光标下，不论用户输入的是字母、符号、汉字，还是数字，计算机都将它认定为字符。因此，input( )函数值的类型是字符类型，不能直接参与算术运算。

> 如果用户在input()函数返回的光标下输入数字，并且希望该数字可以参与算术运算，那么必须将input()函数值的类型由字符类型转换成数值类型。
>
> float(input( )) —— 将输入的数字，转换成带小数点的实数(浮点型)。
>
> int(input( )) —— 将输入的数字，转换成整数(整型)。

算法设计　分析由华氏温度转换成摄氏温度的解决思路，首先要在计算机中输入已知的华氏温度，然后计算机通过转换公式将其转换成摄氏温度，最后计算机输出计算的摄氏温度结果。形成的算法如下。

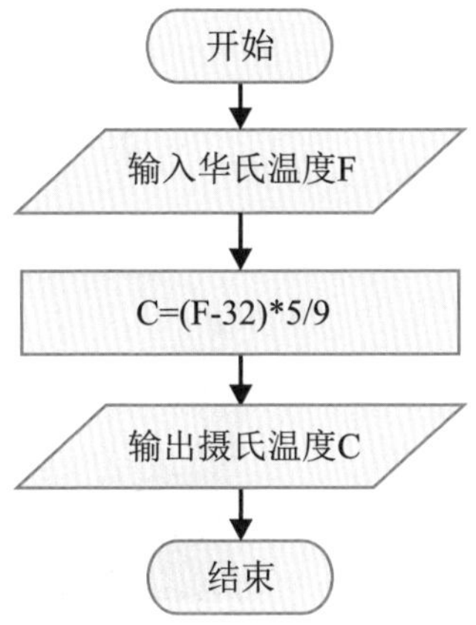

3. 实践应用

编写程序

```
F=input('请输入华氏温度：')               # 用户输入华氏温度，赋值给F
C=(float(F)-32)*5/9                       # 将F的值由字符转为浮点数，计算出C
print(F,'华氏温度对应的摄氏温度为：',C)   # 输出摄氏温度C和相关文字
```

测试程序　运行程序，在光标处输入77，按回车键，得出如下运行结果。此时就可以判断，当前空调上显示的华氏77度对应的是25摄氏度，空调设置了适宜的温度。

```
请输入华氏温度：77
77 华氏温度对应的摄氏温度为： 25.0
```

拓展应用　input()函数的值是字符类型，想让函数值参与算术运算，可以将input()函数看成一个整体，直接在外面套上float()函数或int()函数，即float(input())或int(input())，直接将input()函数值转换成浮点型数值或整型数值。

案例11　最后的好朋友

知识与技能：变量与赋值

每个人在成长过程中都会结交一些好朋友，读中学的王雪也不例外，从幼儿园到小学再到中学，每一阶段都有几个好朋友。随着王雪的成长和环境的改变，有的朋友被渐渐淡忘，有的朋友一直在身边，成为一生的好朋友。王雪用Python代码书写了一段友谊，你能读出她最后的好朋友是谁吗？

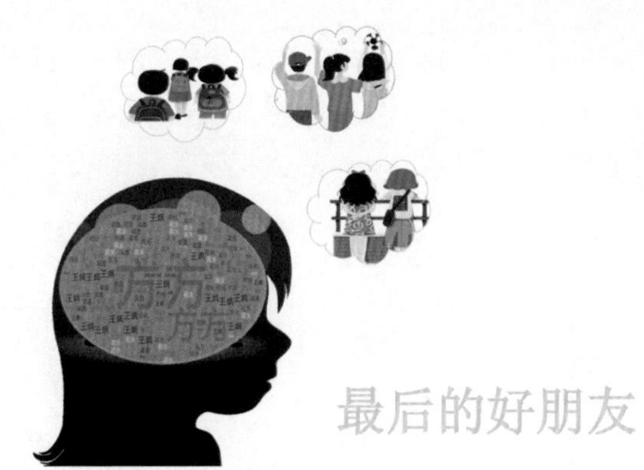

1. 案例分析

王雪的脑海中回忆起成长过程中每一个好朋友的名字，她书写了一份程序代码让计算机“记忆”这些好朋友。编写代码时，王雪使用一种标识符当作标签，标记存储在计算机内存中的数据，这种标签被称为变量。如果将内存的存储空间类比为储物柜的一个个小格子，那么变量就相当于每个格子的标签，这样存储在计算机内部的每一个数据都可以变量作为名字。

问题思考

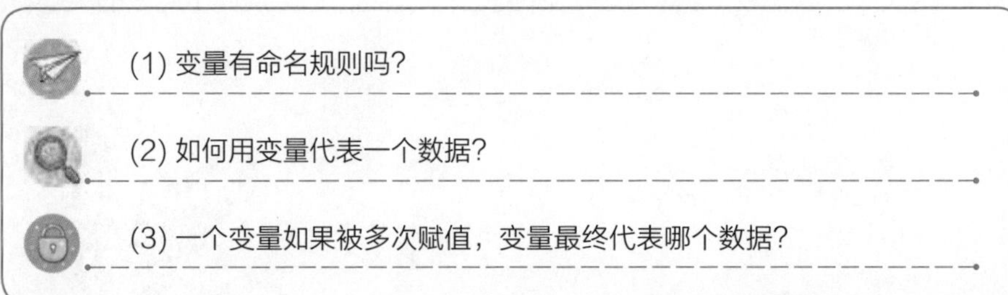

理一理　在Python语言中，变量相当于计算机内存中数据的标签，内存中的数据就是该变量的值，变量赋值就是把内存中某个数据贴上标签的过程。

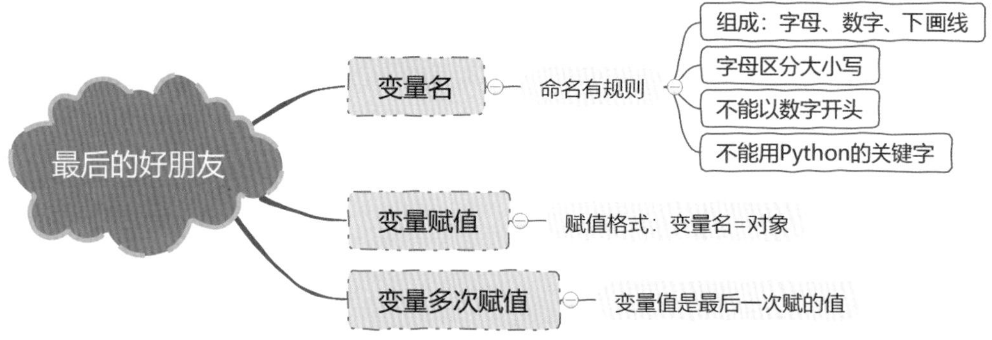

2. 案例准备

变量命名　Python中变量名由字母、数字和下画线组成，也可以包含汉字。但是变量名不能以数字开头，也不能使用下面这些在Python中有其他用途的33个关键字。

应用场景	关键字	应用场景	关键字
关系运算的结果	True、False	创建类	class
逻辑运算符	not、and、or	删除	del
循环结构	for、while	变量作用范围	global、nonlocal
分支结构	if、elif、else	关系判断	in、is
循环中断控制	break、continue	空值	None
异常处理	try、except、finally、raise	测试条件是否为真	assert
占位符	pass	读写文件	with
模块导入	import、as、from	从函数依次返回值	yield
函数	def、return、lambda		

变量赋值　Python中的赋值使用=号，将=右边的对象赋值给左边的变量。变量赋值格式：变量名=对象。

Python变量赋值的特点：

* 赋值过程就是建立变量到对象引用的过程。
* 变量在第一次赋值时被创建。
* 变量需要先赋值后使用。

算法设计　在本案例中，随着时间的推移，王雪的好朋友发生着变化，如果编写程序时用变量my_friend来记录好朋友的名字，记录的先后顺序不同，my_friend被赋值的过程也会不同，这会影响最后my_friend的值。依照下面的赋值顺序，查看王雪最后的好朋友。

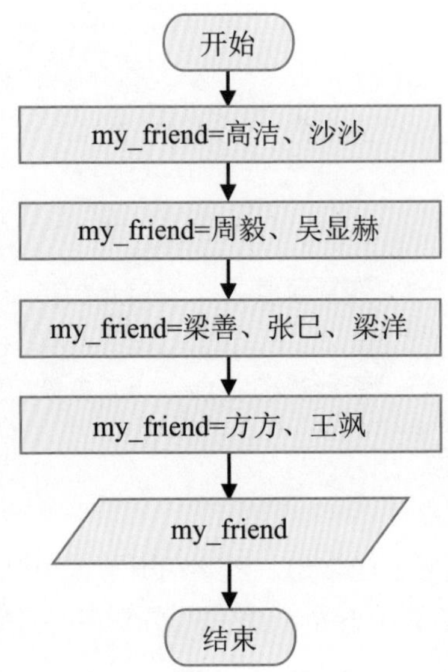

3. 实践应用

编写程序

```
1 my_friend='高洁　沙沙'
2 my_friend='周毅　吴显赫'
3 my_friend=' 梁善　张巳　梁洋'
4 my_friend='方方　王飒'
5 print('我最后的好朋友是：',my_friend)
```

测试程序　运行程序，查看输出结果。把代码第1行与第4行交换位置，测试程序输出结果；把代码第2行与第4行交换位置，测试程序输出结果。

```
我最后的好朋友是：方方　王飒
>>>
我最后的好朋友是：高洁　沙沙
>>>
我最后的好朋友是：周毅　吴显赫
```

答疑解惑　在本案例中，程序代码从上到下依次执行，没有重复，也没有跳转，属于顺序结构的程序。因此，同一变量my_friend被多次赋值后，最终my_friend的值就是最后一次被赋的值。

拓展应用　本案例是对单个变量的多次赋值，实际应用中还可以对多个变量赋同一个值，如a=b=c=0，就是给变量a、b、c同时赋值为0；多个变量依次赋值可以写成a,b,c=1,2,3，就是给变量a、b、c分别赋值为1、2、3。

案例 12　我的账户余额

知识与技能：赋值运算

春节前后是孩子们的零花钱数额变化最大的时期。沙沙原本有1212元的零花钱，经历了1月份的放纵消费、2月份的红包雨来袭、3月份新学期的文具采购，沙沙记账本上的数字可谓跌宕起伏。那么，沙沙的个人账户上还剩多少余额呢？我们不妨写几行代码帮他算一算。

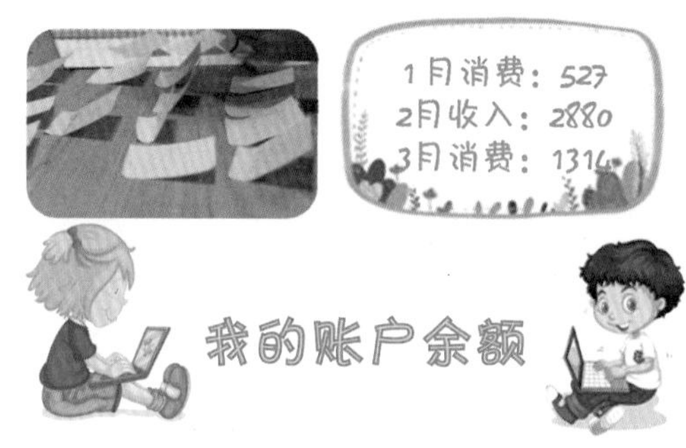

1. 案例分析

应用编程的方法记录并计算沙沙的账户余额，首先思考记录时需要用到几个变量，根据题意，可以用变量account代表余额，用变量cost代表消费金额，用变量income代表收入金额。该案例中，变量income有一次赋值，变量cost则经历了两次赋值，那么余额account和另外2个变量之间要经历怎样的计算过程，才能算出账户最后的余额呢？

问题思考

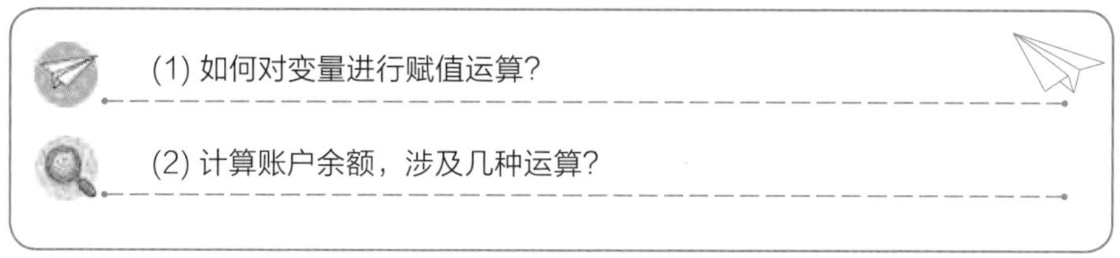

(1) 如何对变量进行赋值运算？

(2) 计算账户余额，涉及几种运算？

理一理　Python变量赋值，除了可以给变量直接赋予某种类型的数据外，还可以将一个算术运算的结果赋值给变量。

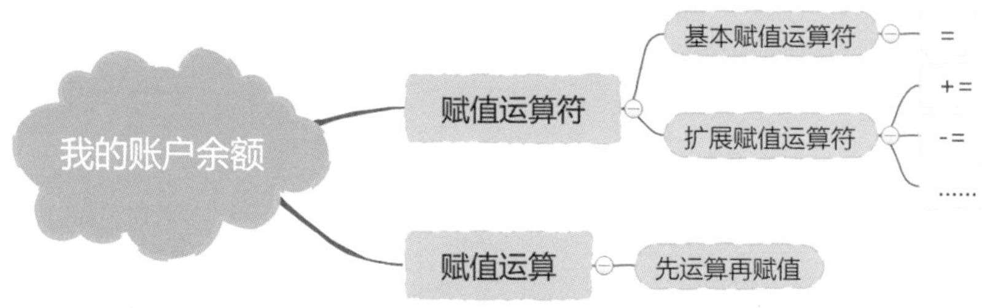

2. 案例准备

认识赋值运算符　在Python语言中，赋值运算符主要是指=，以及=与算术运算符、位运算符的组合。下面表格中是=与算术运算符组合的赋值运算符。

赋值运算符	功能	示例 (a=3，b=2)	赋值运算后 a 的值	等价写法
+=	加赋值	a+=b	5	a=a+b
-=	减赋值	a-=b	1	a=a-b
*=	乘赋值	a*=b	6	a=a*b
/=	除赋值	a/=b	1.5	a=a/b
%=	取余赋值	a%=b	1	a=a%b
**=	幂赋值	a**=b	9	a=a**b

算法设计　依次记录每一次的消费与收入，并及时计算每一次余额发生的变化。算法流程图描述如下。

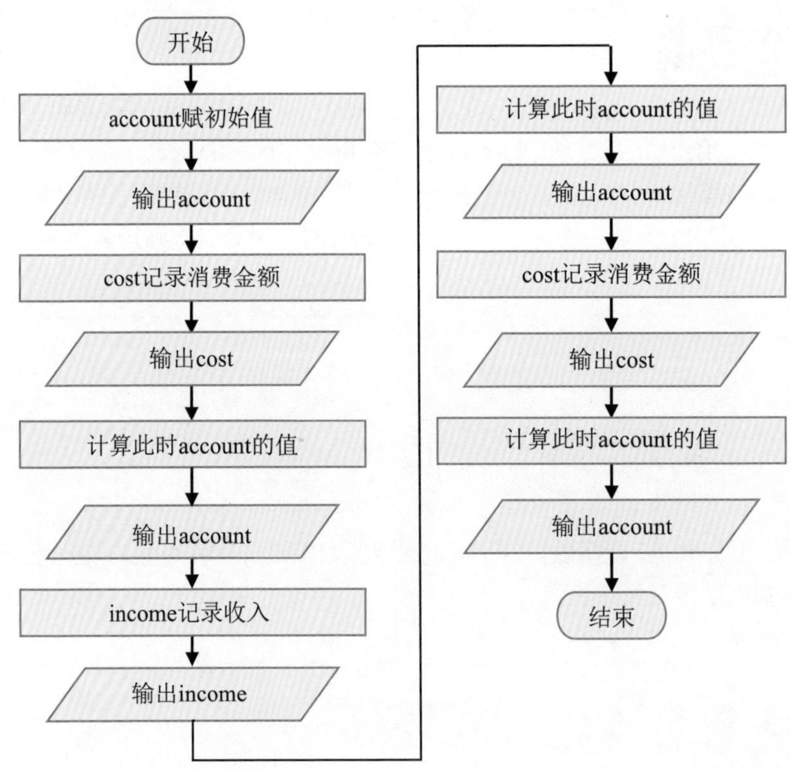

3. 实践应用

编写程序

```
1 account=1212                         # 账户初始余额
2 print('我的账户余额：',account,'元')
3 cost=527                             # 记录消费金额
4 print('1月份消费：',cost,'元')
5 account-=cost                        # 计算消费后账户余额
6 print('我的账户余额：',account,'元')
7 income=2880                          # 记录收入金额
8 print('2月份收入：',income,'元')
9 account+=income                      # 计算收入后账户余额
10 print('我的账户余额：',account,'元')
11 cost=1314                           # 记录消费金额
12 print('3月份消费：',cost,'元')
13 account-=cost                       # 计算消费后账户余额
14 print('我的账户余额：',account,'元')
```

测试程序　运行程序，观察每一次消费或收入后账户余额的变化，并用人工计算核对程序的运算结果。

```
我的账户余额：　1212 元
1月份消费：　527 元
我的账户余额：　685 元
2月份收入：　2880 元
我的账户余额：　3565 元
3月份消费：　1314 元
我的账户余额：　2251 元
>>>
```

答疑解惑　加(+)、减(-)、乘(*)、除(/)是常用的算术运算符号，与=组合形成的赋值运算符是简写形成，可以让代码更加简洁。根据案例代码第1行、第3行中变量的赋值，第5行代码account-=cost，等价于account= account-cost，所以account=1212-527，即变量account的值为685；代码第9行、第13行的赋值运算方法与此类似。

拓展应用　通过本案例的学习，我们知道赋值语句可以将一个算术运算的结果赋值给变量。除了算术运算外，针对二进制数的位运算也可以进行赋值运算，位运算一般用于底层开发，在单片机、驱动、图像处理方面应用较多，如果你感兴趣，可以进一步学习。

案例13 制作购物清单

知识与技能： 字符串类型

生活中，你有购物前列清单的习惯吗？其实在购物前想好需要购买的物品并制作成一张购物清单，既可以节省时间，又可以保持理性消费，让自己养成良好的购物习惯。方舟同学准备帮助父母编写一个程序，当父母输入需要购买的物品后，该程序会立即展示购物清单。

1. 案例分析

在制作购物清单时，先要依次输入购买的水果、蔬菜、饮品等物品的名称，然后按照输入的顺序，将物品名称全部显示出来。编写程序时，需要将多个物品名称以文本形式连接在一起，以完成购物清单的制作。

问题思考

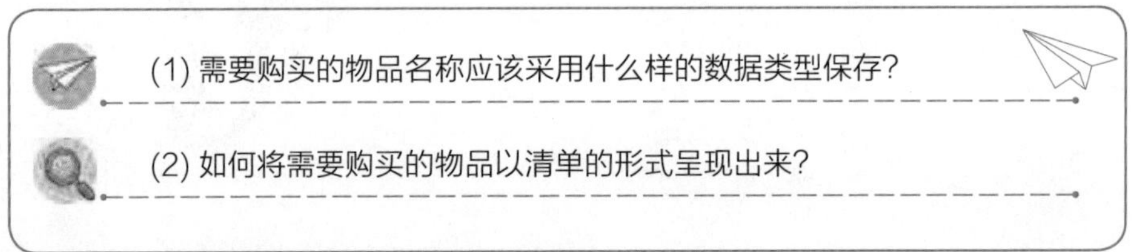

(1) 需要购买的物品名称应该采用什么样的数据类型保存？

(2) 如何将需要购买的物品以清单的形式呈现出来？

理一理　本案例要实现以购物清单的形式，将需要购买的物品名称呈现出来，可以选择先使用字符串变量对需要购买的物品名称进行存储，再使用这些变量来引用物品名称。

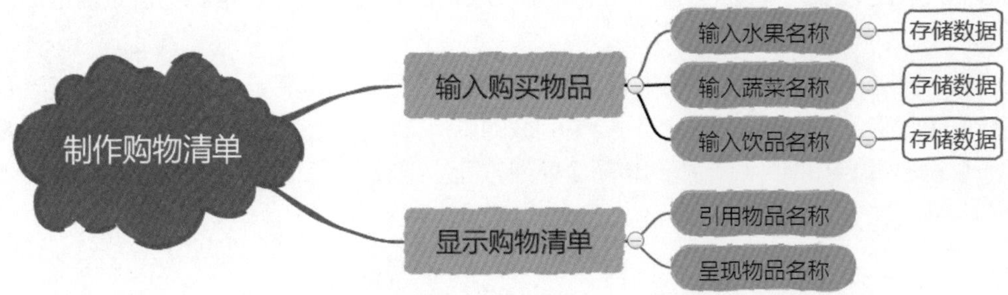

2. 案例准备

认识字符串　字符串是常用的数据类型之一，用来表示文本数据类型，是由单个或多个字符组成的一个有限序列。在Python程序中，如果把单个或多个字符用单引号或双引号包围起来，就可以表示一个字符串，也可以用三引号进行换行。

如：
```
a='你好'
b='世界'
print(a,b)
```
输出：你好　世界

如：
```
a="Hello"
b="World"
print(a,b)
```
输出：Hello　World

算法设计　输入需要购买的水果并赋值给变量a，输入需要购买的蔬菜并赋值给变量b，输入需要购买的饮品并赋值给变量c，然后对a、b、c中的字符串进行连接，最后呈现出需要购买的物品名称。本案例的算法思路如下图所示。

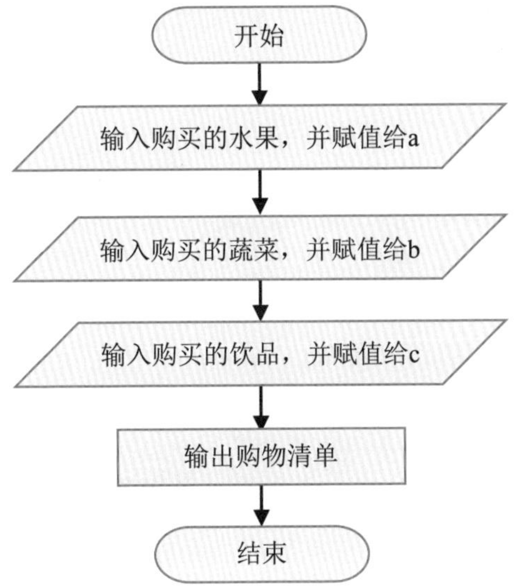

3. 实践应用

编写程序

```
print("请输入你需要购买的物品")
a=input("需要购买的水果：")            # 输入购买的水果并赋值给a
b=input("需要购买的蔬菜：")            # 输入购买的蔬菜并赋值给b
c=input("需要购买的饮品：")            # 输入购买的饮品并赋值给c
print("你的购物清单为：",a,",",b,",",c)   # 显示购物清单
```

测试程序　运行程序，分别输入需要购买的水果、蔬菜、饮品，依次为“香

蕉”“青菜”“酸奶”，最后显示计算机程序运行结果。

请输入你需要购买的物品
需要购买的水果：香蕉
需要购买的蔬菜：青菜
需要购买的饮品：酸奶
你的购物清单为： 香蕉，青菜，酸奶

答疑解惑　在Python中，使用单引号、双引号和三引号定义字符串时，单引号、双引号的功能是一样的，都可以表示字符串，而使用三引号则可以直接换行。在本案例中，输入的物品名称被看作字符串，并通过变量对其进行引用。

拓展应用　在本案例中，输入的物品名称是文本形式的，为方便阅读，显示时用逗号进行间隔。若案例中输入的是电话号码、学号、身份证号等数字形式，字符串之间可以不间隔，直接引用即可。

案例14 询车票过安检

知识与技能：bool()函数

旅客在进站时，车站的工作人员除了对每一位旅客的行李进行检查外，还会询问旅客购买车票的情况。老张编写了一个过安检先询问车票购买情况的小程序，运行程序时，旅客对询问进行回答，如果答案是1，表示已购买车票，显示“Ture安检通过，祝您旅途愉快！”，如果答案是0，则表示未购买车票，显示“False 安检未通过，请先购买车票！”。接下来，我们一起来编写这个有趣的程序吧！

1. 案例分析

在本案例中，旅客到达安检处后，首先工作人员会询问旅客是否已购买车票，然后旅客进行回答，最后根据旅客的答案来判断车票的购买情况。编写程序时，使用bool( )函数可以判断旅客能否通过安检。

问题思考

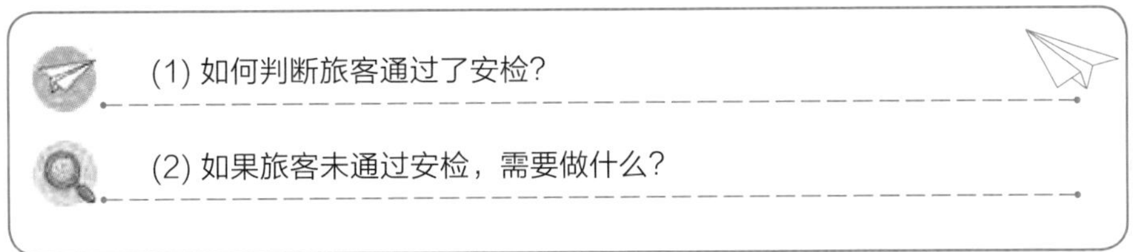

理一理　本案例需要使用Python中的bool( )函数，根据旅客的回答，判断旅客的车票购买情况。当旅客的回答为1时，则表示为“真”，当旅客的回答为0时，则表示为“假”。

2. 案例准备

认识bool( )函数　bool( )函数可以将数值、字符串等转换为布尔值，其数据类型只有2个值，分别是True和False，表示真与假。其中，真等价于1，对应布尔类型中的True；假等价于0，对应布尔类型中的False。

如：4>3 输出：True	如：8>13 输出：False

算法设计　首先询问旅客是否购买了车票，并将回答赋值给变量ticket，然后转换成布尔值并显示出来，最后对布尔值进行判断，决定旅客能否通过安检。本案例的算法思路如右图所示。

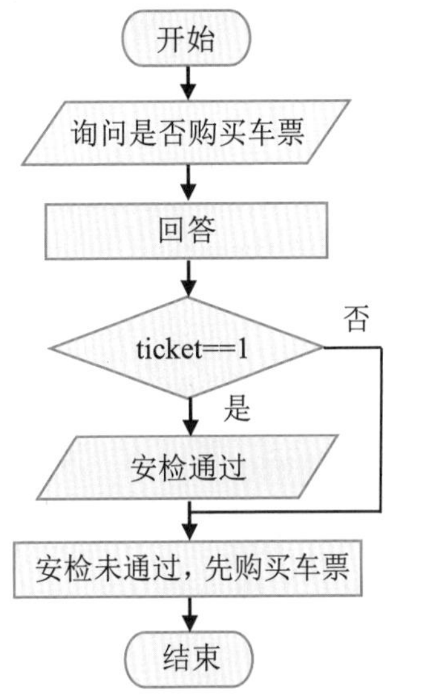

3. 实践应用

编写程序

```
ticket=int(input("请问您是否已购买车票(1/0)："))  # 将车票购买情况赋值给ticket
print(bool(ticket))                              # 将回答转换为布尔值并显示
if bool(ticket)==1:
  print("安检通过，祝您旅途愉快！")                 # 显示通过安检
else:
  print("安检未通过，请先购买车票！")               # 显示未通过安检
```

测试程序　运行程序，在询问是否购买车票中输入1，计算机将显示程序运行结果。

```
请问您是否已购买车票(1/0)：1
True
安检通过，祝您旅途愉快！
```

答疑解惑　在Python中，bool( ) 函数的返回值用True(真)或False(假)表示，首字母为大写形式，否则解释器会报错。bool( ) 函数的参数值如果缺省，则返回的值为False。

拓展应用　本案例中旅客的回答用1和0，分别对应布尔类型中的True和False。用同样的方法，还可以设计更多的问题，如是否携带了易燃易爆等危险性物品等，通过对返回的布尔值进行判断，让程序变得更加有趣。

案例15 统计阅读数量

知识与技能： int( )函数

阅读可以拓宽人的视野，丰富文化涵养。为了养成良好的阅读习惯，正在学习Python编程的王方编写了统计阅读书籍数量的小程序。运行程序时，根据提示输入每周阅读书籍的数量后，程序就会显示一个月阅读的总数量。现在，我们也来尝试编写统计阅读书籍数量的小程序吧！

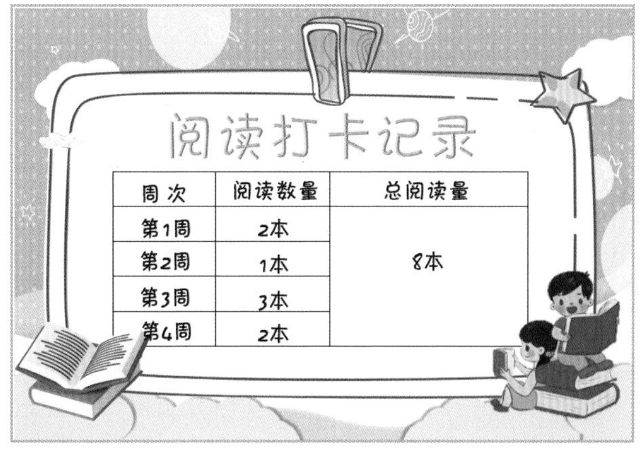

周次	阅读数量	总阅读量
第1周	2本	8本
第2周	1本	
第3周	3本	
第4周	2本	

1. 案例分析

本案例的目标是统计出王方一个月阅读书籍的总数量，先统计出他每周阅读书籍的数量，再对4周的阅读量进行计算，最终呈现出总的阅读量。编写程序时，输入的每周阅读量为整数形式，需要使用int( )函数。

问题思考

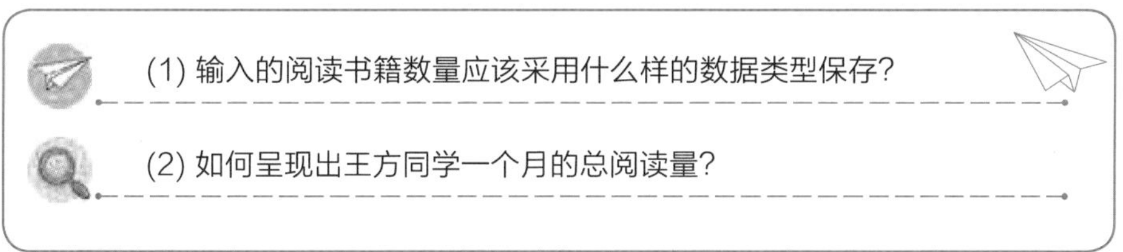

理一理　本案例要对王方同学每周的书籍阅读数量进行统计，呈现她一个月的总阅读量。在输入每周的书籍阅读数量时，使用int( )函数可以将输入的数字转换成整数型，累加后再输出总阅读量。

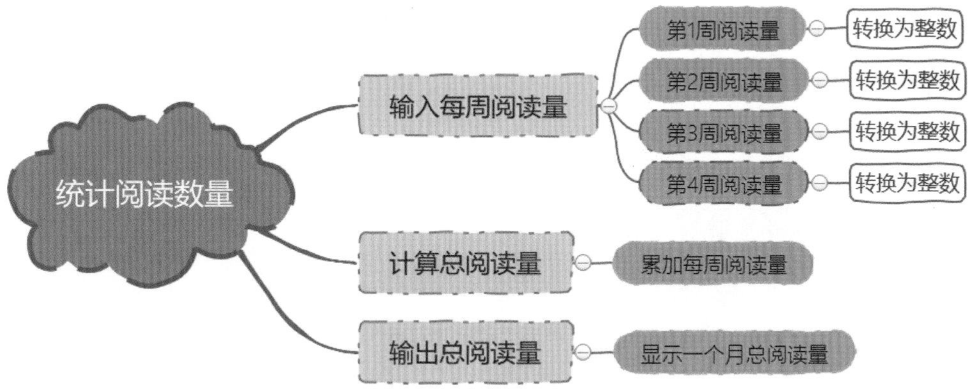

2. 案例准备

认识int( )函数　int( )函数用于将一个字符串或数字转换为整数型。如果参数值原来为整数，则返回值不做变动，按照原来的格式返回整数；如果参数值原来为小数，则去掉小数点后面的数，返回这个数的整数值；如果省略，则返回数字0。

如：int(3)	如：int(8.2)
输出：3	输出：8

算法设计　首先依次输入第1周、第2周、第3周、第4周阅读书籍的数量，并将其转换为整数型，然后对每周的阅读量进行累加，最后显示一个月的总阅读量。本案例具体的算法思路如下图所示。

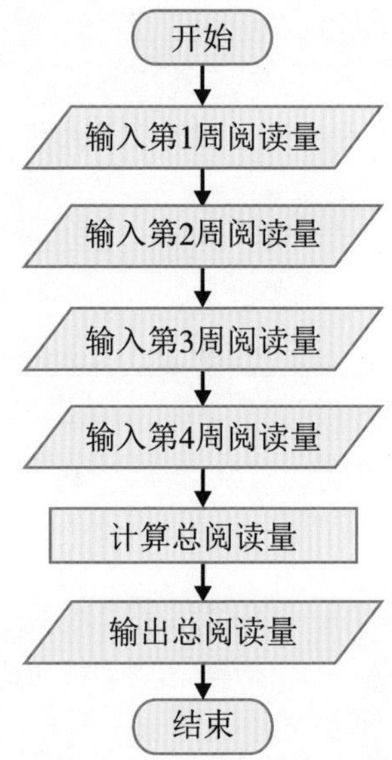

3. 实践应用

编写程序

```
print("****统计一个月阅读书籍的数量****")
a=int(input("第1周阅读量："))                              # 输入第1周阅读量
b=int(input("第2周阅读量："))                              # 输入第2周阅读量
c=int(input("第3周阅读量："))                              # 输入第3周阅读量
d=int(input("第4周阅读量："))                              # 输入第4周阅读量
s=a+b+c+d
print("你一个月的总阅读量为：",a,"+",b,"+",c,"+",d,"=",s,"本")  # 输出总阅读量
print("***********************************")
```

测试程序　运行程序，输入第1周阅读量为2、第2周阅读量为1、第3周阅读量为3、第4周阅读量为2，计算机将显示程序运行结果。

```
****统计一个月阅读书籍的数量****
第1周阅读量：2
第2周阅读量：1
第3周阅读量：3
第4周阅读量：2
你一个月的总阅读量为： 2 + 1 + 3 + 2 = 8 本
**********************************
```

答疑解惑　在Python中，当int( )函数括号内为小数时，其返回值为没有小数点的整数型数据，即直接去掉小数点后面的数，不进行四舍五入操作，如int(7.8)，则可以转换为数字7，因此在求小数的四舍五入之类的问题时，应该避免直接使用int( )函数。

拓展应用　当int( )函数括号内的参数值为字符串时，字符串内容必须是整数形式的字符串，才会将其转换并返回一个整数值，如int("28")， 则可以正确转换为数字28。当参数值为字符串时，还可用于进制转换，其具体格式如下。

格式： int(变量，进制数)	如：int("1011",2) 输出：11

案例 16 文明班级考核

知识与技能： float( )函数

为了让学生养成良好的文明行为习惯，学校对各班级学生的情况进行考核。李芸计划用Python编写出文明班级考核小程序，运行程序时，根据提示输入班级文明就餐、文明卫生和文明礼仪的考核分数，就会显示该班级的文明考核总分。接下来，一起编写文明班级考核的小程序吧！

班 级	文明就餐	文明卫生	文明礼仪	总 分
五(1)班	28.53	39.12	27.61	95.26
五(2)班	29.12	37.53	28.27	94.92
五(3)班	28.81	38.62	29.25	96.68
五(4)班	30.22	36.84	28.51	95.57

1. 案例分析

在对班级的文明考核中，先要获取班级文明就餐、文明卫生和文明礼仪三项得分，然后统计出该班级的文明考核总分，并显示出来。在编写程序时，各项考核的分数为小数形式，需要使用float( )函数。

问题思考

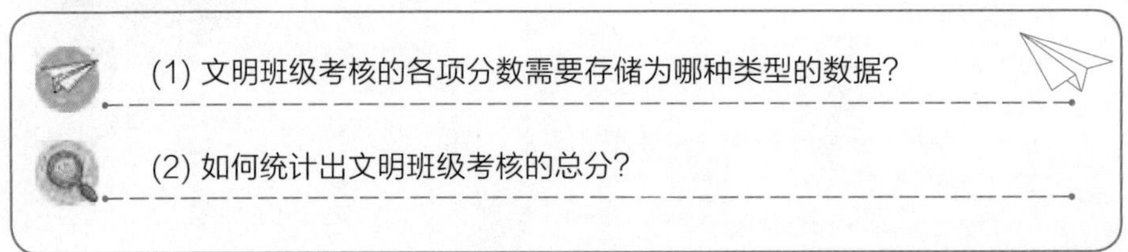

理一理　本案例需要对班级的三项文明行为考核得分进行统计，并以总分的形式输出。在输入各项文明考核得分时，可以使用float( )函数将输入的数据存储为小数形式，再通过计算将班级文明考核总分以两位小数的形式呈现出来。

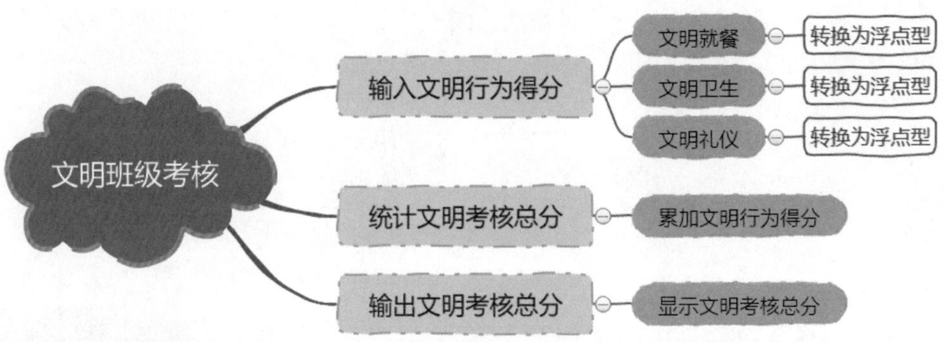

2. 案例准备

认识float( )函数　float( )函数是Python中一个比较常用的内置函数，该函数用于将整数型数字或字符串转换成浮点数并返回。浮点数可以理解为数学中的小数。float( )函数返回值默认输出的数字包含6位小数；我们也可以通过修改控制浮点数的输出位数。

算法设计　首先输入班级文明就餐、文明卫生、文明礼仪的得分，并将其转换为浮点型，然后对三项文明行为的得分进行相加，最后显示班级文明考核总分。本案例的算法思路如下图所示。

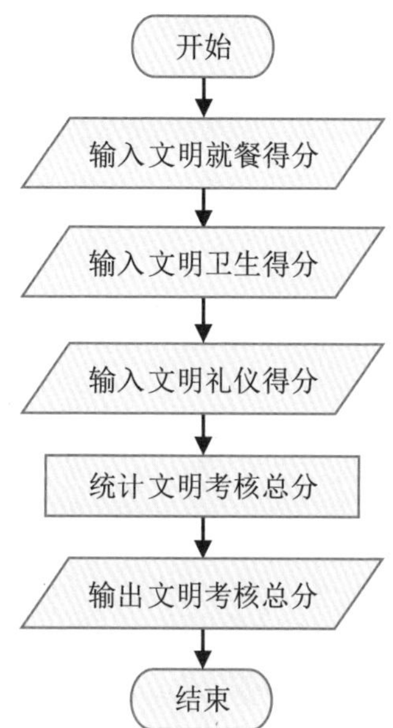

3. 实践应用

编写程序

```
s=0
f1=float(input("请输入班级文明就餐得分: "))          # 输入文明就餐得分
f2=float(input("请输入班级文明卫生得分: "))          # 输入文明卫生得分
f3=float(input("请输入班级文明礼仪得分: "))          # 输入文明礼仪得分
s=f1+f2+f3
print("文明班级考核总分为:""%.2f"%s,"分")            # 输出文明考核得分
```

测试程序　运行程序，输入班级文明就餐得分为28.53，输入班级文明卫生得分为39.12，输入班级文明礼仪得分为27.61，计算机将显示程序运行结果。

```
请输入班级文明就餐得分: 28.53
请输入班级文明卫生得分: 39.12
请输入班级文明礼仪得分: 27.61
文明班级考核总分为:95.26 分
```

答疑解惑　在Python中，float( )函数在控制浮点数的输出位数时，遵循四舍五入的原则操作。其规则为：如果尾数的最高位数字为0~4，就把尾数去掉；如果尾数的最高

位数为5~9，就把尾数舍去并且向其前一位进1。如float(“%.2f”%3.156)，则输出结果为3.16。

拓展应用　本案例中，因文明就餐、文明卫生、文明礼仪得分是小数，所以在代码中应使用float( )函数接收各项文明行为得分。类似需要以小数形式输入的案例还有很多，如人的体温、商品价格、物体重量、跳远成绩等，都可以使用float( )函数。

案例17 搭配健康午餐

知识与技能： str( )函数

健康又营养的午餐，不但能够满足青少年身体成长的需要，而且对他们预防疾病、增强抵抗力也有很大的帮助。张小薇同学想在Python中制作搭配健康午餐的小程序，程序运行时，出现提示“请输入你需要的健康午餐份数”，输入午餐份数后，输入蔬菜、肉类和水果的名称，计算机就会显示搭配的健康午餐份数和食物名称。接下来，我们就和张小薇同学一起编写搭配健康午餐的小程序吧！

1. 案例分析

青少年需要从食物中获取各种营养，而食物必须经过合理搭配才能满足孩子日常营养所需，保证健康成长。因此，从营养均衡的角度出发，在搭配健康午餐时，需要先确定食物的种类，如蔬菜、肉类和水果等，并将搭配完成的健康午餐呈现出来。编写程序时，要输入各种食物的名称，名称为文本形式，需要使用str( )函数。

问题思考

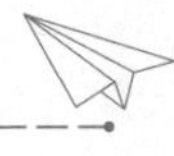
(1) 各种食物名称应该采用什么样的数据类型进行保存？

(2) 如何将一份健康午餐完整地呈现出来？

理一理　本案例需要对蔬菜、肉类和水果进行合理搭配，并对食物进行汇总。在输入不同的食物名称时，使用str( )函数可以将输入的数据存储为文本形式。

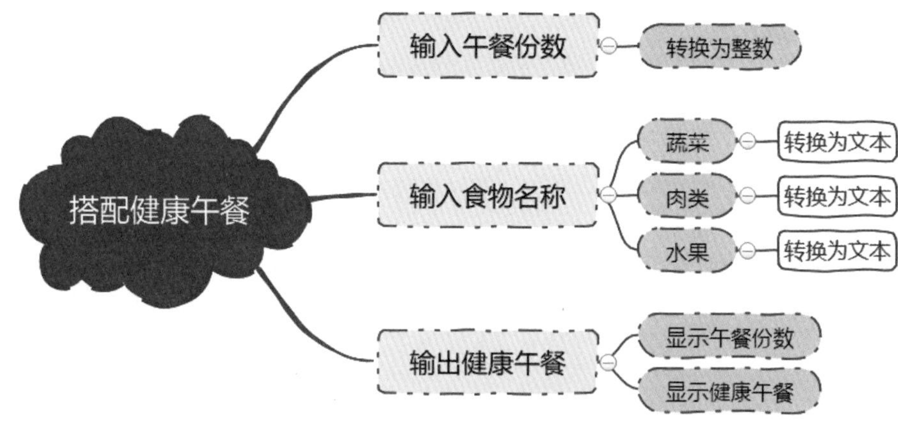

2. 案例准备

认识str( )函数　在Python中对变量进行设置时，当计算机不能理解值表示的结果是数值还是字符时，就需要用str( )函数来明确。该函数可以将整数型、浮点型的数据转换成字符串类型，从而形成文本形式，便于大家理解和阅读。

如：s1="Happy" s2="Birthday" print(s1,s2) 输出：Happy Birthday	如：a=str("3月") b=str("29日") print(a,b) 输出：3月 29日

算法设计　首先输入午餐的份数，输入蔬菜、肉类和水果三种食物的名称，然后对食物名称进行合并，并将健康午餐的数量转换为字符串类型，最后以文本形式呈现健康午餐的份数和午餐名称。本案例的算法思路如右图所示。

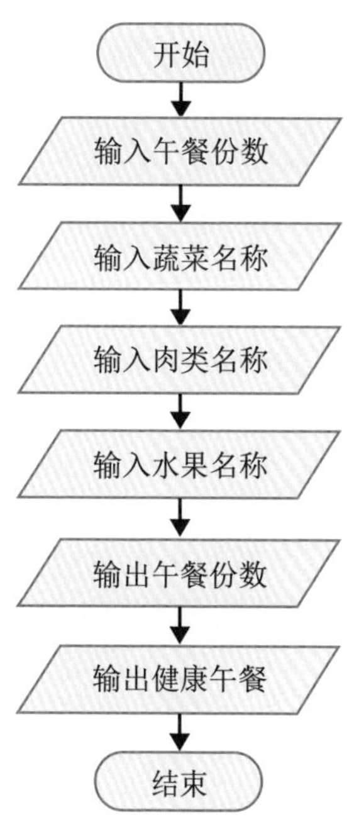

3. 实践应用

编写程序

```
s=int(input("请输入你需要的健康午餐份数："))                # 输入午餐份数
vegetable=input("蔬菜：")                                   # 输入蔬菜名称
meat=input("肉类：")                                        # 输入肉类名称
fruit=input("水果：")                                       # 输入水果名称
print("你需要的健康午餐份数为：",str(s))                     # 输出午餐份数
print("你搭配的健康午餐为：",vegetable,meat,fruit)           # 输出健康午餐
print("***********************************")
```

测试程序　运行程序，输入午餐份数为3，依次输入蔬菜、肉类、水果的名称为“青菜”“牛肉”“苹果”，计算机将显示程序运行结果。

```
请输入你需要的健康午餐份数：3
蔬菜：青菜
肉类：牛肉
水果：苹果
你需要的健康午餐份数为： 3
你搭配的健康午餐为： 青菜 牛肉 苹果
***********************************
```

答疑解惑　在Python中，如果直接将不同类型的数据进行结合，会出现TypeError报错，这时可以使用str( )函数，将数值型的数据转换为字符形式，再与字符形式的文字结合，得到一个简单的字符形式语句，具体表示如下。

如： z="水果每斤" p =8 h="元" print(z+p+h) **输出：** TypeError	**如：** z="水果每斤" p =str("8") h="元" print(z+p+h) **输出：** 水果每斤8元

拓展应用　本案例中输入的午餐份数为整数形式，蔬菜、肉类和水果的名称均为字符串形式，所以在显示时使用str( )函数将午餐份数的整数转换成文本形式。类似的趣味案例还有很多，如判断回文、输出身份证号码等，都可以使用str( )函数来实现。

案例 18 计算梯形面积

知识与技能：算术运算符

生活中，人们经常要根据实际需求计算各种图形的面积。余婵的新家正在装修，她想计算出自己房间中梯形书柜的面积，于是她在Python中编写了一个小程序，输入梯形的上底、下底和高，很快就计算出了梯形的面积。你知道这个小程序是怎么编写的吗？

1. 案例分析

在计算梯形面积时，先要获取梯形的上底、下底和高，然后根据梯形公式：面积=(上底+下底)×高÷2，对梯形的面积进行计算，并显示出来。在编写程序时，需要使用算术运算符来表达梯形的面积公式。

问题思考

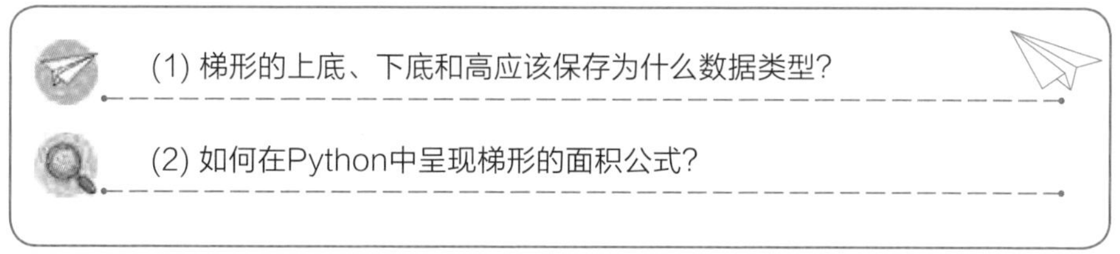

(1) 梯形的上底、下底和高应该保存为什么数据类型？

(2) 如何在Python中呈现梯形的面积公式？

理一理　本案例需要根据梯形面积公式，实现对梯形面积的计算。在输入梯形的上底、下底和高时，需要使用float( )函数；在输入面积公式时，需要使用算术运算符。

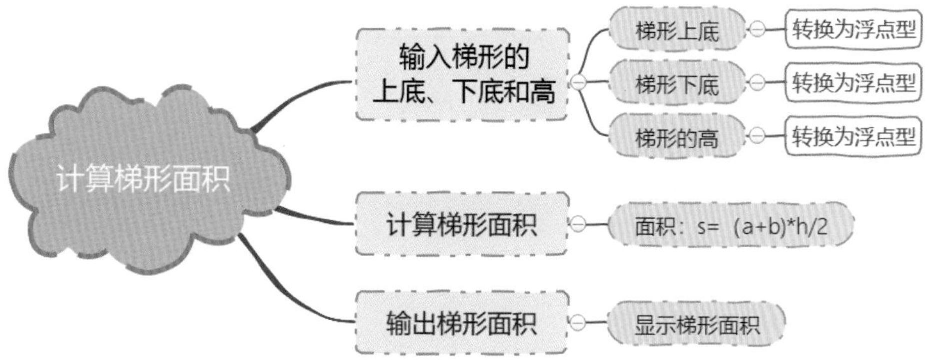

2. 案例准备

认识算术运算符　Python中算术运算符即数学运算符，用来处理简单的算术运算。除了大家最为熟悉的加、减、乘、除，还有整除、取余和求幂等运算符，具体如下表所示。

运算符	说明	实例	运行结果
+	加	23+56	79
-	减	5.67-2.5	3.17
*	乘	3.4*6.1	20.74
/	除(和数学中的规则一样)	5/3	1.6666666666666667
//	整除(只保留商的整数部分)	5//3	1
%	取余，即返回除法的余数	5%3	2
**	幂运算/次方运算，即返回x的y次方	6**2即6^2	36

算法设计　首先输入梯形的上底、下底和高，并将其转换为浮点型，然后对梯形的面积进行计算，最后将梯形面积以两位小数的形式输出。本案例的算法思路如下图所示。

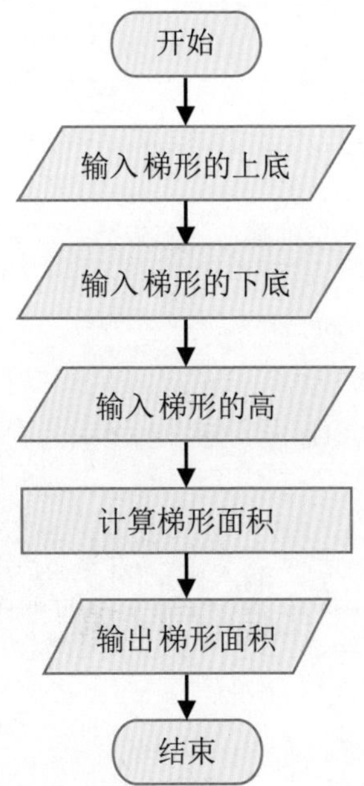

3. 实践应用

编写程序

```
print("******计算梯形的面积******")
a = float(input("输入梯形的上底："))                    # 输入梯形的上底a
b =float(input("输入梯形的下底："))                     # 输入梯形的下底b
h = float(input("输入梯形的高："))                      # 输入梯形的高h
s=(a+b)*h/2
print("梯形的面积s=""%.2f"%s)                          # 输出梯形面积s
```

测试程序　运行程序，输入梯形的上底为2.4，下底为6.5，高为3，计算机将显示程序运行结果。

```
******计算梯形的面积******
输入梯形的上底：2.4
输入梯形的下底：6.5
输入梯形的高：3
梯形的面积s=13.35
```

答疑解惑　Python中的算术运算符非常丰富，其中加减符号用+、-表示，乘除符号用*、 /表示，取余运算用%表示，次方运算用**表示。在编程时，要注意正确使用各种运算符。

拓展应用　本案例中，运用常量、变量和算术运算符构成了梯形面积表达式。需要注意的是，如果2个或多个运算符出现在同一个表达式中，需要按照优先级确定运算顺序，有括号的先算括号内的表达式，没有括号的，按照优先级顺序从高到低、从左向右依次运算。

案例 19　核算家庭电费

知识与技能：关系运算符

生活中，家庭用电实施居民阶梯电价政策，这样不仅能有效提高用电效率，还能引导居民合理用电，养成节约用电的好习惯。周虹从安徽省居民阶梯电价政策中得知，家庭用电收费分为三档，不同的档位每度电的收费不同。于是，她根据阶梯电价编写了核算家庭电费的小程序。运行程序时，输入用户的家庭用电量，就能显示用电档位和应付电费。请你也来尝试编写核算家庭电费的小程序吧！

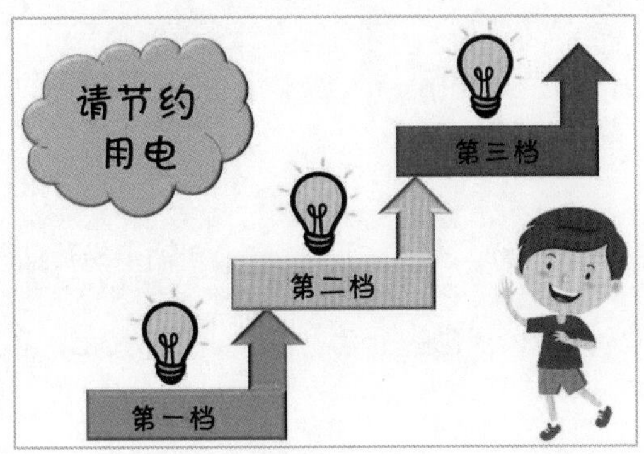

1. 案例分析

在本案例中，周虹首先需要将家庭用电量分成三档，然后根据输入的家庭用电量确定用电档位，再根据对应的电价核算出用户的电费。编写程序时，要判断用户的家庭用电量属于哪一档位，表达式中需使用关系运算符。

问题思考

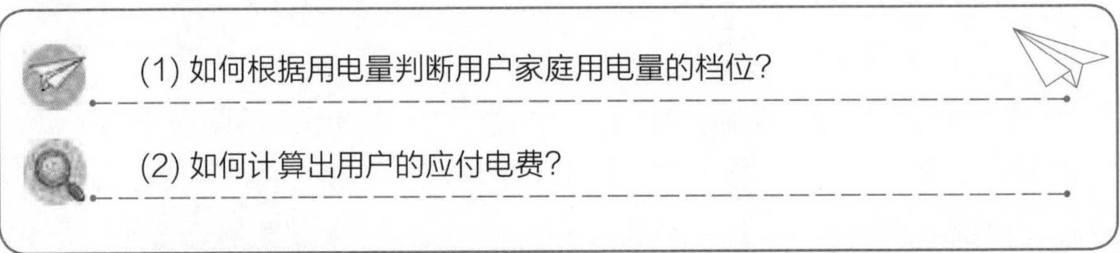

理一理　本案例需要实现对不同档位的用电量实施不同的电价收费，并核算出相应的电费。根据居民阶梯电价政策可知，第一档用户每月用电量小于180度，每度电收费0.5653元；第二档用户每月用电量为181~350度，每度电增加0.05元，即每度电收费0.6153元；第三档用户每月用电量大于350度，每度电增加0.3元，即每度电收费0.8653元。在核算电费时，根据用户家庭用电量所在的档位，确定每度电的收费，再通过核算将应付电费以两位小数的形式输出。

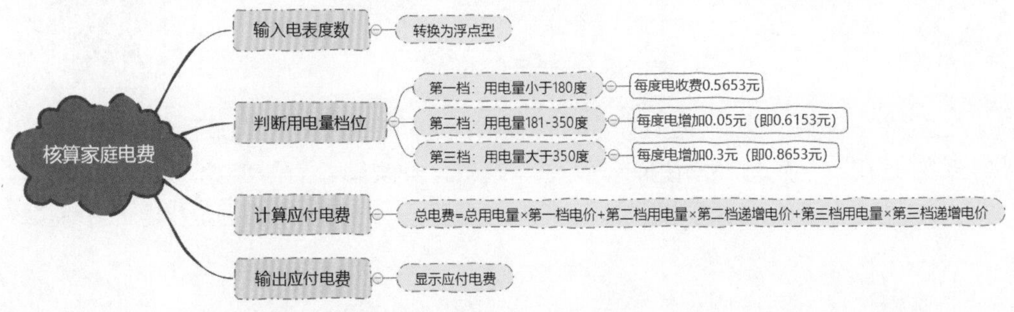

2. 案例准备

认识关系运算符　Python中的关系运算符也叫比较运算符，用于对常量、变量或表达式的结果进行大小比较，成立则返回布尔值True，否则返回布尔值False。Python中的关系运算符如下表所示。

运算符	说明	实例
==	完全等于(判断两个值是否相等)	3==3
! =	不等于(判断两个值是否不相等)	2!=3
>	大于(判断左边的值是否大于右边的值)	5>2
<	小于(判断左边的值是否小于右边的值)	5<9
>=	大于等于(判断左边的值是否大于或等于右边的值)	3>=3
<=	小于等于(判断左边的值是否小于或等于右边的值)	6<=6

算法设计　首先输入电表度数，并将其转换为浮点型，然后对用户的家庭用电量进行分档判断，最后根据该档位的电价收费，核算出电费，并将电费以两位小数的形式输出。本案例的算法思路如下图所示。

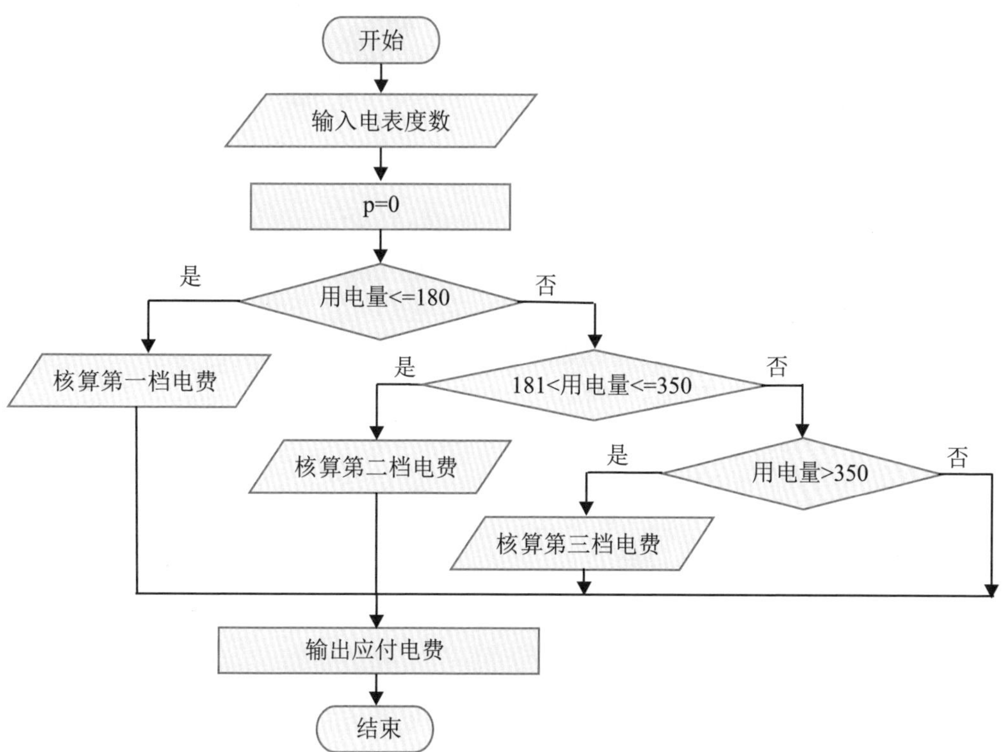

3. 实践应用

编写程序

```
p = 0
kwh = float(input("请输入用户家庭用电量："))
if kwh <=180:                                        # 判断用电量是否属于第一档
    p = kwh*0.5653                                   # 计算第一档电费
    print("该用户家庭用电量属于第一档")
elif 181<kwh<=350:                                   # 判断用电量是否属于第二档
    p = kwh*0.5653 +(kwh-180)*0.05                   # 计算第二档电费
    print("该用户家庭用电量属于第二档")
elif kwh>350:                                        # 判断用电量是否属于第三档
    p = kwh*0.5653 +(kwh-180)*0.05+(kwh-350)*0.3     # 计算第三档电费
    print("该用户家庭用电量属于第三档")
print("应付电费：" "%.2f"% p,"元")                    # 输出应付电费
```

测试程序　运行程序，输入用户的家庭用电量为270，计算机将显示运行结果。

```
请输入用户家庭用电量：270
该用户家庭用电量属于第二档
应付电费：157.13 元
```

答疑解惑　在Python中，需要注意关系运算符两边的操作数一定是可以相比较的类型。如果前者是字符串类型，后者是数字类型，即两个操作数的数据类型不统一，这时就不能使用关系运算符直接进行比较。

拓展应用　本案例因用电量分为第一档、第二档和第三档，不同档位的电价收费不同，所以在代码中应用关系运算符对用户的家庭用电量进行分档。类似需要在表达式中使用关系运算符进行判断的案例还有很多，如成绩等级划分、产品质量等级划分等。

案例 20 量身高买车票

知识与技能： 逻辑运算符

儿童购买车票时，根据身高可以享受优惠。老杨根据这个标准编写了量身高买车票的小程序。运行程序时，输入儿童的身高，如果身高低于120cm，显示“免费乘车”；

身高处于120~150cm，显示“请购买半价票”；身高大于150cm，显示“请购买全价票”。接下来，我们就一起编写这个有趣、实用的小程序吧！

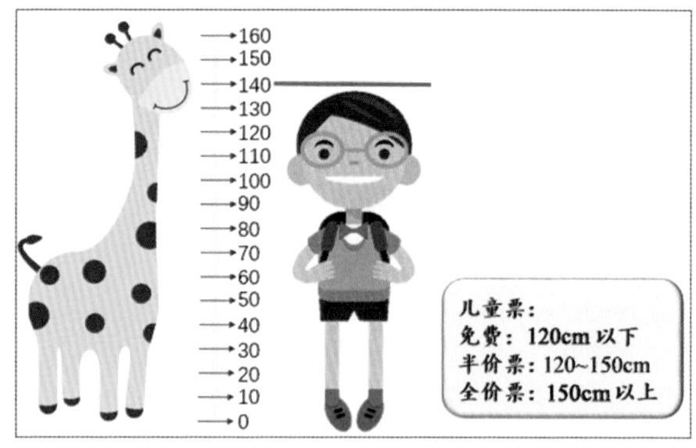

1. 案例分析

在本案例中，老杨首先需要将儿童的身高分成三个标准，然后输入儿童身高，再对儿童身高进行判断，显示应该享受的优惠。编写程序时，对儿童身高进行划分，表达式中需要使用逻辑运算符。

问题思考

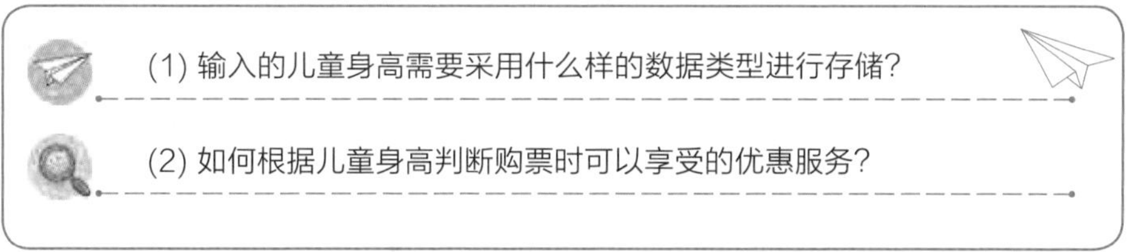

(1) 输入的儿童身高需要采用什么样的数据类型进行存储？

(2) 如何根据儿童身高判断购票时可以享受的优惠服务？

理一理　本案例需要实现根据儿童身高显示相应购票优惠的效果。根据题意可知，儿童的身高分为低于120cm、120~150cm和大于150cm三个标准，身高不同，购买车票时可享受的优惠也不同。因此，在输入儿童身高时，使用int( )函数可以将输入的数据存储为整数型，再使用逻辑运算符形成表达式，判断出儿童的身高符合哪个标准，并输出相应的优惠。

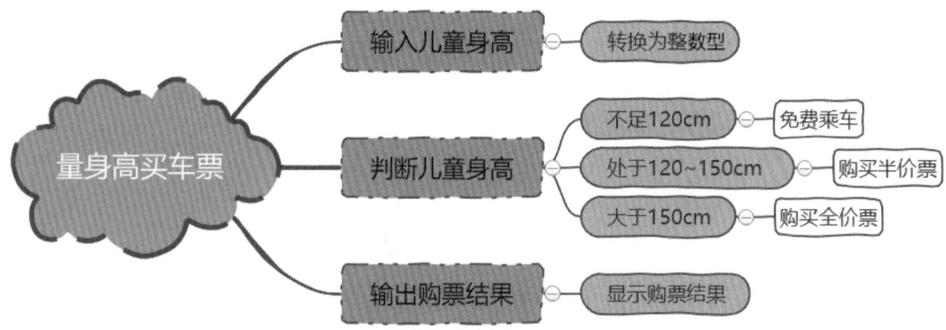

2. 案例准备

认识逻辑运算符 Python中的逻辑运算符有3个，分别为and、or和not。“与”运算符用and表示，“或”运算符用or表示，“非”运算符用not表示。逻辑运算符可以用来判断任何类型的表达式，通常用于组合多个条件测试语句，具体如下表所示。

运算符	说明	实例
and	与运算(当a和b两个表达式都为真时，a and b的结果才为真，否则为假)	a and b
or	或运算(当a和b两个表达式都为假时，a or b的结果才是假，否则为真)	a or b
not	非运算(如果a为真，那么not a的结果为假；如果a为假，那么not a的结果为真。相当于对a取反)	not a

算法设计 首先输入儿童身高，并将其转换为整数型，然后按照标准对儿童的身高进行判断，呈现儿童购票时可以享受的优惠。本案例的算法思路如下图所示。

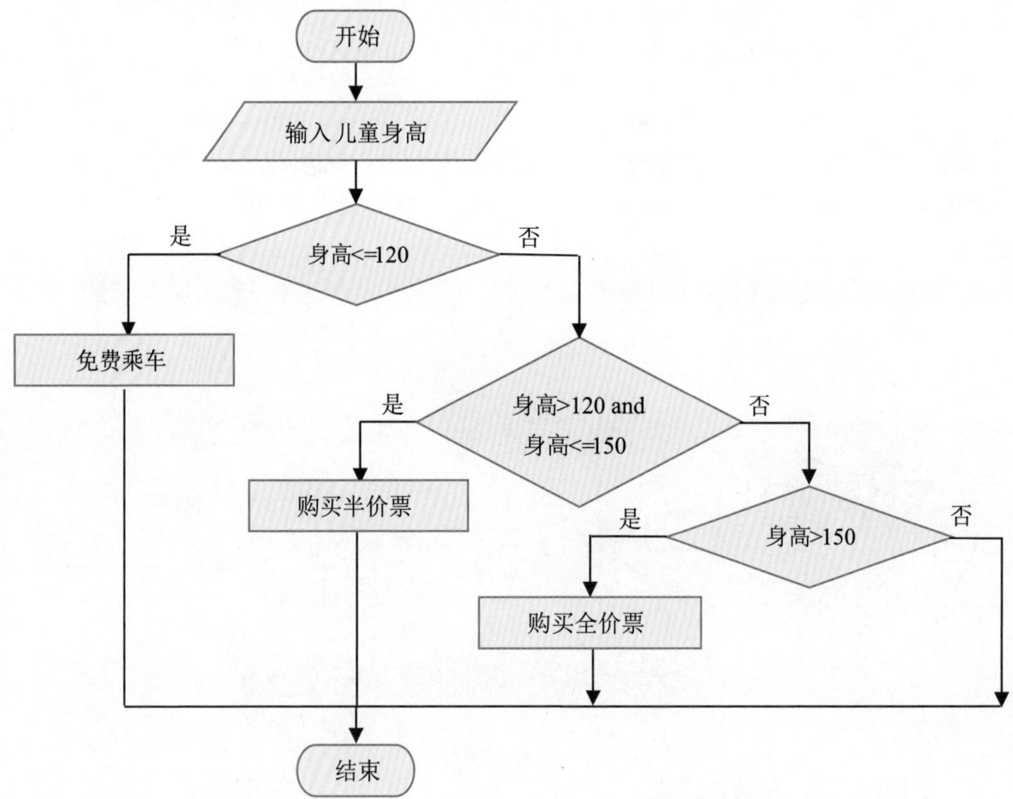

3. 实践应用

编写程序

```
height=int(input("请输入儿童身高（cm）："))
if height<=120:                              # 判断身高是否小于120cm
    print("儿童的身高不足120cm，可以免费乘车。")
elif height>120 and height<=150:             # 判断身高是否在120~150cm
    print("儿童身高在120~150cm，请购买半价票。")
elif height>150:                             # 判断身高是否大于150cm
    print("儿童身高大于150cm，请购买全价票。")
```

测试程序　运行程序，输入儿童身高为135，计算机将显示程序运行结果。

```
请输入儿童身高（cm）：135
儿童身高在120cm~150cm，请购买半价票。
```

答疑解惑　在Python中，当逻辑运算符and中的第1个值为True时(非数值0、非空字符串等都为True)，则不管第2个表达式的返回值是什么，都将返回第2个值。虽然使用逻辑运算符and的表达式一般返回值为布尔类型，但有时运算结果也可为数值、字符串等类型。

如：1 and 2 输出：2	如："美女" and "野兽" 输出：'野兽'

拓展应用　本案例使用逻辑运算符将儿童的身高分为三个标准，让不同身高的儿童享受不同的购票优惠。类似使用逻辑运算符对表达式进行判断的案例还有很多，如朗读水平等级划分、水果个头等级划分等。

第 3 章

左右逢源——选择结构应用

生活中选择无处不在，比如登录 QQ 或在 ATM 机中取钱，要根据输入的密码判断下一步如何操作；商家根据商品购买金额设置不同的折扣率……这些都需要根据不同的条件进行判断，这就需要选择结构来实现。在 Python 中，选择结构能够使程序具备“判断”能力，使计算机具有“智能性”。常见的选择结构有单分支选择结构、双分支选择结构、多分支选择结构及嵌套的分支结构。

本章将带领大家学习左右逢源的选择结构，通过 14 个案例，详细介绍 Python 中选择结构的“智能判断”。

学习内容

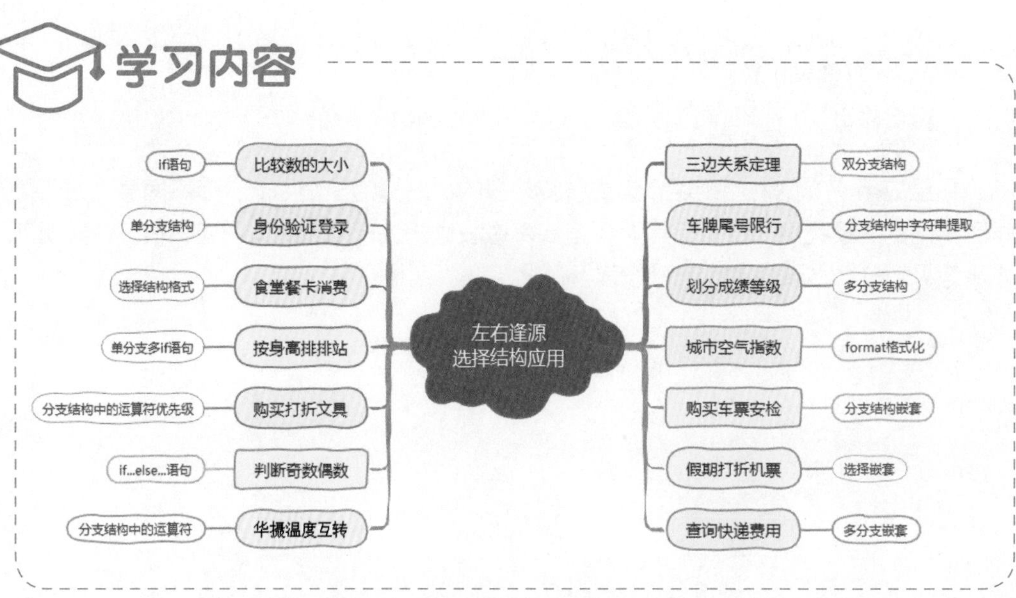

案例 21

比较数的大小

知识与技能： if 语句

在数字排序、取最大值等活动中，往往需要先对数字两两对比，将比较大的数字先取出来，再和其他数字进行比较。当数组中的数字完全比较后，才能对数字进行排序、取最大值等。

1. 案例分析

本案例要求比较两个数字之间的大小，对于程序来说，它本身不会判断数字的大小，需要将两个数字进行比值判断，将比值大的数字输出，显示程序的运算结果。

问题思考

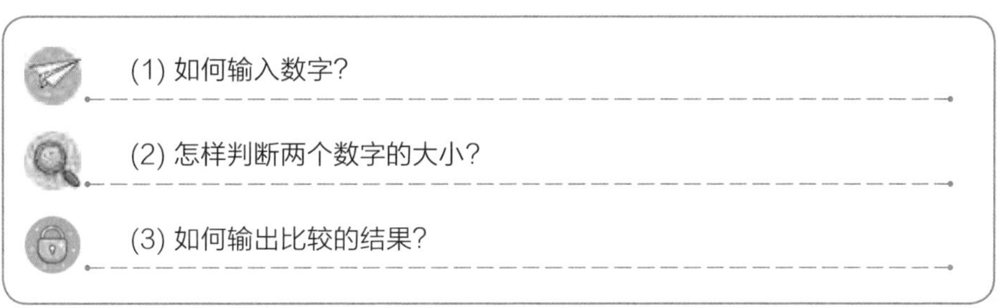

理一理　使用Python语言中的if语句，给出条件，如果条件为真，就执行决策条件代码块的内容。

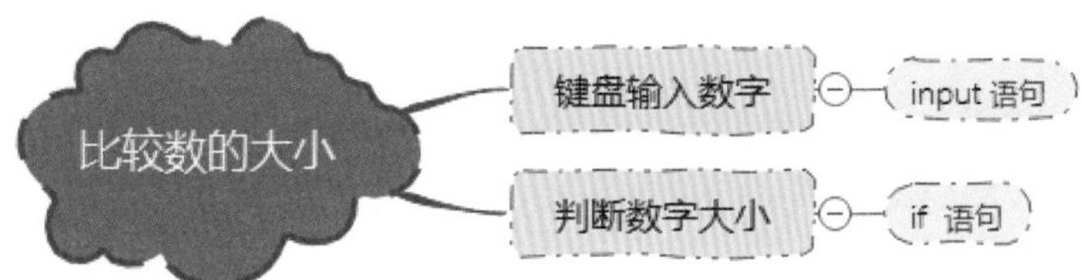

2. 案例准备

if语句　Python语言的选择结构有多种形式，分为单分支选择，双分支选择，多分支选择等。if语句是单分支选择结构，语法形式如下。

```
if  表达式:
    语句块
```

算法设计　首先输入两个数字，再通过运算来判断数字的大小，最后取出最大的数字，实现数字比较大小的功能。本案例的算法思路如下图所示。

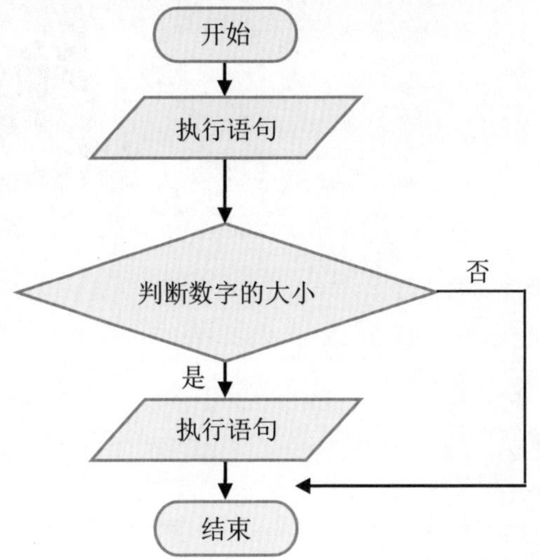

3. 实践应用

编写程序

```
a=int(input("请输入第一个数字："))                # 键盘输入数字
b=int(input("请输入第二个数字："))
max=a                                              # 设a为最大数
if a<b:                                            # 比较两个数
    max=b
print("这两个数字中，最大的数字是：", max)
```

测试程序　运行程序，输入两组数字提交给程序，计算机程序运行并输出结果，显示这两组数字中最大的数字。

```
请输入第一个数字：26
请输入第二个数字：35
这两个数字中，最大的数字是： 35
```

答疑解惑　每条if语句的核心都是一个值为True或False的表达式，这种表达式称为条件测试。Python根据条件测试的值来决定是否执行if语句中的代码块。表达式中用到==关系运算符，用于判断输入的变量值是否等于预先设置的用户名和密码，其返回的是布尔值。如果值为True，即表示用户名和密码正确；反之，值为False，即表示验证错误。

案例 22 身份验证登录

知识与技能： 单分支结构

随着网络的发展，网站与手机App越来越普及，登录系统成为各种应用的重要组成部分。张龙同学准备编写一个简单的系统身份验证程序：当输入正确的用户名和密码后，能够登录系统并开始使用。

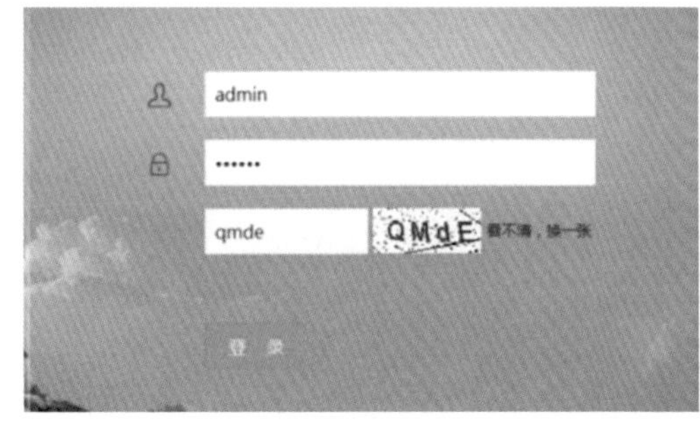

1. 案例分析

制作登录系统，首先要设置用户名和密码，如果登录的用户名和密码与所设置的账号密码一致，程序会提示身份验证成功。这里用到Python中的if语句，也就是单分支选择结构来实现。

问题思考

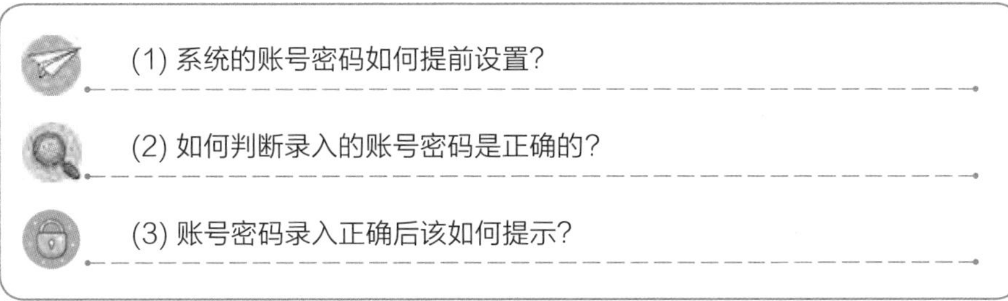

(1) 系统的账号密码如何提前设置?

(2) 如何判断录入的账号密码是正确的?

(3) 账号密码录入正确后该如何提示?

理一理　Python语言中的if语句，可以设置条件判断，以便对符合条件的语句进行操作。

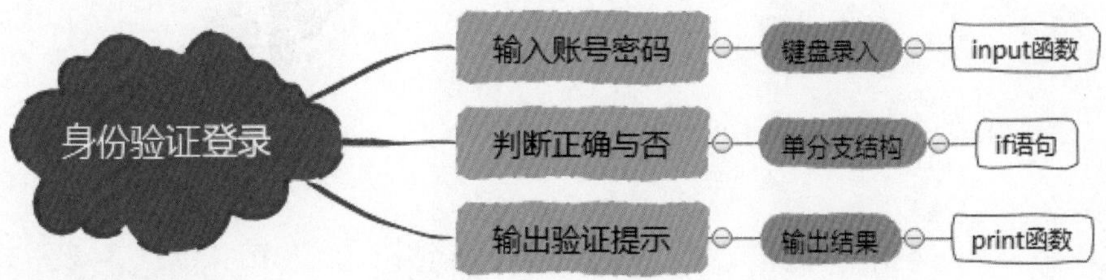

2. 案例准备

if语句的格式　编写程序时，if表达式后面的冒号是不可缺少的，表示一个语句块的开始，并且语句块必须做相应缩进，一般以4个空格为缩进单位。如下图程序段中有2点易犯的错误。

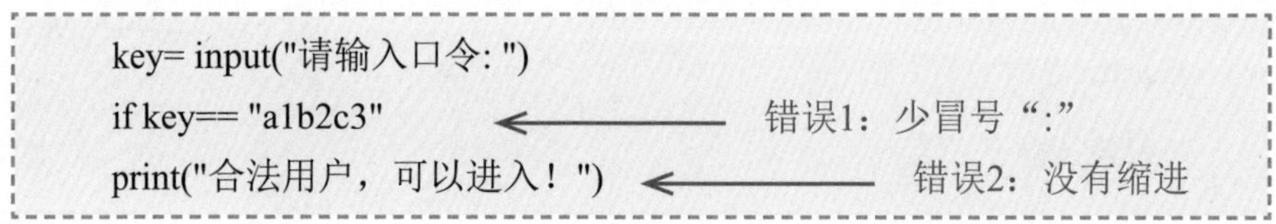

算法设计　首先通过键盘分别输入用户名和密码，判断输入的用户名和密码与预设的是否一致，默认用户名为admin，密码为123456，如果一致，则显示“身份验证成功”。本案例的算法思路如下图所示。

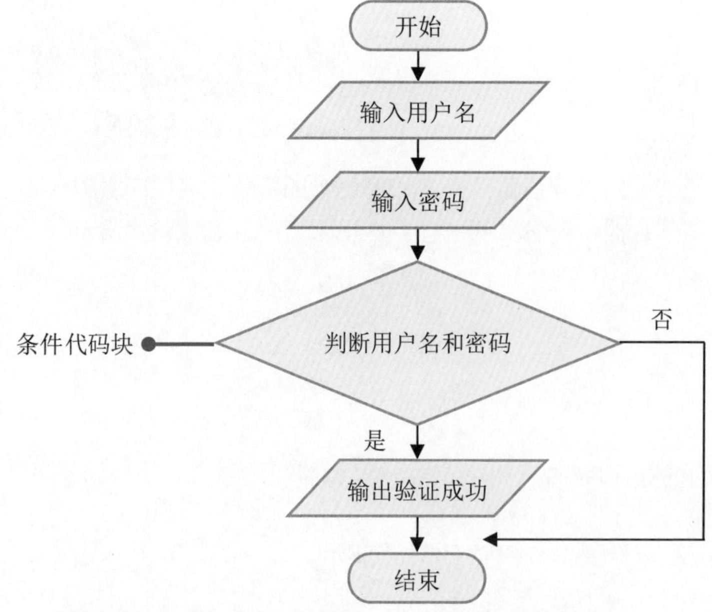

3. 实践应用

编写程序

```
username = input("请输入用户名: ")                        # 键盘输入用户名
password = input("请输入口令: ")                          # 键盘输入密码
if username == "admin" and password == "123456":  # 默认用户名是admin，密码是123456
    print("身份验证成功!")
```

测试程序　运行程序，输入用户名admin，密码为123456，计算机程序运行并输出结果。如果输入的用户名和密码错误，则不出现任何提示。

```
请输入用户名: admin
请输入口令: 123456
身份验证成功!

请输入用户名: admi
请输入口令: 123
```

拓展应用　if单分支语句，可以用来判断人们是否成年，具体问题描述是接收键盘输入的一个人的年龄，并将输入转换为整型数值，赋值给age，如果age<18，则输出“你是未成年人”。

案例 23　食堂餐卡消费

知识与技能： 选择结构格式

李梅同学在食堂办了一张餐卡，每个月固定给餐卡充值。当她去食堂就餐的时候，就通过食堂的消费机刷卡消费。当餐卡内的金额充足时，消费机会自动扣费，并显示卡上余额，这是如何做到的呢？

1. 案例分析

餐卡上的金额根据充值情况而定，卡上余额则根据消费情况，每一次消费都会从余额中扣除。当消费的金额未超出卡上余额时，则会显示消费成功，并成功扣费。

问题思考

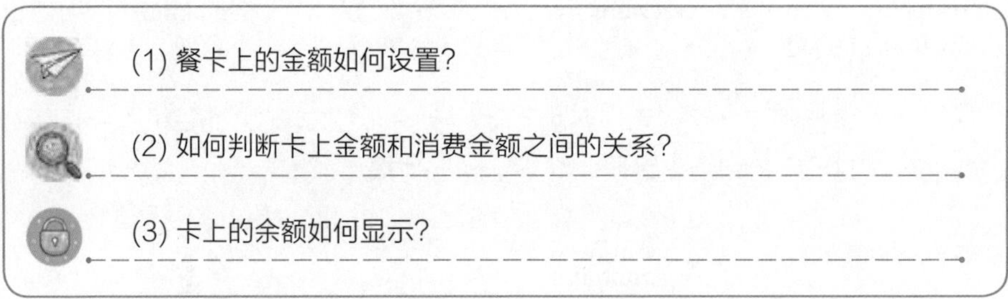

理一理　要想餐卡能够消费，首先要设置一个初始值，这个初始值可以通过变量直接设置。而每次的消费金额可以通过键盘输入，将消费金额和卡上余额进行比较，当消费金额小于或等于卡上余额时，扣除消费金额，同时显示消费成功，并显示余额。

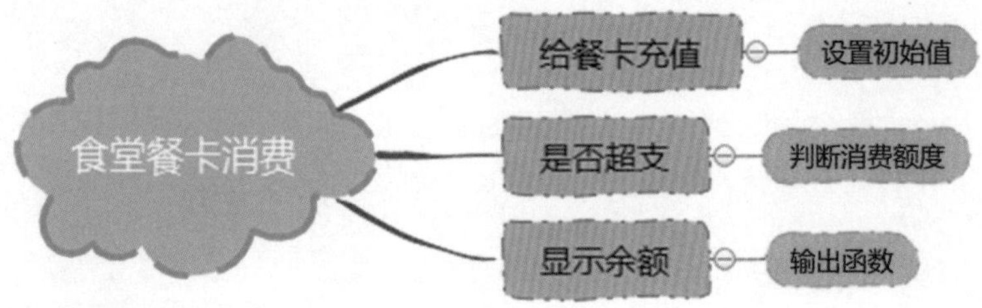

2. 案例准备

if语句的执行过程　如果条件表达式的值为真，即条件成立，语句1将被执行。否则，语句1将不被执行，执行if选择结构后面的语句。执行过程如下图所示。

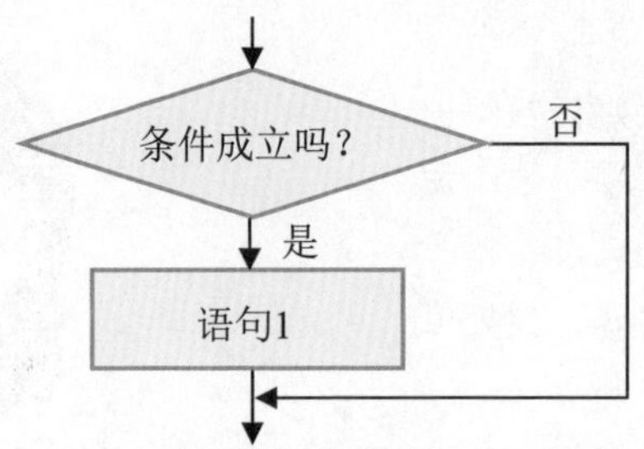

选择结构中的缩进　在Python中，代码的缩进非常重要，体现了代码之间的逻辑关系，同一个条件下的代码缩进量必须相同。但在实际编程中，只要遵循约定，Python代码的排版可以降低要求，例如下面的代码，虽然不建议这样写，但也是可以执行的。

```
>>>if 3 > 2 : print('ok')
                                   #如果语句较短，可以直接写在分支语句后面
>>>if True : print(3) ; print(5)          #在一行写多个语句，使用分号分隔
```

算法设计　设置初始值，利用键盘输入消费金额，判断消费额和初始值大小，根据判断结果执行不同的输出结果。本案例的算法思路如下图所示。

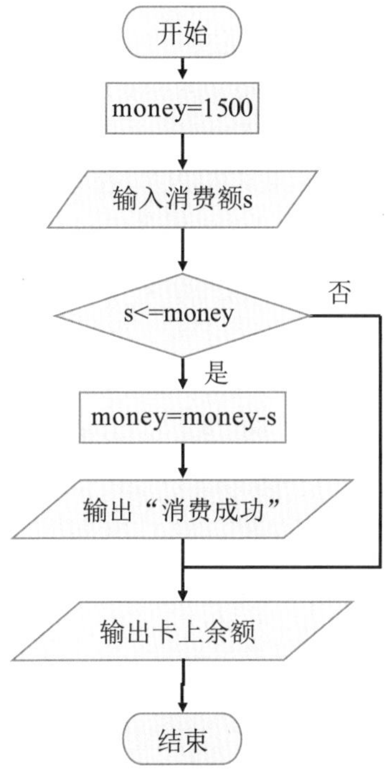

3. 实践应用

编写程序

```
money=1500                                  # 设置初始值
s=int(input('请输入本次消费金额：'))
if  s<=money:                               # 判断消费金额是否超支
    money=money-s
    print('本次消费成功')                   # 提示消费成功
print('您卡上余额为：',money)               # 显示卡上余额
```

测试程序　运行程序，输入消费金额，当消费金额小于卡上余额时，显示消费成功，并显示卡上余额。

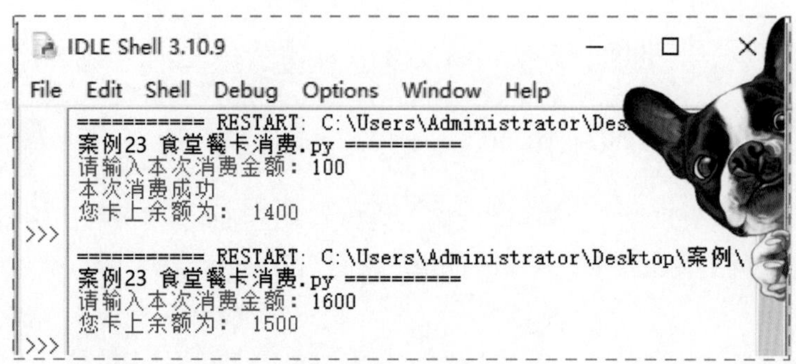

答疑解惑　在单分支结构中，不论条件满不满足要求，第6行代码都会执行。

拓展应用　想一想，当卡上余额充足时，提示“本次消费成功”，如果卡上余额不足，提示“卡上余额不足”的效果该如何实现呢？请参照下图所示修改程序。

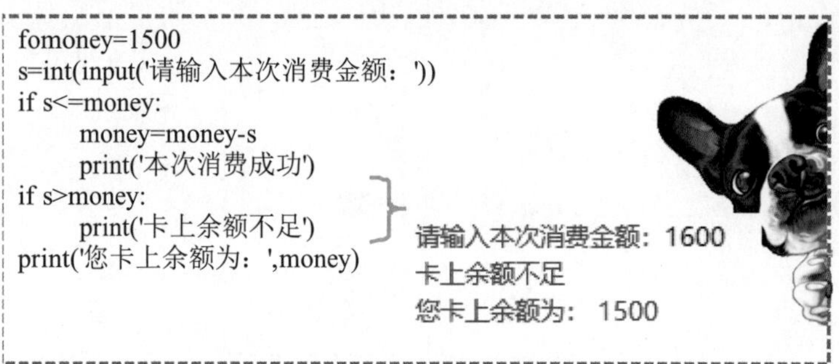

案例24 按身高排排站

知识与技能： 单分支多if语句

张龙、李梅和韩雪三位同学是领操员，老师想让他们按从低到高排好队。排队的时候，让他们三个人两两比较，两人中较矮的调到前面，通过三次比较可以排出从低到高的队形。沙沙利用Python编写了一个小程序，通过输入三人的身高，很快就排出了三个人的位置。

1. 案例分析

在Python中，交换两个变量的值有两种方法，一种是通过引入中间变量，另外一种可以直接交换。本案例选择简单易操作，不用借助中间变量就可以交换变量值的方法。首先对身高变量进行赋值，对身高值大小进行判断后，利用Python在一行代码中赋值与交换(变量值)的方法，实现变量值的交换。

问题思考

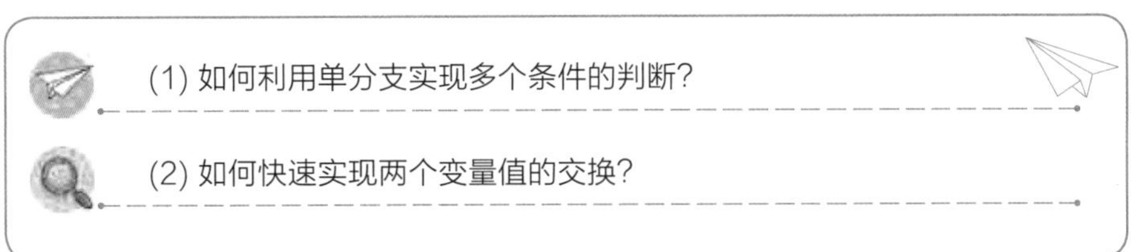

理一理　在Python中，对多个条件进行判断时，可以采用单分支多条件的格式编写程序。针对每一次判断的结果，决定是否交换变量值。在交换变量前，要确定用哪个变量对应数值中的最小值、中间值和最大值，然后根据变量两两比较的情况，按照从小到大的顺序依次输出身高值。

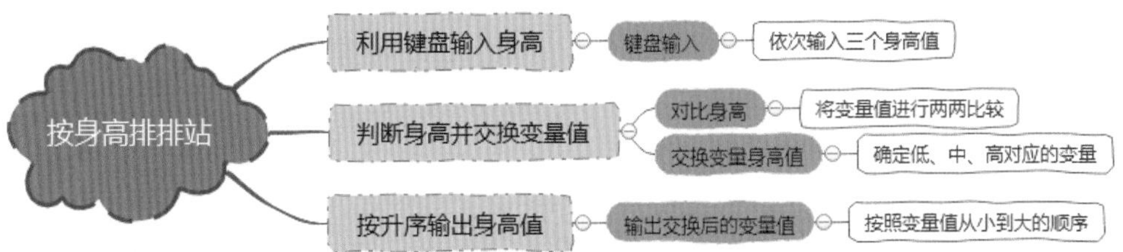

2. 案例准备

单分支多if表达方式　在Python中，对多个条件进行判断时，可以针对每一种条件，采用if语句来实现。多个if并列，程序会依次执行判断每一条if表达式是否为真，真则执行对应语句，执行完跳到下一条if；假则直接跳到下一条if，直到判断完所有的if。

```
格式：if<表达式1>:
          语句块1
      if<表达式2>:
          语句块2
      ......
```

交换两个变量值　在Python中，如果需要交换变量的值，无须定义中间变量来操作，只需要在一行代码中就可以实现，这样既可以减少代码量，操作也不复杂。

```
x=10
y=20
x,y=y,x                              #交换变量x和y的值
print(x,y)
```

算法设计　利用键盘分别将三个身高值赋给变量h1,h2,h3，先将h1和h2进行比较，如果h1较大，则和h2交换数值，交换后变量h1保存的是两个数值中的较小数。同样道理，再将h1和h3，h2和h3进行比较。三次判断交换后，h1对应的是最小身高，h2为中间身高，h3为最大身高。最后输出h1,h2,h3，分别是最小值、中间值和最大值，这与最初输入的三个值的顺序有可能不同。本案例的算法思路如下图所示。

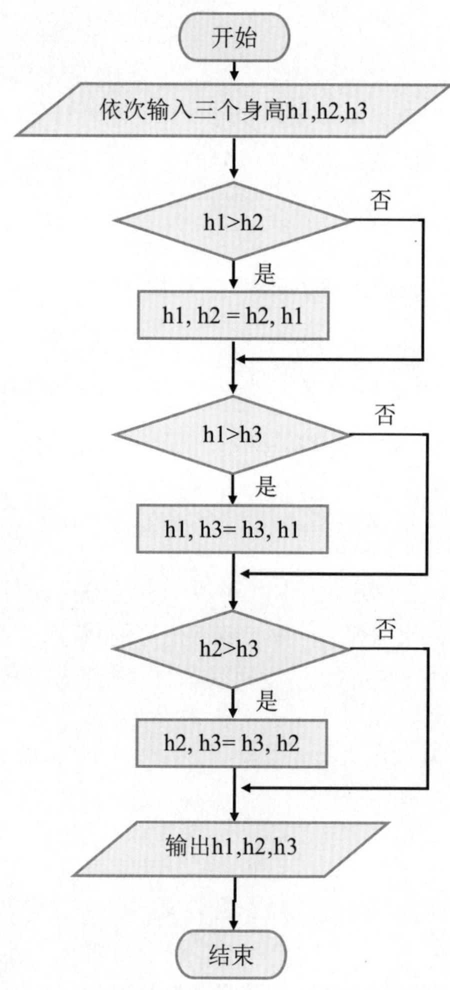

3. 实践应用

编写程序

```
h1=float(input("请输入第一个身高: "))          # 输入身高值
h2=float(input("请输入第二个身高:"))
h3=float(input("请输入第三个身高:: "))
if h1 >h2:
    h1, h2 = h2, h1                            # 将身高对应的变量值交换
if h1>h3:
    h1, h3 = h3,h1
if h2> h3:
    h2, h3= h3,h2
print("三个人的身高顺序为: ",h1,h2, h3)     # h1,h2,h3分别代表最小值、中间值和最大值
```

测试程序　输入三个不同的身高值，进行程序测试，查看程序执行结果。

答疑解惑　python代码以简洁著称，本案例中交换变量值a,b=b,a的方法，实际上就是通过赋值运算符=，将等号右面的值依次赋值给等号左边，将 b 赋值给 a 的同时将 a 的值赋值给 b。

拓展应用　如果希望按照身高从高到低的顺序排列，该如何调整程序？我们可参考下图所示，可见通过编程可以解决一些实际问题！

```
h1=float(input("请输入第一个身高: "))
h2=float(input("请输入第二个身高:"))
h3=float(input("请输入第三个身高:: "))
if h1<h2:
    h1, h2 = h2, h1
if h1<h3:
    h1, h3 = h3,h1
if h2< h3:
    h2, h3= h3,h2
print("三个人的身高顺序为：",h1,h2, h3)
```

```
请输入第一个身高: 1.65
请输入第二个身高:1.73
请输入第三个身高:: 1.62
三个人的身高顺序为：  1.73 1.65 1.62
```

案例25 购买打折文具

知识与技能：分支结构中的运算符优先级

新学期即将开始，为了促进销售，文具店正在举办促销活动，笔记本买6本以下原价，6~10本打8折，11本以上打6折。李雪决定编写一个小程序，能够根据购买的笔记本数量，快速计算出所需的费用金额。她是怎么做的呢？

1. 案例分析

要想完成本案例，首先要了解折扣率，当购买的数量低于6时，没有折扣，即折扣指数为1；当购买数量在6和10之间时，享受8折优惠，即折扣率为0.8；当购买数量超过11时，享受6折优惠，即折扣率为0.6。而消费总额是根据购买数量、销售单价和折扣率来定的。

问题思考

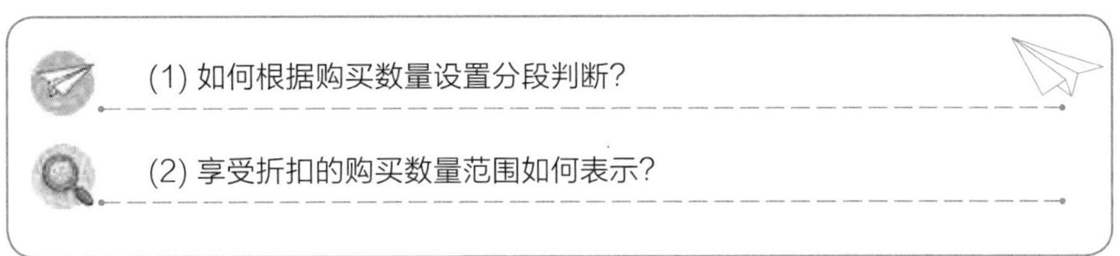

理一理　Python中除了内置函数，还可以自己创建函数。判断打折情况可以用Python的自定义函数来实现，使程序变得有条理。

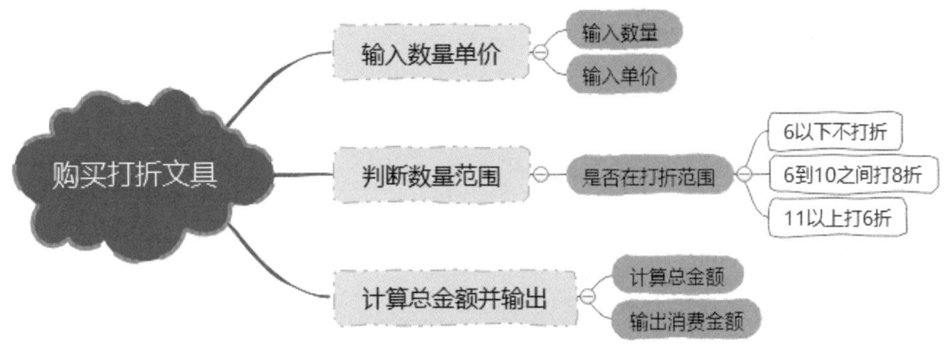

2. 案例准备

Python运算符和优先级　Python运算符的运算规则是Python程序设计语言中重要的一部分，它可以完成复杂的数学运算。Python中常用的运算符有算术运算符、比较(关系)运算符、赋值运算符、逻辑运算符(and、or、not)、位运算符(用于比较二进制数字)、成员运算符(in、not in)和身份运算符(is、is not)共 7 大类。Python运算符的优先级是指在同一表达式中，不同运算符之间的执行顺序，其运算优先级如下所示。

1. 算术运算符的优先级：

(1) 执行括号内的运算符

(2) 计算指数运算符(**)

(3) 乘法(*)、除法(/)、整数除法(//)和取余运算

(4) 计算加法(+)、减法(-)运算符

(5) 运算优先级相同的在一起，从左向右运算

2. 运算符优先级遵循的规则为：算术运算符优先级最高，其次是位运算符、成员测试运算符、关系运算符、逻辑运算符等。

虽然Python运算符有一套严格的优先级规则，但是强烈建议在编写复杂表达式时，使用圆括号来明确说明其中的逻辑以提高代码可读性。

算法设计　首先通过键盘输入购买笔记本的数量和单价，根据购买数量判断应属于哪种优惠范围，在不同的范围里确定折扣率。折扣率确定后，根据单价、购买数量和折扣率，计算并输出购买笔记本的总金额。本案例的算法思路如下图所示。

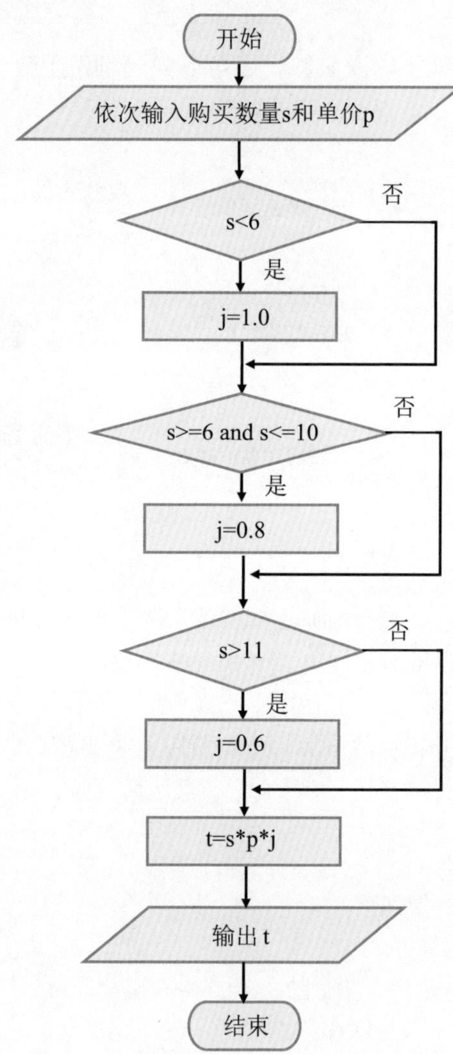

3. 实践应用

编写程序

```
s =int(input("请输入购买笔记本的数量（本）：  "))
p =float(input("请输入每本笔记本的单价（元）：  "))
if s<6:                                    # 购买数量小于6
    j=1.0                                  # 按原价购买
if s>=6 and s<=10:                         # 购买数量大于等于6小于等于10
    j=0.8                                  # 打8折
if s>=11:                                  # 购买数量超过11
    j= 0.6                                 # 打6折
t=s*p*j
print("总金额为：",t,"元")
```

测试程序　运行程序，分别输入三组数据测试，这三组数据对应的购买数量分别为：小于6，大于6且小于10，大于10，得出购买文具金额为打折后的结果。

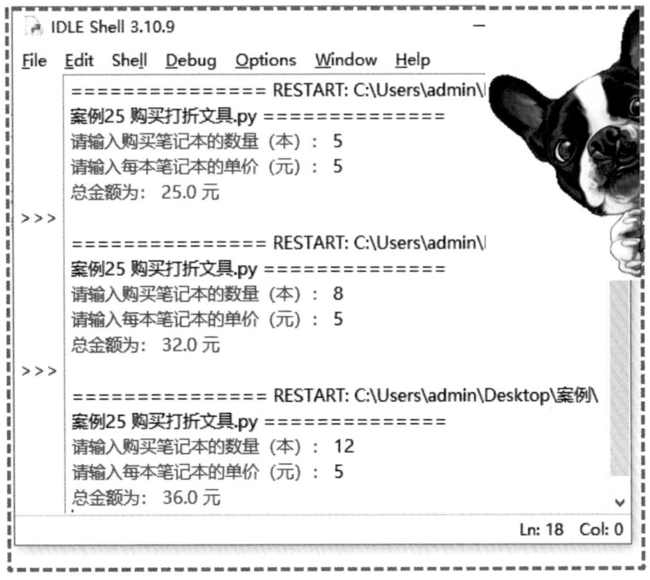

答疑解惑　Python 条件表达式是Python语言中的常见表达式之一，它们经常用于判断一个条件是否成立，如s>=6 and s<=10，相当于数学表达式6≤s≤10。Python条件表达式可以帮助判断某个条件是否成立，从而控制程序的执行。

拓展应用　如果判断一个数同时是3，7的倍数，条件表达式应该如何书写？试着编写程序，判断一个两位数是否同时是3，7的倍数。

案例 26

判断奇数偶数

知识与技能：if...else...

判断一个数是奇数还是偶数，只要看这个数的最后一个数字是奇数还是偶数，就能很快做出正确的判断。对于计算机来说，要判断一个数是奇数还是偶数，需要对该数字进行运算，以它的计算速度，任何数字都可以快速判断出是奇数还是偶数。

1. 案例分析

计算机判断一个数是奇数还是偶数，是建立在正确的计算结果下的，为了给出自己的判断，它可以采取多种算法来求一个数的奇偶性。

问题思考

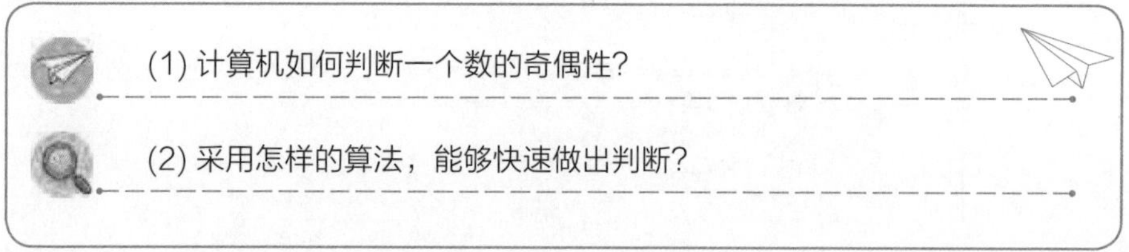

理一理　在Python中，根据计算数字是否有余数，可以快速判断这个数字是奇数还是偶数。

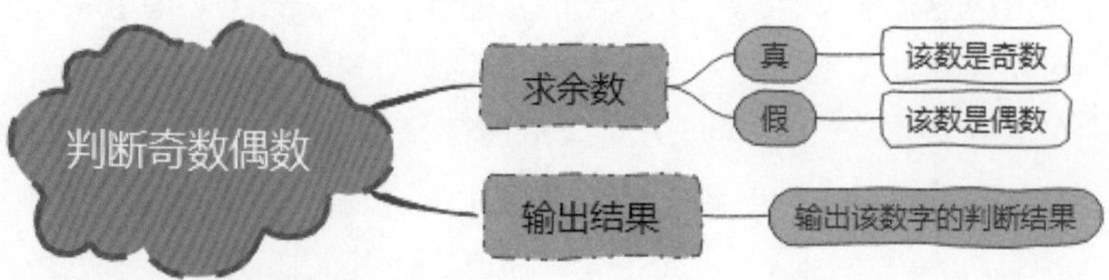

2. 案例准备

双分支结构　在Python程序中，当条件成立时需要执行某些操作，不成立时需要执行另外一些操作，可以编写双分支结构来实现。if语句与else语句结合可实现双分支结构。

格式：

```
If <条件表达式>:
    语句1
else:
    语句2
```

功能： 当条件成立，即表达式值为真时，执行“语句1”，否则(条件不成立)，执行else后面的语句2。

算法设计　本案例主要利用选择结构的双分支结构，判断一个数字是奇数还是偶数。可以利用求余数的方式，判断得出的结果是否为1，如果结果为真，则该数是奇数，否则该数为偶数。

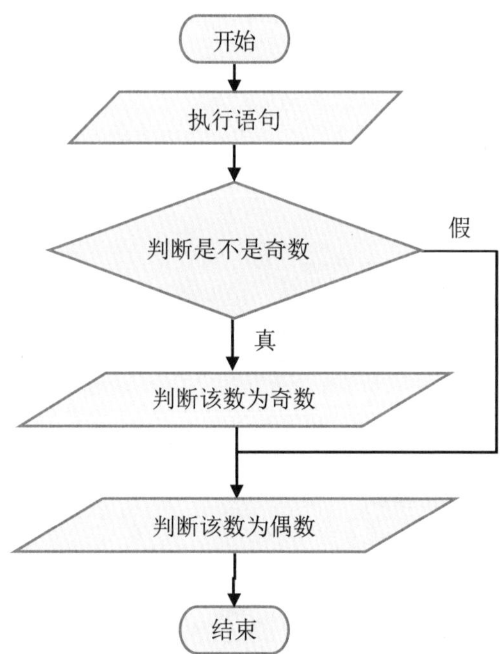

3. 实践应用

编写程序

```
num=int(input("请输入一个整数："))        # 输入一个数字
if num & 1 == 1:                          # 判断这个数字是否有余数
    print(num ,'这个数是奇数。')
else:                                     # 如果不满足条件
    print(num ,'这个数是偶数。')

```

测试程序　运行程序，第一次输入一个数字；第二次输入不同的数字，观察输出结果有什么不同。

```
请输入一个整数：27
27 这个数是奇数。

===============
==========
请输入一个整数：36
36 这个数是偶数。
```

答疑解惑　编写代码时一定要注意书写时缩进格式，一般书写时习惯将if与else对齐。另外，else后面的冒号不可缺少。

案例27 华摄温度互转

知识与技能： 分支结构中的运算符

在第2章的案例10中，我们学习了编写程序让计算机快速将华氏温度转换成摄氏温度。采用同样的方式，我也可以快速将摄氏温度转换成华氏温度。那么，能否将上述两种转换功能结合，让计算机更“智能”一些，根据用户输入的温度类型，实现华氏温度和摄氏温度的自由转换呢？

1. 案例分析

要实现华氏温度和摄氏温度的互相转换，实际上是针对一个具体的温度值，要么是将它由华氏度转换成摄氏度，要么是将它由摄氏度转换成华氏度。也就是说，计算机是根据已知温度的类型，来确定要转换成什么类型的温度。

问题思考

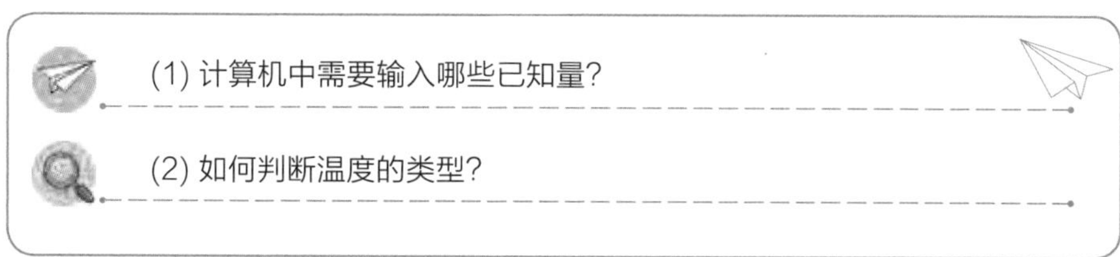

理一理　梳理计算机解决问题的过程，在处理环节，计算机是根据温度类别判断转换方式的双分支结构。

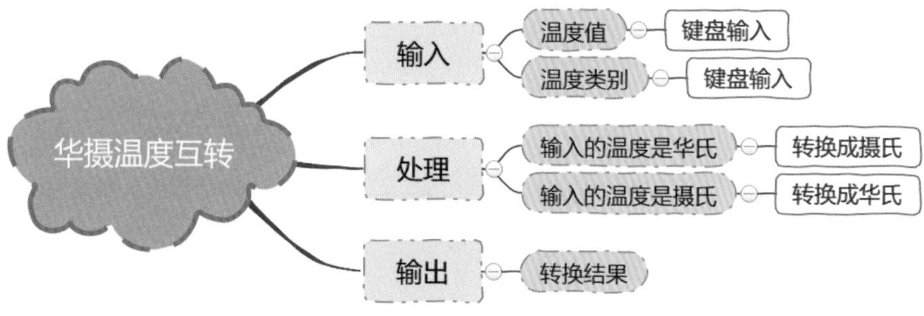

2. 案例准备

比较运算符　比较运算符运用==进行判断，确定左右两边是否相等，两边相等返回True，两边不相等返回False。

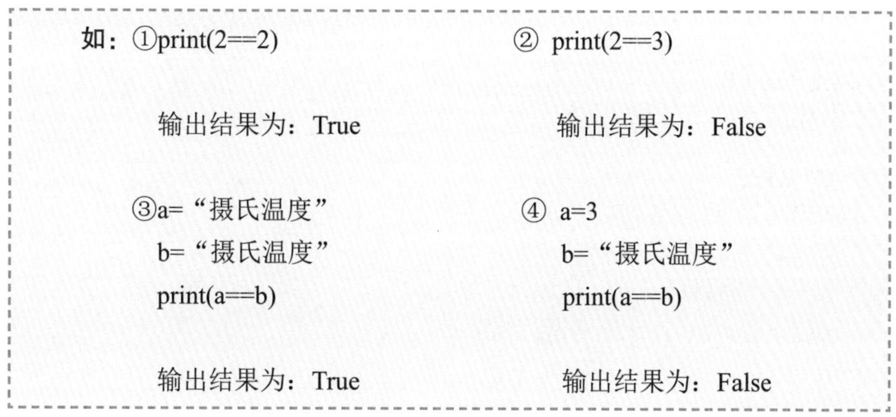

算法设计　计算机获得用户从键盘输入的温度和温度类型，将温度类型作为判断条件，从而决定是从华氏转换成摄氏，还是由摄氏转换成华氏。本案例的算法思路如下图所示。

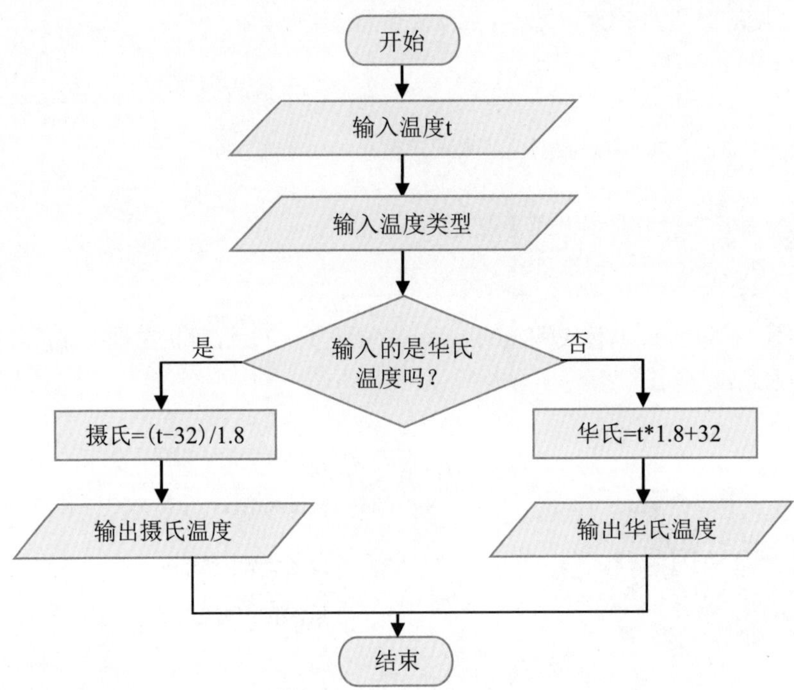

3. 实践应用

编写程序

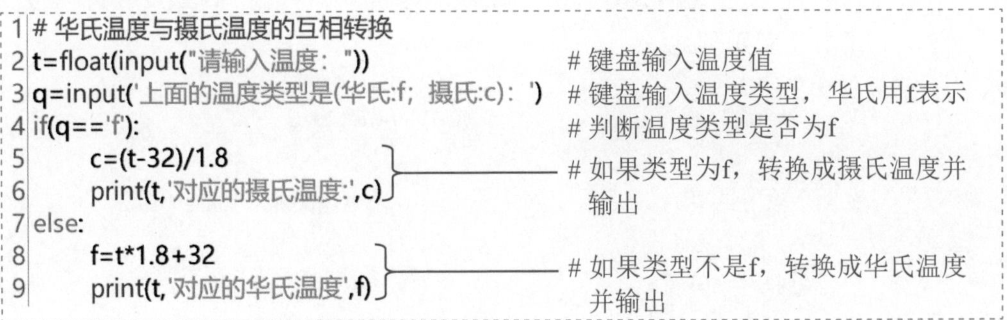

```
# 华氏温度与摄氏温度的互相转换
t=float(input("请输入温度："))                      # 键盘输入温度值
q=input('上面的温度类型是(华氏:f；摄氏:c)：')        # 键盘输入温度类型，华氏用f表示
if(q=='f'):                                        # 判断温度类型是否为f
    c=(t-32)/1.8                                   # 如果类型为f，转换成摄氏温度并输出
    print(t,'对应的摄氏温度:',c)
else:
    f=t*1.8+32                                     # 如果类型不是f，转换成华氏温度并输出
    print(t,'对应的华氏温度',f)
```

测试程序　运行程序，第一次运行，输入温度77，温度类型为f；第二次运行，输入温度25，温度类型为c，对比查看运行结果。

```
请输入温度：77
上面的温度类型是(华氏:f；摄氏:c)：f
77.0 对应的摄氏温度: 25.0
>>>
请输入温度：25
上面的温度类型是(华氏:f；摄氏:c)：c
25.0 对应的华氏温度 77.0
```

答疑解惑　在本案例中，双分支选择结构中的判断条件，是用比较运算符==比较用户输入的温度类型是不是字符f，即q==f。变量q被赋值为input()函数的值，是字符类型，右边f也同是字符类型，相同类型的数据进行相等比较时，才会有False和True两种情况。

拓展应用　==是常用的比较运算符，在分支结构中常以比较运算作为判断条件，常用的比较运算符还有!=(不等于)、>(大于)、<(小于)、>=(大于等于)、<=(小于等于)等。

案例 28　三边关系定理

知识与技能： 双分支结构

判断任意三个数字能否构成一个三角形，可以利用三角形的三边关系定理，即任意两边之和大于第三边。张龙编写了一个小程序，只要输入任意三个数字作为边长，则可立即判断这三个数字能否构成一个三角形。

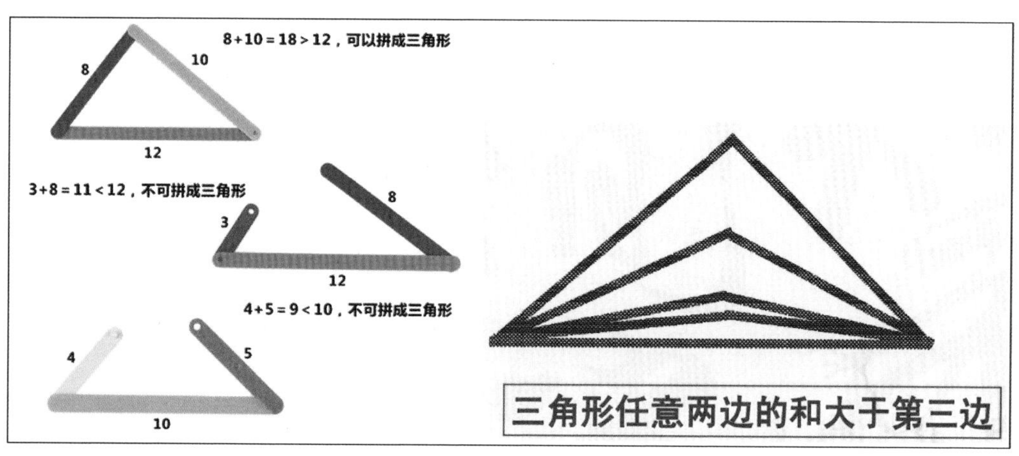

1. 案例分析

本案例主要利用三边关系定理，判断任意长度的三边能否构成一个三角形。设置好判断条件后，可以通过双分支选择结构，判定给出的三边长度是否可以构成三角形。

问题思考

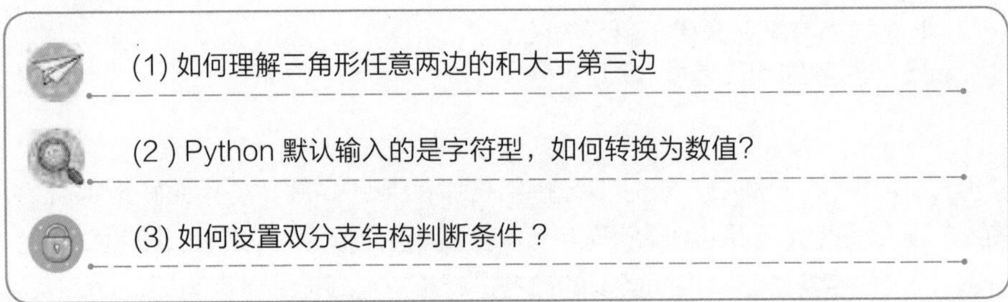

理一理　在Python中根据三边长判断三角形，需要利用三角形的三边关系定理，即任意两边加起来的和都大于第三边，通过算术运算符和逻辑运算符的混合表达式进行判断。采用双分支结构，当条件满足的时候，就可以判断三边可以构成三角形，否则不能构成三角形，如下图所示，其中条件的设置是关键。

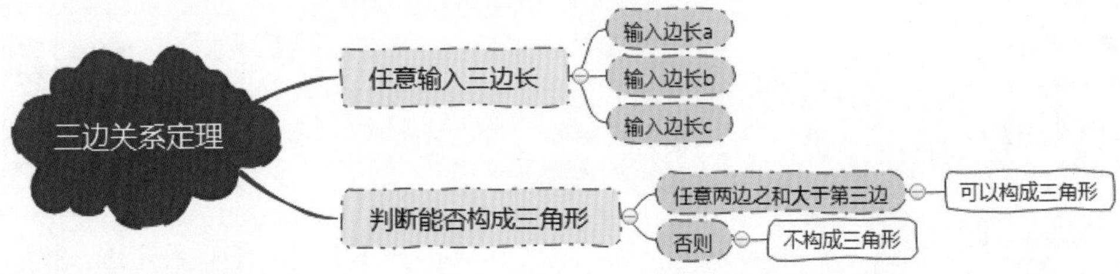

2. 案例准备

双分支结构执行过程　if...else...双分支条件判断语句，可以对某一条件的两种不同结果进行分别处理。即根据条件表达式的结果，选择“语句1”或“语句2”中的一个执行，执行完以后，整个if...else...语句执行结束。

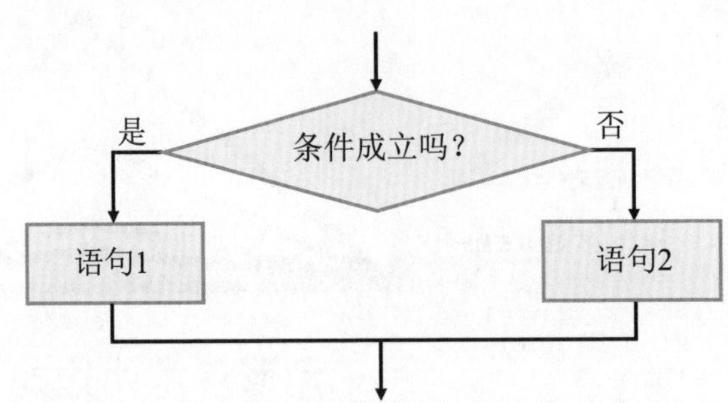

eval函数( )　Python的内置函数eval( )，用来执行一个字符串表达式，并返回表达式的值，即将字符串作为有效表达式进行求值并返回计算结果。eval( )函数经常和input函数一起使用，用来获取输入的数字。

缩进错误提示　Python中程序语句缩进是非常严格的，编写Python代码时若提示expected an indented block，一般表示代码中出现了缩进错误。如图所示，标红的print语句需要向后缩进，与if语句中的Print对齐。

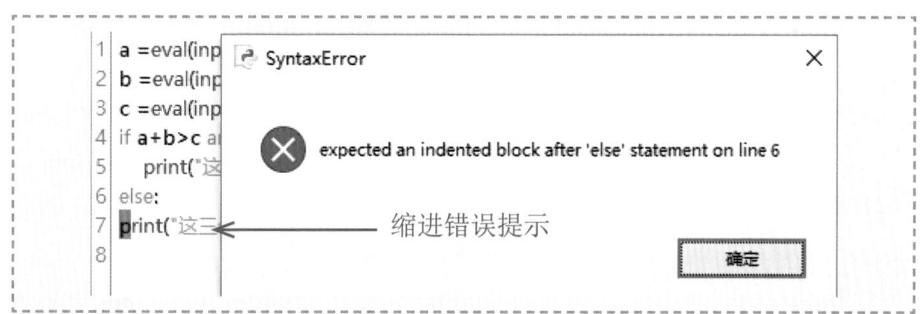

算法设计　本案例主要利用三边关系定理，判断任意长度的三边能否构成一个三角形。通过双分支选择结构，当满足任意两边之和大于第三边的条件时，可以构成三角形，否则不构成三角形。下图以输入任意三边长为例，判断这三条边能否构成三角形。

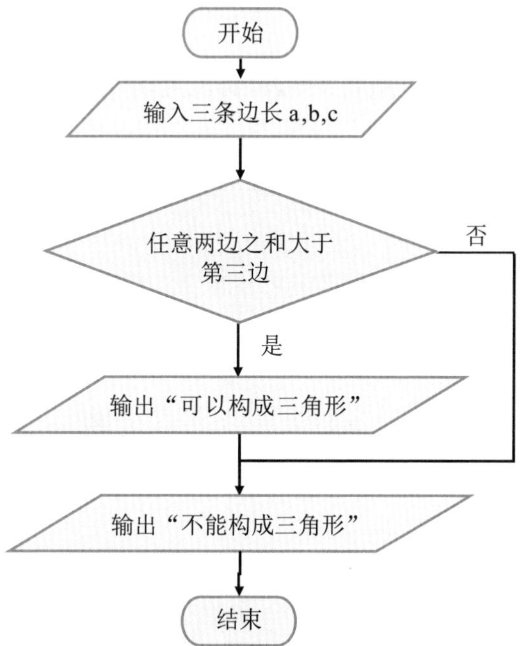

3. 实践应用

编写程序

```
a =eval(input("请输入a的边长：  "))          # 任意输入三条边长
b =eval(input("请输入b的边长：  "))
c =eval(input("请输入c的边长：  "))
if a+b>c and a+c>b and b+c>a:               # 判断任意两边之和是否大于第三边
    print("这三个长度可以构成三角形")
else:                                       # 如果不满足条件
    print("这三个长度不能构成三角形")
```

测试程序　运行程序，第一次输入可以构成三角形的三边长，进行测试；第二次输入不可以构成三角形的三边长，观察输出结果的不同。

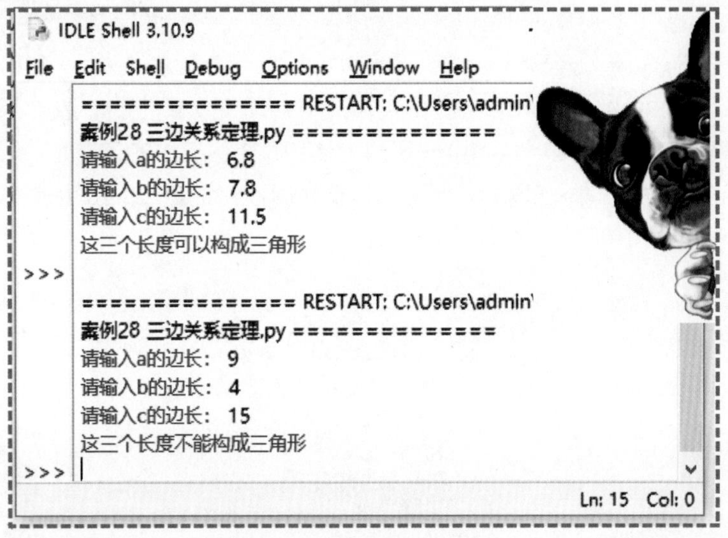

答疑解惑　编写代码时一定要注意书写时缩进格式，一般书写时习惯将if与else对齐。另外，else后面的冒号不可缺少。

拓展应用　利用双分支结构，输入任意一个整数，判断这个整数的奇偶性，如果是奇数，则输出“是奇数”，否则输出“是偶数”。

案例29 车牌尾号限行

知识与技能：分支结构中字符串提取

为了缓解城市交通压力，李雪所在的城市出台了一个交通出行政策：单号日子，只

有车号的末尾数字是单号的私家车可以出行；双号日子，只有车号末尾数字是双号的私家车可以出行。李雪想在五一劳动节这天出行，但是总要思考出行日期太麻烦了，于是她想了一个办法，通过Python编写一个小程序，只要输入车牌号，就可以根据尾数自动判断当天能否出行。她是怎么做到的呢？

1. 案例分析

要想知道输入的车牌号是否限行，要先将车牌的尾号截取出来，对尾号的奇偶性进行判断。因5月1号是单号日，当尾号是奇数的时候，就可以通行，反之，尾号是偶数，则为限行车辆。

问题思考

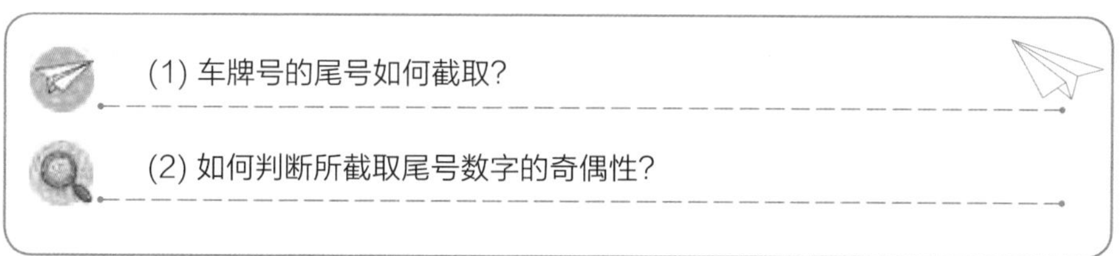

(1) 车牌号的尾号如何截取？

(2) 如何判断所截取尾号数字的奇偶性？

理一理　在Python中，截取车牌号尾数可采用字符串切片的方式，截取车牌号最后一个字符。当这个数字除以2的余数为1时，可以判断数字为奇数，则可通行，否则数字为偶数，是限行的车辆。

2. 案例准备

字符串序号　字符串是一个字符序列，字符串中的编号叫作“索引”。Python中的字符串有两种索引方式，从左往右以0开始，从右往左以-1开始，如下图所示。对应着两种序号体系：正向递增序号和反向递减序号。

字符串	a	b	c	d	e	f	g	h	i
正序	0	1	2	3	4	5	6	7	8
倒序	-9	-8	-7	-6	-5	-4	-3	-2	-1

字符提取　字符串中的每一个字符都有自己的编号，可以通过在字符串后面添加[ ]，在[ ]里添加编号的方法提取该位置的单个字符。

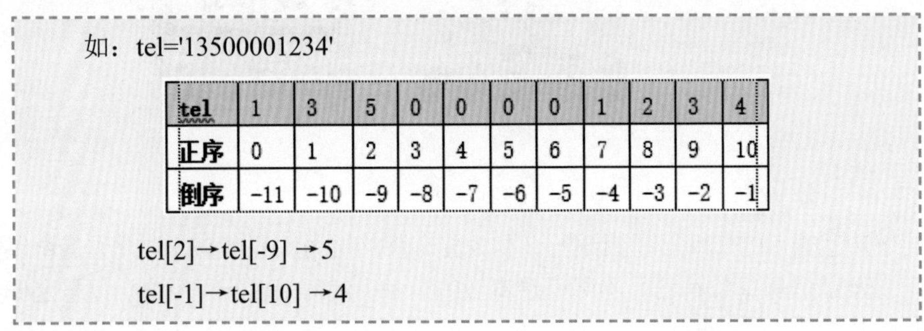

如：tel='13500001234'

tel	1	3	5	0	0	0	0	1	2	3	4
正序	0	1	2	3	4	5	6	7	8	9	10
倒序	-11	-10	-9	-8	-7	-6	-5	-4	-3	-2	-1

tel[2]→tel[-9] →5

tel[-1]→tel[10] →4

判断奇偶　在Python中，可以通过对一个整数值除2以后做取模运算(运算符为%)，判断余数是否为1，确定此整数是奇数还是偶数。余数等于1则是奇数，否则此整数为偶数。

算法设计　首先利用键盘输入车牌号，通过字符串提取的方法提取最后一位数字。对提取的尾数除2取模，如果余数为1，则为奇数，该车牌号可通行；否则，尾数为偶数，该车牌号限行。本案例的算法思路如右图所示。

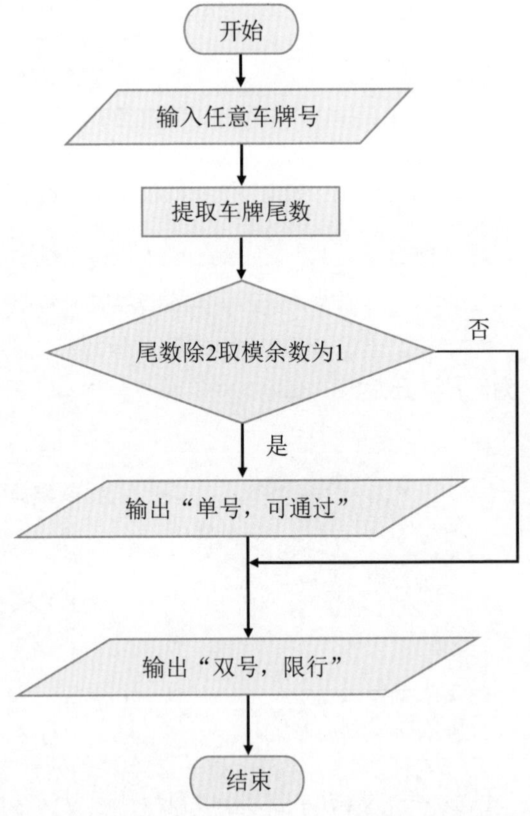

3. 实践应用

编写程序

```
number=input("请输入你的车牌号：")
end_key=int(number[-1])              # 提取车牌尾数
if end_key%2==1:                     # 判断尾数除2取模余数为1
    print("车牌尾号为单号，通行")        # 若成立，为奇数
else:
    print("车牌尾号为双号，限行")
```

测试程序　运行程序，第一次输入“皖X 21346”，第二次输入“皖X 61735”，查看运行结果。

答疑解惑　在本例中，主要是提取车牌的尾数，如果需要提取的是字符串的其他位置，则可以依据字符串索引编号进行提取，既可以采用正序编号，也可以采用逆序编号的方式，只要对应的是所要提取的位置。

拓展应用　本案例为针对日期为单号的车辆放行，如果改为双号日期，对单号车辆限制，该如何操作？请尝试对该程序进行修改。

案例 30　划分成绩等级

知识与技能： 多分支结构

张龙听说这次班级小测打分机制有变动，卷面满分值为100分，成绩公布采用等级分，各科公布成绩分为A、B、C、D四个等级，其中，100分～85分为A级，84分～70分为B级，69分～50分为C级，49分以下为D级。张龙想帮助老师快速打出成绩等级，

于是运用Python编写了一个根据成绩判断等级的小程序。

1. 案例分析

利用百分制算出的成绩，被划分成4个等级，这4个等级是根据不同的分数段而设置的。在Python中需要在程序中输入对应的一个数值，并且这个数值是在上面所划分的范围内，然后进行分数的判断，并对应到相应的等级制中。针对不同的分数段，可选用多分支结构中的if-elif语句来完成。

问题思考

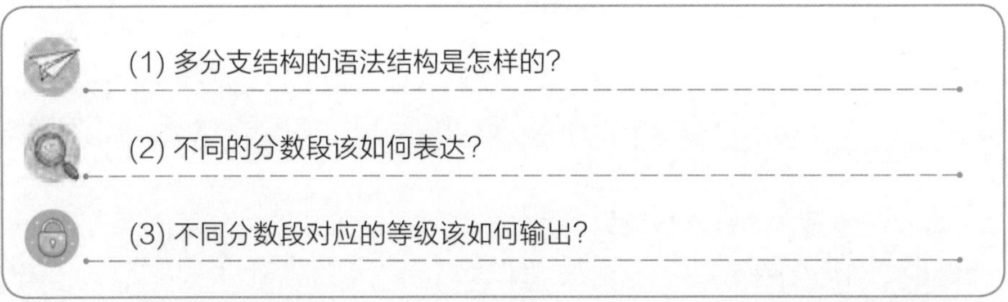

理一理　本案例对所输入的百分制成绩进行判断，找到该成绩属于哪一个分数段，将这个分数段所对应的等级输出即可。

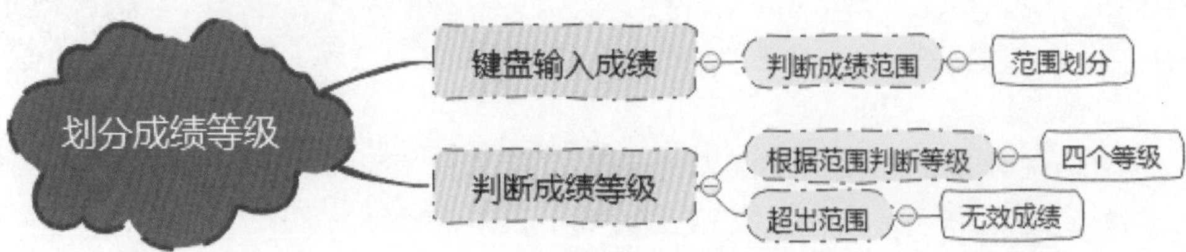

2. 案例准备

多分支结构格式　在Python语言中，把一些事物按照某种条件分门别类，可以使用if...elif...else多分支语句。

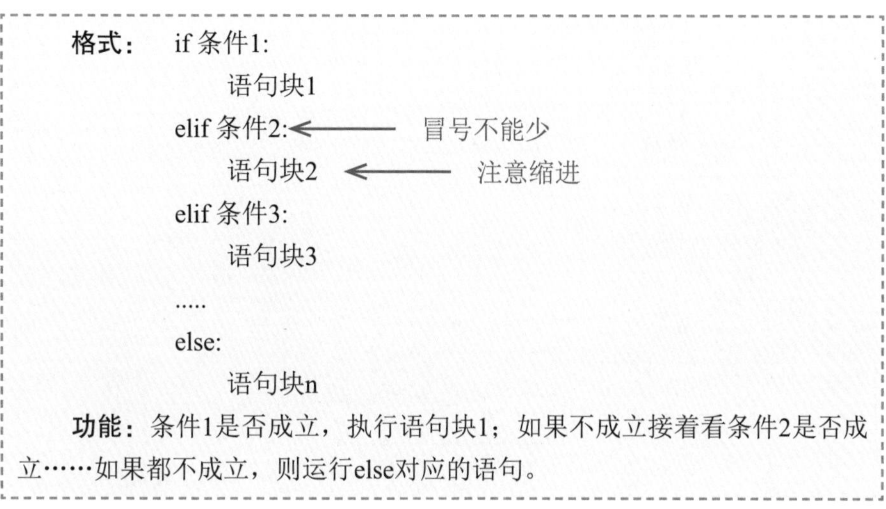

格式： if 条件1:
　　语句块1
elif 条件2: ← 冒号不能少
　　语句块2 ← 注意缩进
elif 条件3:
　　语句块3
.....
else:
　　语句块n

功能： 条件1是否成立，执行语句块1；如果不成立接着看条件2是否成立……如果都不成立，则运行else对应的语句。

多分支和双分支的区别　在if和else之间增加 elif。if...elif...else语句进行条件判断是依次进行的，首先看条件1是否成立，如果成立就运行下面的代码；如果不成立就按照顺序看下面的条件是否成立，直到最后，如果条件都不成立，则运行else对应的语句，如图所示。

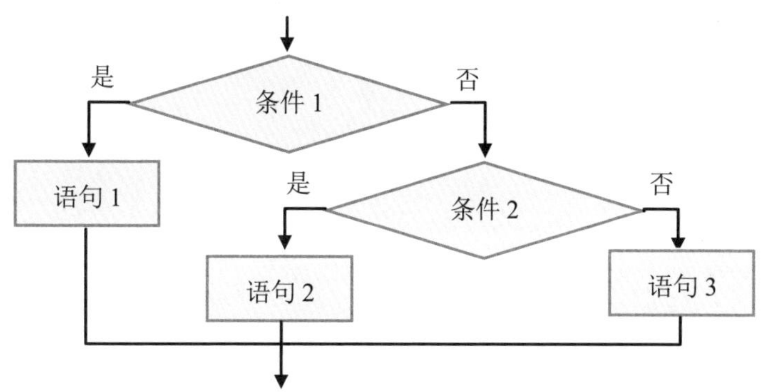

在运用if...elif...else...语句时，要注意以下几点：

(1) 一个if语句中可以包含多个elif语句，但结尾只能有一个else语句。

(2) 书写代码时，要注意语句缩进，及冒号的添加，否则会报错提示。

(3) 使用此种结构，条件要合理划分，避免逻辑出错，无法得到所需结果。

(4) else、elif为子块，不能独立使用，没有else if 的写法。

算法设计　本例为对多个条件进行判断：成绩大于等于85小于等于100的情况；大于等于70小于等于84的情况；大于等于50小于等于69的情况；小于等于49的情况。解决类似的问题需要按照次数不同条件，借助if...elif...else多分支语句实现这种分类处理功能。

第一步：输入成绩。

第二步：判断成绩对应的范围，输出相应等级的结果。

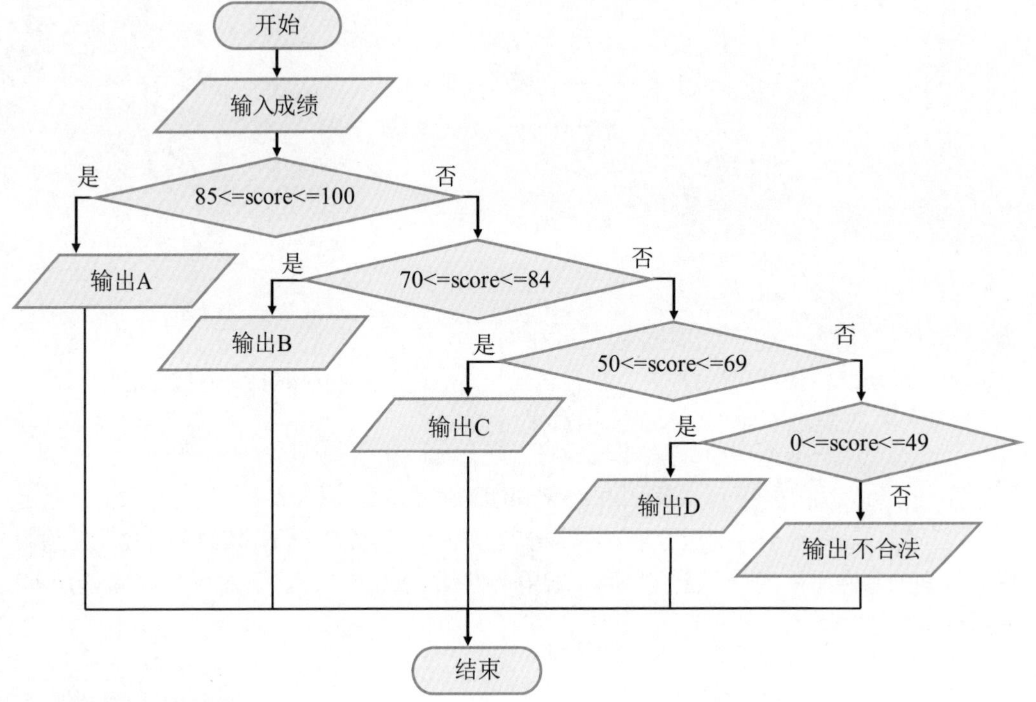

3. 实践应用

编写程序

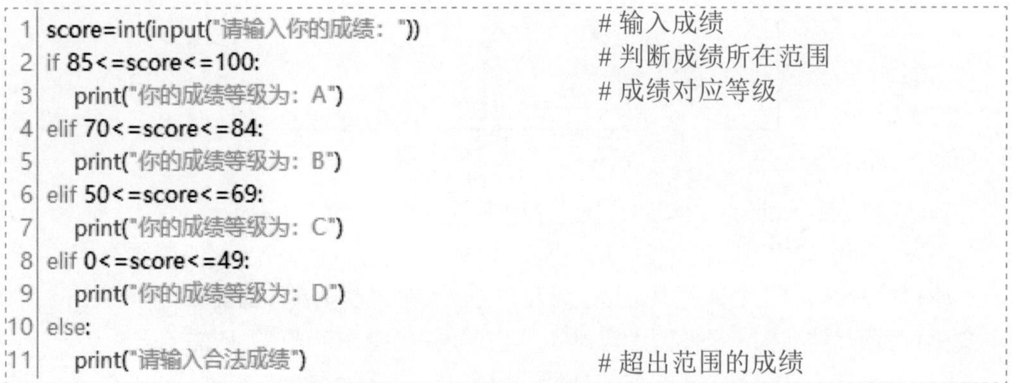

```
score=int(input("请输入你的成绩："))          # 输入成绩
if 85<=score<=100:                          # 判断成绩所在范围
    print("你的成绩等级为：A")                # 成绩对应等级
elif 70<=score<=84:
    print("你的成绩等级为：B")
elif 50<=score<=69:
    print("你的成绩等级为：C")
elif 0<=score<=49:
    print("你的成绩等级为：D")
else:
    print("请输入合法成绩")                   # 超出范围的成绩
```

测试程序　分别输入不同范围段的成绩，查看输出所对应的等级。

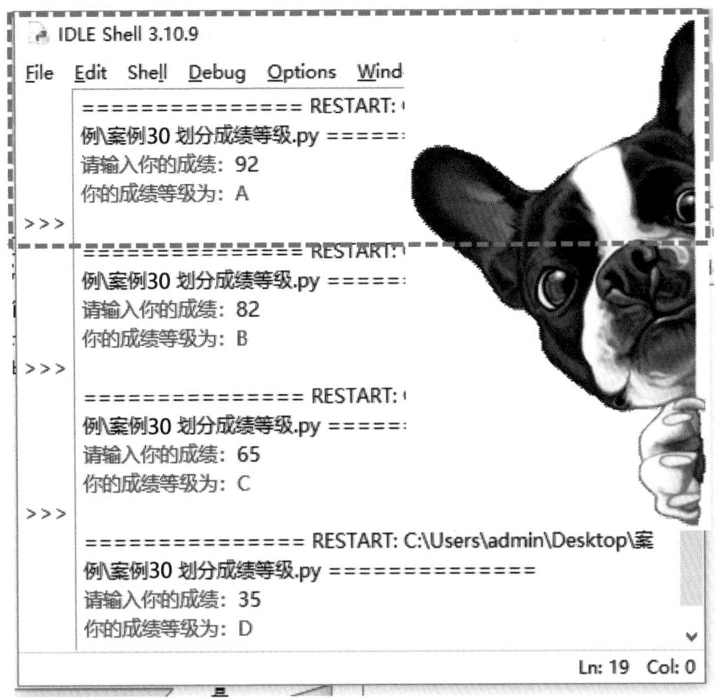

答疑解惑　根据程序代码，只要输入的成绩在指定的范围内，就可以判断出分数等级。如果超出范围，如出现负数或大于100的数字，则会显示“请输入合法成绩”。使用if...elif...else语句编写代码，同样要注意书写时缩进格式。elif和else后相应语句块的缩进要对齐。

拓展应用　使用if...elif...else语句，可以有多个elif分支，请尝试添加elif语句块，增加30分以下“没有等级”的成绩段。

案例31 城市空气指数

知识与技能： format格式化

近年来，环境问题越发受到重视，很多城市开始注重空气质量。为了研究具体的城市空气环境分布情况，各城市采用空气质量指数AQI进行分析和预测，其中AQI的值越大，表示空气质量越差，AQI值越小，表明空气质量越好。空气质量指数(AQI)分级相关信息如下表所示。

AQI 数值	AQI 级别	AQI 类别及表示颜色		对健康影响情况	建议采取的措施
0~50	一级	优	绿色	空气质量令人满意，基本无空气污染	各类人群可正常活动
51~100	二级	良	黄色	空气质量可接受，但某些污染物可能对极少数异常敏感人群健康有较弱影响	极少数异常敏感人群应减少户外活动
101~150	三级	轻度污染	橙色	易感人群症状有轻度加剧，健康人群出现刺激症状	儿童、老年人及心脏病、呼吸系统疾病患者应减少长时间、高强度的户外锻炼
151~200	四级	中度污染	红色	进一步加剧易感人群症状，可能对健康人群心脏、呼吸系统有影响	儿童、老年人及心脏病、呼吸系统疾病患者避免长时间、高强度的户外锻炼，一般人群适量减少户外运动
201~300	五级	重度污染	紫色	心脏病和肺病患者症状显著加剧，运动耐受力降低，健康人群普遍出现症状	儿童、老年人和心脏病、肺病患者应停留在室内，停止户外运动，一般人群减少户外运动
>300	六级	严重污染	褐红色	健康人群运动耐受力降低，有明显强烈症状，提前出现某些疾病	儿童、老年人和病人应当停留在室内，避免体力消耗，一般人群应避免户外活动

1. 案例分析

本案例中，空气质量指数被划分成4个范围：50以下；51～100；101～300；300以上。空气质量指数越小，表示城市空气质量越好。在计算机中输入当天的空气质量指数，查看这个值属于的范围，进而判断当天的空气污染程度。输出时，通过Python中的格式设置方式输出结果。

问题思考

(1) 空气质量指数划分为几个范围？

(2) 如何根据当天的空气质量指数判断空气质量？

(3) 输出空气质量结果时如何设置格式？

理一理　在本案例中，多分支结构的使用可参照前面学习的内容，重点为使用 format( ) 函数对输出结果的格式进行设置。

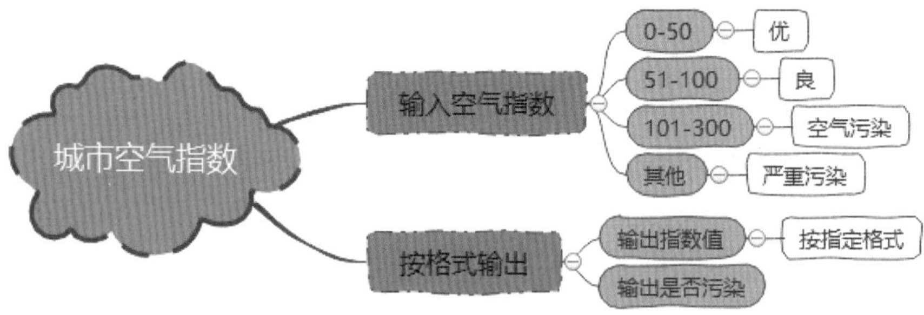

2. 案例准备

format( )函数的格式　Python中的format()函数是一个非常有用的工具，它可以格式化字符串，也可用于替换字符串中的特定字符。它提供了一种简单、有效的方法来格式化字符串，可以用来输出各种格式的字符串。

```
format()函数的基本格式为：
    format(value[, format_spec])：
其中，value是要格式化的值，format_spec是用于格式化的格式字符串。
```

format()函数的替换功能　format( )函数可以替换字符串中的特定字符，可以说它是一个简单而有效的格式化字符串的方法。

```
例如：str = "Hello, {0}!"
      print(str.format("world"))
      输出：Hello, world!
```

上面例子中，format()函数替换了字符串中的{0}，将其替换成字符串world。

format()函数的格式化功能　format( )函数可以格式化输出字符串，具体格式如下图所示。

```
例如：str = "Hello, {0:.2f}!"
      print(str.format(3.1415926))
输出：Hello,3.14!
```

上面例子中，format()函数使用.2f格式，将浮点数3.1415926四舍五入保留两位小数，输出3.14。

算法设计　本案例为对多个条件进行判断，AQI在不同范围对应的情况：0～50；51～100；101～300；300以上。需要对输入AQI的值进行判断，按照所属范围设置条件，借助if...elif...else多分支语句实现这种分类处理功能。

第一步：输入AQI的值。

第二步：判断AQI值所对应的范围，输出相应空气质量结果。

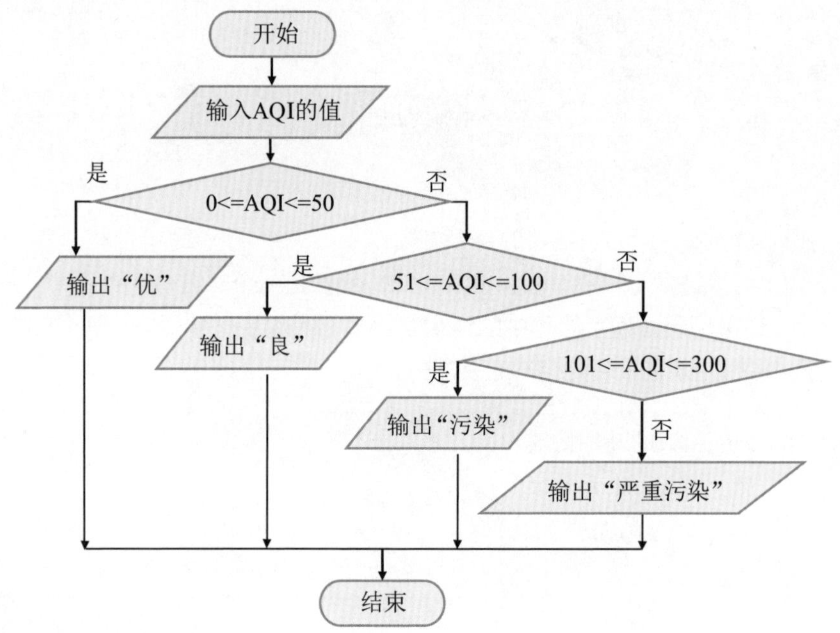

3. 实践应用

编写程序

```
AQI=eval(input("请输入今天AQI的值："))
if 0<=AQI<=50:
    print("今天的AQI值为：{:.2f},空气优".format(AQI)) # 按格式输出空气指数
elif 51<=AQI<=100:
    print("今天的AQI值为：{:.2f},空气良".format(AQI))
elif 101<=AQI<=300:
    print("今天的AQI值为：{:.2f},空气污染".format(AQI))
else:
    print("今天的AQI值为：{:.2f},请注意，空气严重污染".format(AQI))
```

测试程序　运行程序，第1次输入35，查看显示结果；第2次输入102.234，查看显示结果；第3次输入310，查看显示结果。

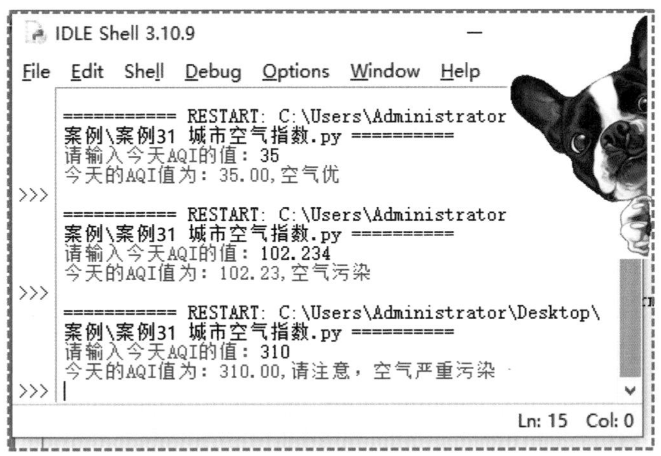

答疑解惑　format( )作为Python的格式字符串函数，主要通过字符串中的花括号{}来识别替换字段，从而完成字符串的格式化。花括号的个数决定了参数的个数，但花括号的个数可以少于参数，如print("我喜欢{}和{}".format("乒乓球","羽毛球","敲代码"))，则输出“我喜欢乒乓球和羽毛球”。如果花括号多于参数的个数，则会报错。

拓展应用　进一步细化程序，将“污染”的级别再细化成3个范围段：101～150为轻度污染；151～200为中度污染；201～300为重度污染。

案例32　购买车票安检

知识与技能： 分支结构嵌套

方芳准备坐动车去旅游，李梅送她到火车站，可是无法进站。因为火车站有一套安检系统：检查是否有车票，如果有才允许进行安检，如果没有则不允许进入火车站进站口；安检通过后，才可以进入火车站候车厅等候上车。如果用Python编写一套这样的安检程序，该如何实现呢？

1. 案例分析

本案例需要定义两个变量，第一个变量ticket表示是否有车票，第二个变量kf表示是否过安检。首先判断是否有车票，如果有才允许进行安检；否则，不能进站。有车票再进入安检环节，通过安检可以上车；否则不能上车。这里要用到分支结构的嵌套。

问题思考

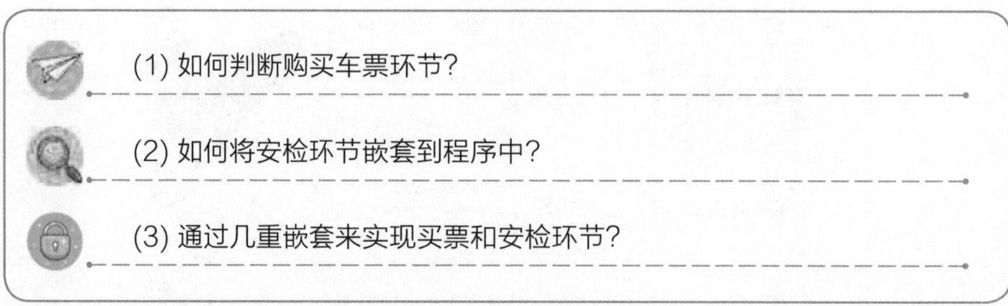

理一理　本例由两个环节的判断构成，类似过关游戏，第一关为检查是否有车票，有车票才能进入第二关安检。因此，解决这个问题的关键，是用if语句判断是否购票，如果有票就进入嵌套环节，利用if...else进一步判断是否过安检。如果第一关没通过，即没有买票，则直接输出“不能进站”，不进入嵌套判断。

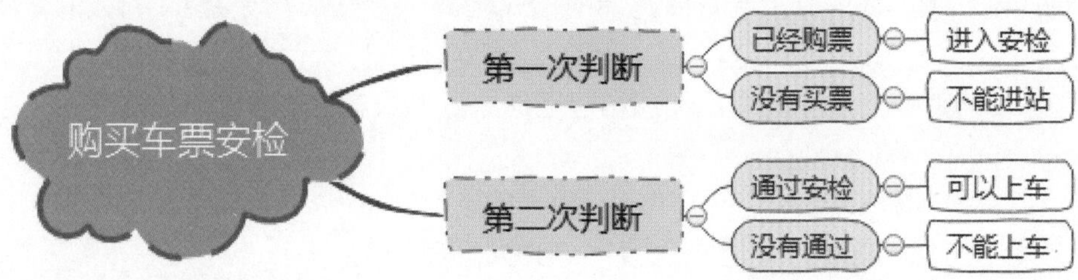

2. 案例准备

if...else语句嵌套　在Python语言中，使用if进行条件判断，如果希望在条件成立的执行语句中再增加条件判断，就可以使用if的嵌套。If语句嵌套有几种常见格式，本例选择的格式如下。

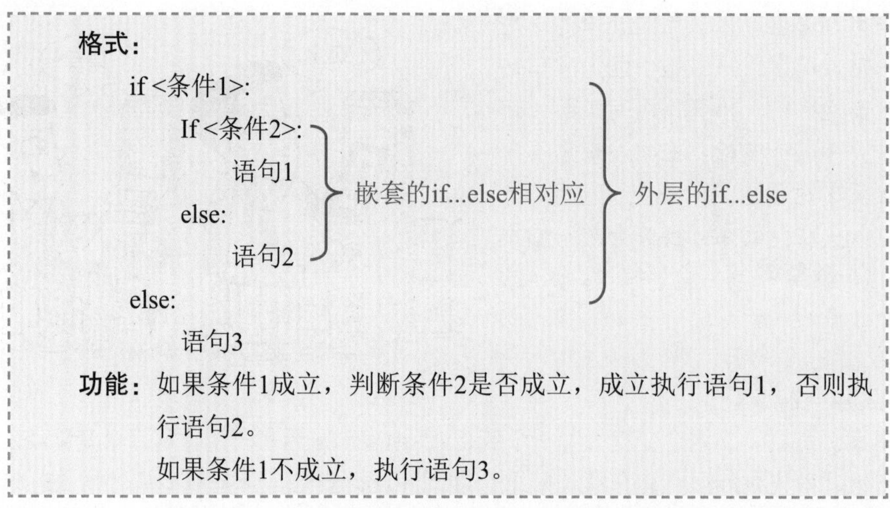

格式：

if <条件1>:
    If <条件2>:
        语句1
    else:
        语句2
else:
    语句3

（If <条件2> … 语句2：嵌套的if...else相对应；if <条件1> … 语句2：外层的if...else）

功能： 如果条件1成立，判断条件2是否成立，成立执行语句1，否则执行语句2。

如果条件1不成立，执行语句3。

if...else语句嵌套的流程图如下所示。

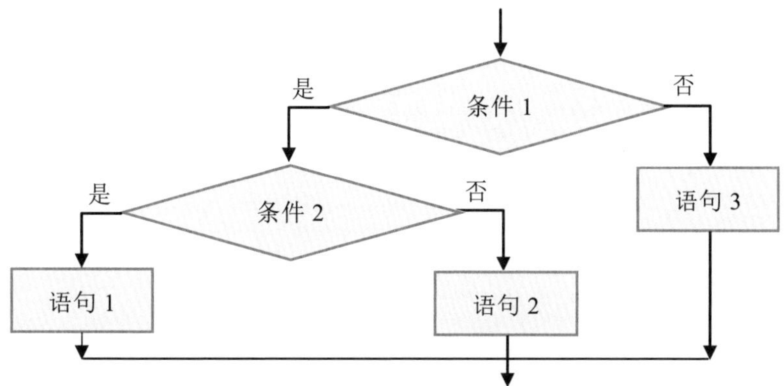

算法设计　由于判断乘客能否上车需要经过两个环节，因此只用一个简单的if条件语句是无法实现的。从思路上可分成两步来实现：第一步判断是否买票，有买票就进入第二步，判断是否安检，用一个嵌套的if语句处理，通过安检才可上车，否则不能上车。如果第一步就没有通过，则不能进站。

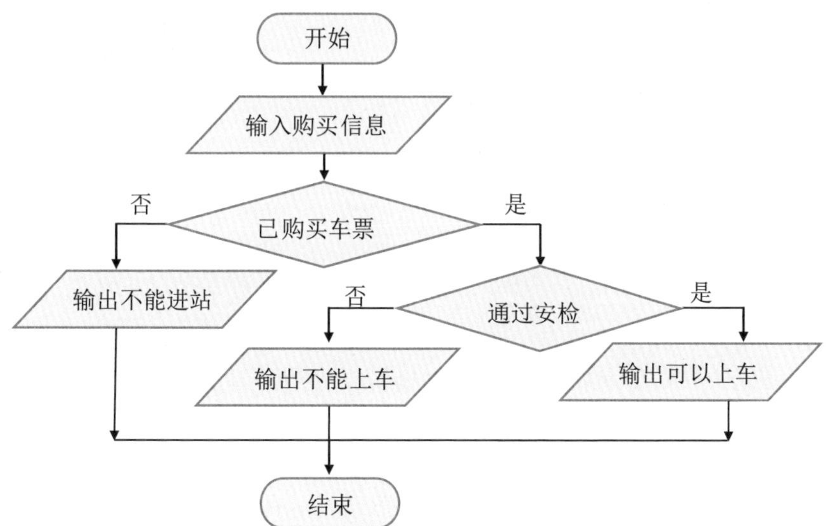

3. 实践应用

编写程序

```
ticket=int(input("请输入有没有买票（1买了，0没有买）："))
if ticket==1:                                          # 判断是否买票
    kf=int(input("请输入有没有安检（1过安检了，0没有过安检）："))
    if kf==1:                          # 嵌套的if...else语句，判断是否过安检
        print("乘客买票了，过安检了，可以直接上车了。")
    else:
        print("乘客没有过安检。")
else:
    print("乘客没有买票，不能进站。")
```

测试程序　运行程序，分别用三组数据进行测试：第一组已买票并已通过安检；第二组已买票未通过安检；第三组没有买票，查看运行结果。

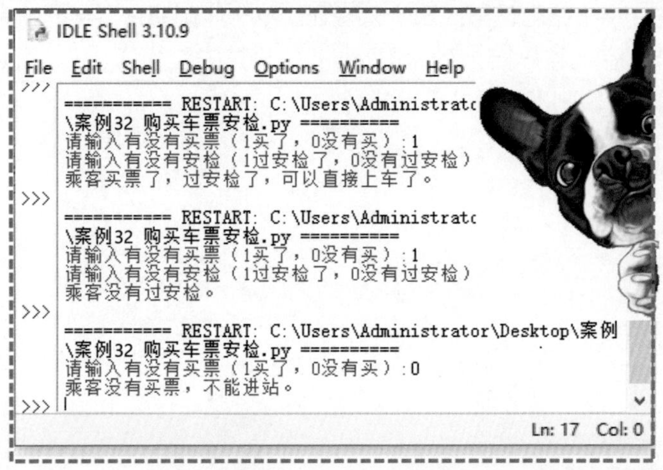

答疑解惑　Python代码的缩进格式让代码的结构非常清晰。书写if...else语句嵌套时，特别注意内外层if语句缩进要各自对齐。

拓展应用　李梅给自己的日记文档设置了两道密码，想打开文档必须两次输入的密码都正确。如果第一道密码不正确，就直接拦在外面；如果第一道密码输入正确，才有权输入第二道密码。只有当第二道密码也输入正确，才能打开文档。尝试用嵌套if…else语句，编写这个小程序(两道密码提前设定)。

案例 33 假期打折机票

知识与技能：综合案例(选择嵌套)

张龙准备在暑期跟爸妈出去旅游，在旅游网站上订购机票时，发现机票的价格受到旺季、淡季的影响，头等舱和经济舱的价格和折扣率也不同。旺季在5月到10月之间，享受的折扣率不大，淡季在1月到4月和11月到12月，这几个月享受的折扣率都比较大。如何通过Python来计算优惠票价呢？

打折机票

月份	舱类别	折扣
5—10 月 旺季		
	头等舱	九折
	经济舱	八折
1—4 和 11—12 月 淡季		
	头等舱	五折
	经济舱	四折

1. 案例分析

本例需要先输入机票原价、出行月份，根据出行月份，判断是旺季还是淡季。如果是旺季，再根据购买的舱位，判断享受的折扣优惠；同样，如果是淡季，对应舱位的折扣率也会不同，从而计算出机票实际价格。解决这个问题的关键，是用if语句实现两层判断，第一层判断是淡季还是旺季；第二层判断购买的机票是头等舱还是经济舱。使用选择结构的嵌套来计算不同折扣的票价。

问题思考

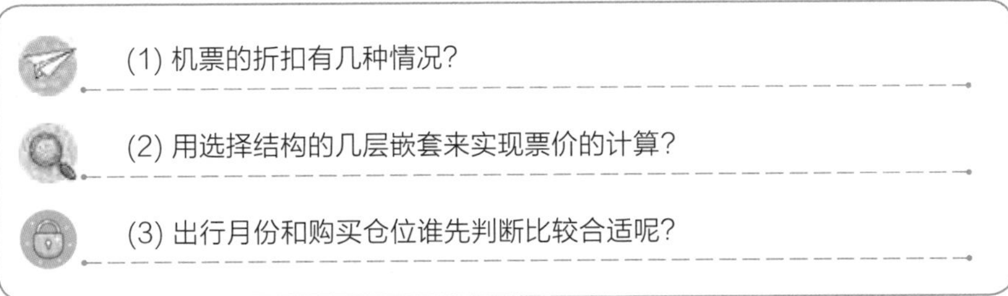

理一理　本例由两层判断构成，第一层判断出行月份是淡季还是旺季，第二层判断选择购买的舱位。这样会对应四种情况：旺季中有头等舱和经济舱两种折扣情况，同样，淡季中也有两种折扣。解决这个问题的关键，是用if语句判断月份，如果旺季就进入嵌套环节，利用if...else进一步判断是哪种舱位。如果是淡季，同样进入嵌套判断舱位。

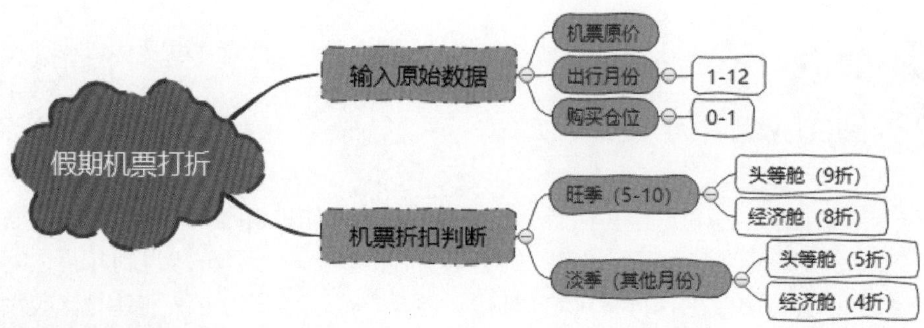

2. 案例准备

if...else语句嵌套　在Python语言中，使用if进行条件判断，如果希望在条件成立的执行语句中再增加条件判断，就可以使用if的嵌套。

```
if <条件1>:
    语句1
else:
    if <条件2>:
        语句2
    else:
        语句3
```

算法设计　本案例中机票的最终价格需要由两个因素来决定：出行月份和购买的舱位。具体可分成两步来实现：第一步判断出行月份是否淡旺季，然后进入第二步，判断购买的舱位，每一种情况对应不同的折扣。该算法需要两层嵌套，每层嵌套分两种情况，总共对应四种情况的票价。

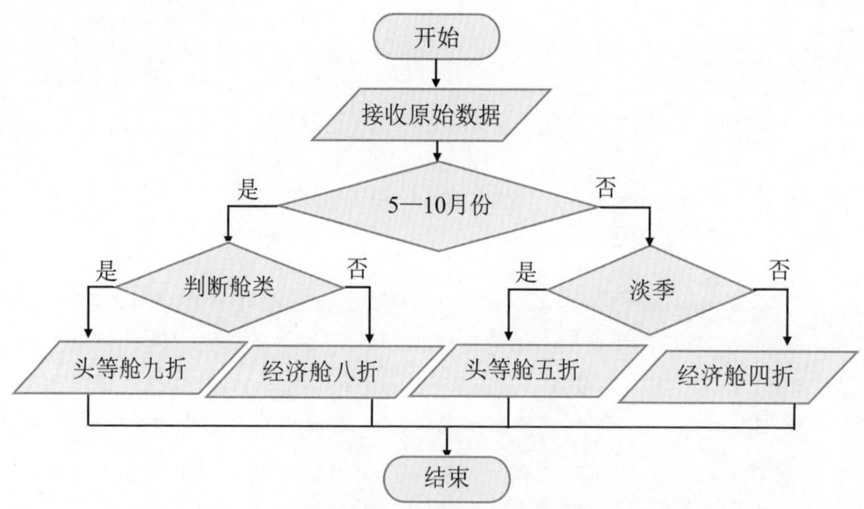

3. 实践应用

编写程序

```
yuanjia=eval(input("请输入机票原价: "))
month =eval(input("请输入你出行的月份(1-12): ")) # 出行月份
cangwei =eval(input("请输入你要购买的仓位: 1-头等舱; 2-经济舱 : "))
if 5<month<10:                                    # 旺季对应的月份
    if cangwei==1:
        print("您的机票价格为(9折): ",yuanjia*0.9)  # 旺季对应头等舱
    else:
        print("您的机票价格为(8折) : ",yuanjia*0.8) # 旺季对应经济舱
else:
    if cangwei==1:                                # 淡季对应的月份
        print("您的机票价格为(5折): ",yuanjia*0.5)  # 淡季对应的头等舱
    else:
        print("您的机票价格为(4折) : ",yuanjia*0.4) # 淡季对应的经济舱
```

测试程序　运行程序，输入两组数据进行测试：第1组次运行输入月份8(旺季)、经济舱；第2次运行输入月份3(淡季)、头等舱，显示并比较计算机程序运行结果。

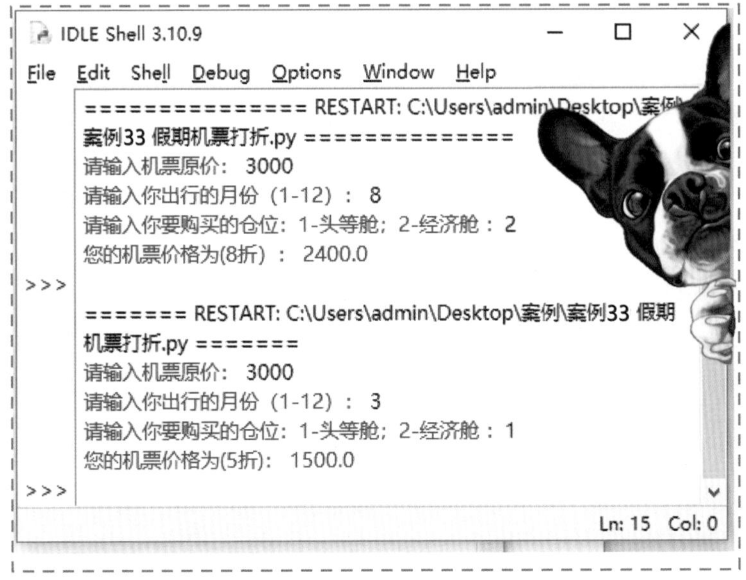

答疑解惑　在本案例中，出行的月份只在1-12之间选择数字，如果超出这个范围，程序会出错。可以增加一个条件判断，当输入月份超出1-12时，程序会提示月份输入错误，如图所示。

```
yuanjia=eval(input("请输入机票原价： "))
month =eval(input("请输入你出行的月份（1-12）： "))
cangwei =eval(input("请输入你要购买的仓位：1-头等舱 2-经济舱
if 5<=month<=10:
    if cangwei==1:
        print("您的机票价格为(9折)： ",yuanjia*0.9)
    else:
        print("您的机票价格为(8折)： ",yuanjia*0.8)
elif 1<=month<=4 or month==11 or month==12:
    if cangwei==1:
        print("您的机票价格为(5折)： ",yuanjia*0.5)
    else:
        print("您的机票价格为(4折)： ",yuanjia*0.4)
else:
    print("输入有误，请重新输入月份")
```

```
=====
请输入机票原价： 3000
请输入你出行的月份（1-12）： 13
请输入你要购买的仓位：1-头等舱；2-经济舱：1
输入有误，请重新输入月份
```

拓展应用　某超市实行会员制，如果是会员，购买金额超过200元，享受八折优惠，购买金额不到200元，享受九折优惠；如果不是会员，则不享受任何打折优惠。请使用Python编写这个优惠程序。

案例34 查询快递费用

知识与技能：综合案例（多分支嵌套）

李华同学的爸爸在网上销售商品，每天都有全国各地的顾客购买物品，他的爸爸都会对每一单进行快递费用计算，工作甚是烦琐。李华决定为爸爸编写一个计算快递费用的程序，减少爸爸的工作量。经过一番努力，他终于编写了查询快递费用的程序，让我们来看看他是如何制作的。

1. 案例分析

在本案例中，李华帮助爸爸设计快速计算快递费用的程序。快递费用根据地点、重量等参数进行计算，程序中应当设计地点参数和重量参数，确保计算的费用接近真实费用，保证程序的有效和可靠。

问题思考

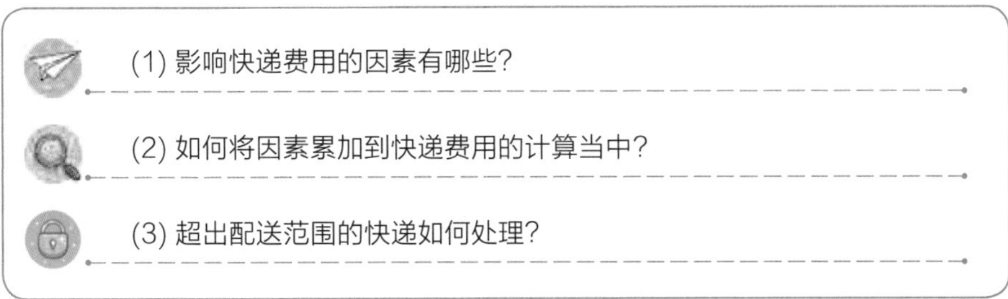

理一理　本例由两层判断构成，第一层判断快递配送地点，第二层判断快递重量。因此，设计时应当充分考虑以上两个因素，保证程序的准确性。

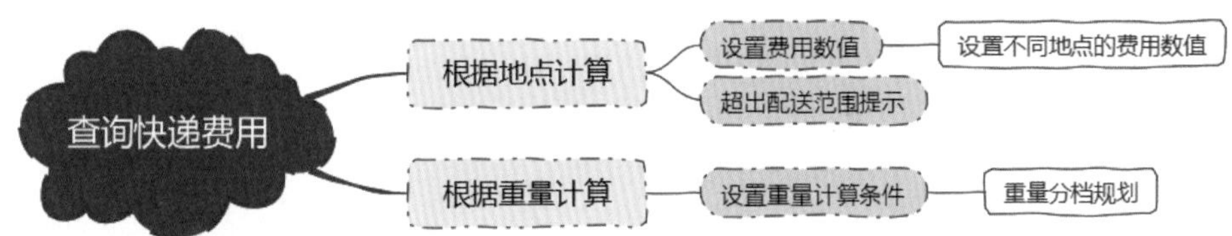

2. 案例准备

选择多分支嵌套　在Python语言中，多分支结构也可以嵌套使用，分别在if和else中再加入选择结构。

```
if <条件1>:
    if <条件2>:
        语句1
    else:
        语句2
else:
    if <条件2>:
        语句3
    else:
        语句4
```

算法设计　本案例中快递的费用由投递地点和重量决定，每种方式又有不同的区别因素。该程序需要两层嵌套，每层嵌套分多种情况 ，总共对应多种情况的费用，算法设计如下。

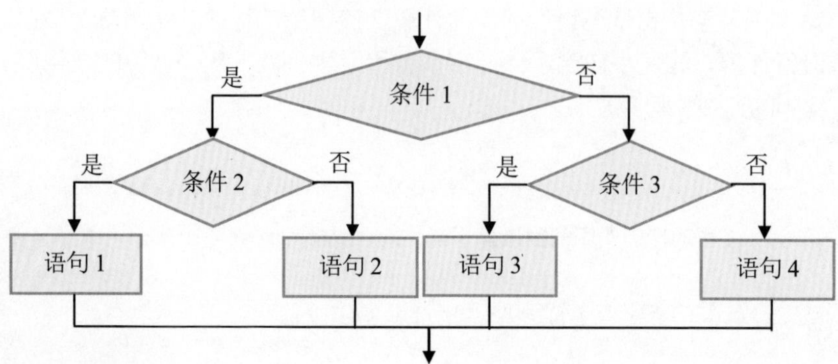

3. 实践应用

编写程序

```
print("欢迎来到快递费用查询系统！")

weight=int(input("请输入包裹重量（千克/kg）:"))                # 输入快递重量
num=input("请输入地址编号（01.其他 02.东三省/宁夏/青海/海南 03.新疆/西藏 04.港澳台/国外）：")

if weight<3 and weight>0:                                     # 根据地点设置费用
    if num=="01":
        p=10
    elif num=="02":
        p=12
    elif num=="03":
        p=20
    elif num=="04":
        p=100000
        print("不接受寄件，抱歉！")                             # 超出配送范围提示
    else:
        print("输入错误！")
        num=input("请重新输入地址编号（01.其他 02.东三省/宁夏/青海/海南 03.新疆/西藏 04.港澳台/国外）：")

elif weight>3:                                                # 根据重量调整费用
    if num=="01":
        p=10+5*(weight-3)
    elif num=="02":
        p=12+10*(weight-3)
    elif num=="03":
        p=20+20*(weight-3)
    elif num=="04":
        p="error"
        print("请联系总公司！")
    else:
        print("输入错误！请重新输入")
        num=input("请重新输入地址编号（01.其他 02.东三省/宁夏/青海/海南 03.新疆/西藏 04.港澳台/国外）：")
else:
    print("输入错误！")

print("您好，您需要支付",p,"元")
```

测试程序　运行程序，输入数据进行测试，观察计算机程序运行结果。

```
欢迎来到快递费用查询系统!
请输入包裹重量（千克/kg）:6
请输入地址编号（01.其他 02.东三省/宁夏/青海/海南 03.新疆/西藏 04.港澳台/国外）：02
您好，您需要支付 42 元
```

答疑解惑　选择结构在使用嵌套时，一定要注意控制好不同级别代码块的缩进量，因为缩进量决定了代码的从属关系。

第 4 章

周而复始——程序循环执行

你有没有过将程序执行多次而不停地重新运行程序的经历，是否思考过使用便捷的方法执行重复的程序？循环是一种控制流程的重要方式，一个循环体中的代码在程序中只需编写一次，但可能会连续运行多次。在 Python 中主要包含两种循环结构：for 循环和 while 循环。每一种循环结构都独具妙用，彼此之间相互协作、补充，共同构成 Python 编程中灵活且强大的控制流程体系。

本章将带领大家学习周而复始的循环应用，通过 15 个案例，详细介绍 Python 中 for 循环和 while 循环语句的应用方法。

学习内容

案例 35　登记个人信息

知识与技能： for 循环

某高中要统计学生的年龄和性别信息，班主任把此任务交给了李明同学，让他统计好后上报给学校。李明为了不占用过多的学习时间，使用Python编写了一个程序，发布在班级群里，让每个同学填写自己的信息，很快就完成了班主任交代的任务。

1. 案例分析

本案例需要收集学生的姓名、年龄、性别信息，学生完成信息的输入后，将输入的信息输出让学生进行检查。学生的信息需要依次输入，而检查的信息要一次呈现。使用for函数可实现代码的重复，将输入的信息完整呈现出来，让学生进行检验。

问题思考

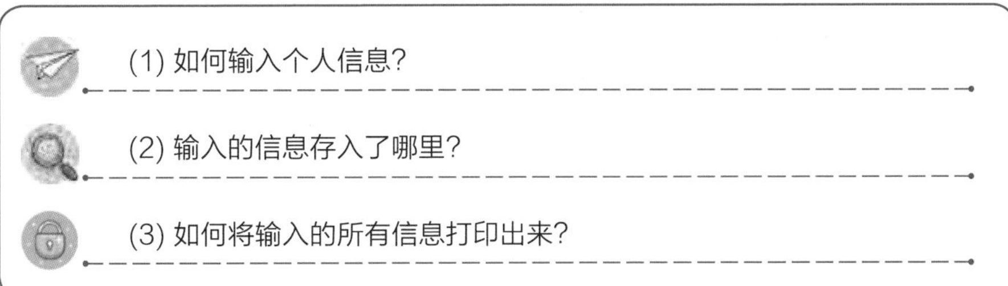

(1) 如何输入个人信息?

(2) 输入的信息存入了哪里?

(3) 如何将输入的所有信息打印出来?

理一理　Python之所以受到很多人的喜欢，是因为它提供了很多功能强大的内置函数。本案例就教大家如何合理应用这些内置函数，使程序变得有条理。

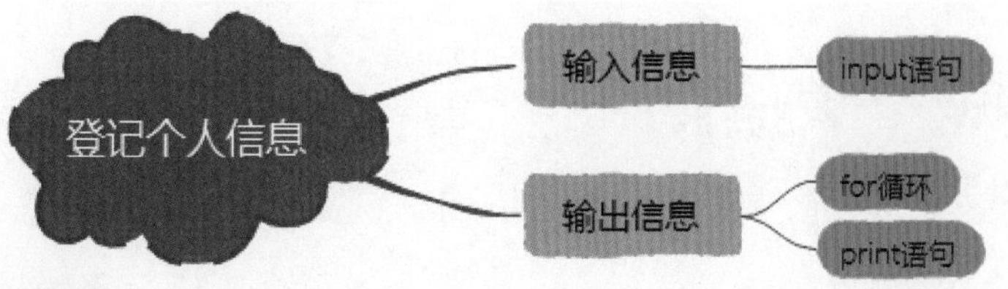

2. 案例准备

认识for循环　for循环常用于遍历字符串、列表、元组、字典、集合等序列类型，逐个获取序列中的各个元素。

```
for 迭代变量 in 字符串|列表|元组|字典|集合:
如  for x in "banana":
    print(x)
    输出
    b
    a
    n
    a
    n
    a
```

算法设计　先将信息的层数定义到变量里，再通过循环程序，在每一行打印相应的数字，最后得到有用的序号。本案例的算法思路如下图所示。

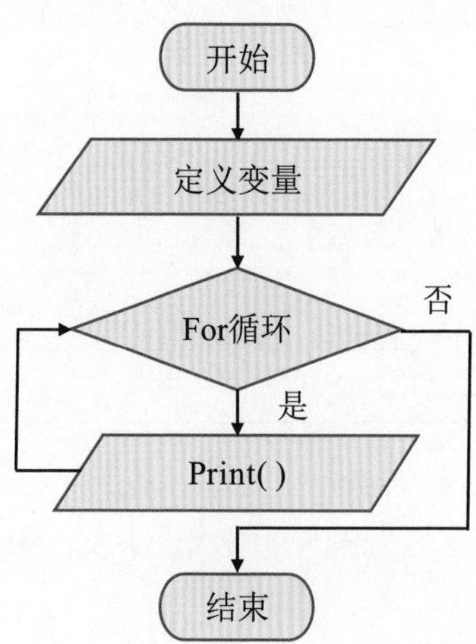

3. 实践应用

编写程序

```
name = input('请输入姓名:')            # 输入信息
age = input('请输入年龄:')
sex = input('请输入性别:')
print('**********************************************************')
print('您输入的信息如下：')
message = {'姓名：':name,'年龄：':age,'性别：':sex}
for k in message:                      # for 循环默认取的是字典的key赋值给变量名k
    print(k,message[k])                # 打印信息

```

测试程序　运行程序，根据程序提示输入相关信息，查看程序运行结果。

答疑解惑　在Python中，for循环仅仅是循环执行代码，不参与任何判断。它常用于遍历字符串、列表、元组、字典、集合等序列类型，逐个获取序列中的各个元素。如果想要获取字符串，可使用引号将其标记起来，如“apple”“banana”“cherry”，程序将分别打印apple、banana和cherry；如果不标记，就会打印每一个字母。

拓展应用　本案输入的是个人信息，我们还可以根据不同的任务需求，进行调查问卷、信息获取等设置。

案例 36　快求偶数之和

知识与技能： while循环

在学习数学时，我们经常会遇到计算一定范围内数字之和的题目，如计算20以内的偶数之和、求1到100的和等。陈明同学学习了Python程序设计之后，想到求解20以内

的偶数和的这类习题是否也能通过编写程序快速完成。经过一番思考，她终于编写出了求解偶数之和的程序，让我们一起来看看她是如何做到的。

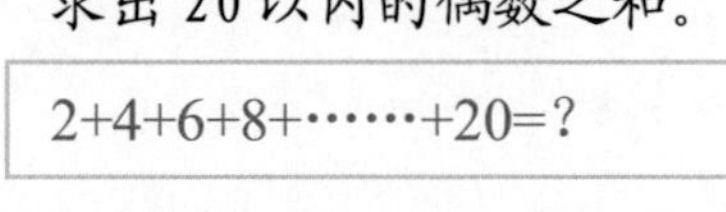

能不能设计程序来快速求解？

1. 案例分析

本案例为求解20以内所有偶数的和，在程序执行过程中，输入偶数求解的范围值，即可得出该范围内所有偶数相加之和。

问题思考

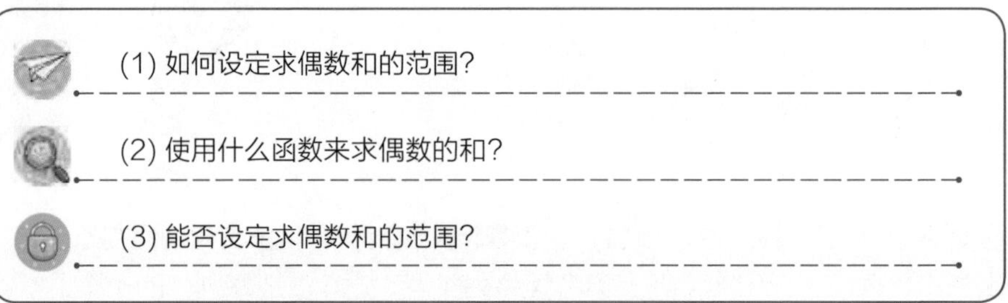
(1) 如何设定求偶数和的范围？

(2) 使用什么函数来求偶数的和？

(3) 能否设定求偶数和的范围？

理一理　想要求偶数的和，就要设定好起始偶数和最终偶数，让第1个数和第2个数相加，再用它们的和与下一个数相加，以此反复执行，直到最后一个数，所得之和就是所有偶数的和。

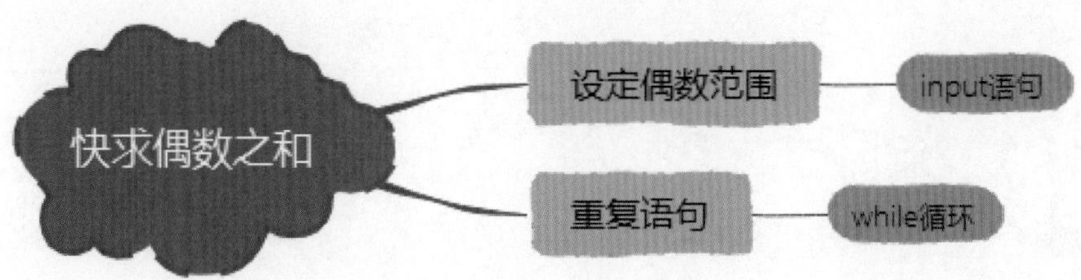

2. 案例准备

while函数的参数　while 语句 和 if 语句差不多，在while 后面加上所需的循环条件，用冒号作为结尾，当条件满足时就运行while下面的程序块，直到while后面的条件不再被满足，程序会跳出while语句继续往下运行。

```
while 条件表达式:
代码块
例如:
    i = 1
    while i < 7:
        print(i)
        i += 1
```

while的条件需得到布尔类型，True表示继续循环，False表示结束循环。需要设置循环终止的条件，如i += 1配合 i < 100，就能确保100次后停止，否则将无限循环。

算法设计　程序开始后先输入变量数值，然后计算第1个数和第2个数的和，再重复此计算程序，直到数值达到输入的变量为止，显示出所有数的和。本案例的算法思路如下图所示。

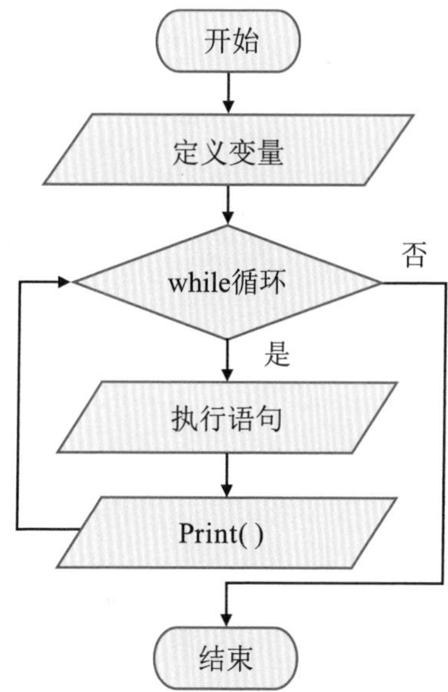

3. 实践应用

编写程序

```
sum = 0
a = int(input("请设定偶数求和的范围="))     # 输入数值范围
b = 0
while b <= a:                              # 设置循环条件
    sum += b
    b += 2
print("和为", sum)                          # 输出程序结果
```

测试程序　运行程序，输入偶数求和的范围，即可得出该范围内所有偶数的和。

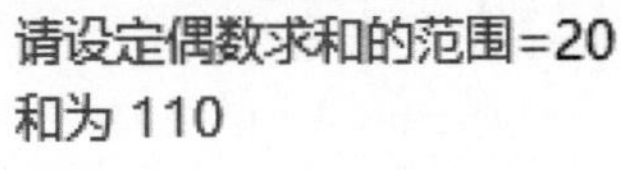

```
请设定偶数求和的范围=20
和为 110
```

答疑解惑　在Python中，while函数是循环函数，从0开始，计算设定范围内的所有偶数之和，即2+4+6+……最后将计算的结果打印出来。

拓展应用　本案例中的起始数是0，也可以通过程序，设定起始偶数与最终偶数，再计算2个数范围内所有偶数之和。

```
请输入起始偶数=10
请输入最终偶数=40
和为 400
```

案例 37 制作无限誓言

知识与技能： while True无限循环

李刚是一名高中学生，紧张的学习生活让他每天都充满活力。他发现身边许多同学经常以学习誓言激励自己。他受此启发，决定发挥自己的特长，运用Python编写一个程序，用于每时每刻激励自己努力学习。你知道如何编写这样的程序吗？

1. 案例分析

使用Python函数重复打印一段语句，一直不间断地无限循环，达到每时每刻提醒李刚同学的目的。

问题思考

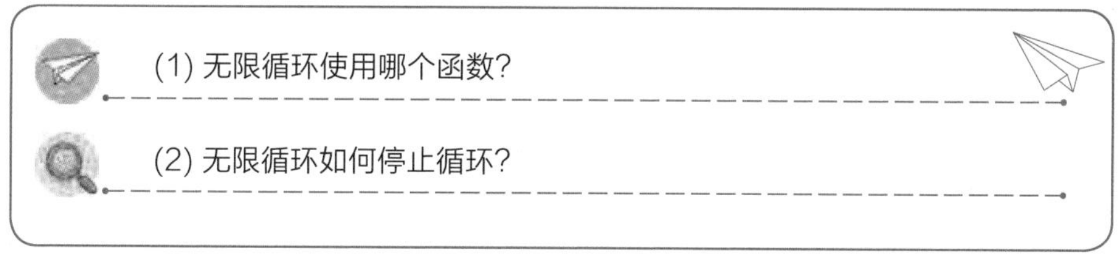

理一理　Python循环函数包括for和while两种，都可以实现无限循环。本案例只要求通过循环实现无限显示激励学习的誓言，所以使用while无限循环语句更加简洁。

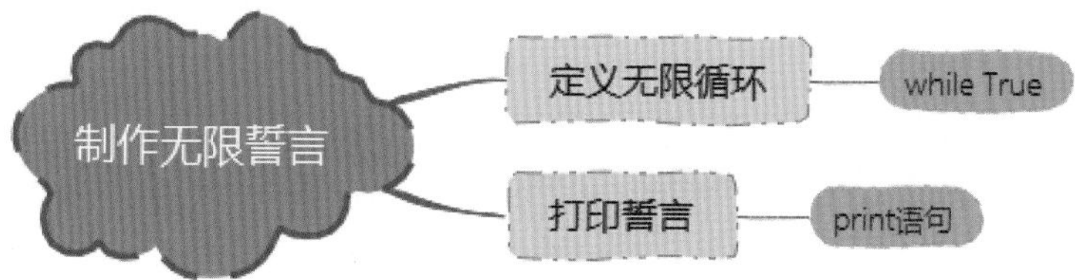

2. 案例准备

while函数的无限循环　while函数的条件需得到布尔类型，True表示继续循环，False表示结束循环。运用该函数的这一属性，通过True来实现无限循环。其使用方法如下。

> 输出print(time.localtime())的返回值
> 如 tm_year=2023, tm_mon=1, tm_mday=13, tm_hour=23, tm_min=9, tm_sec=29, tm_wday=4, tm_yday=13, tm_isdst=0
> **可知：**时间为2023年1月13日23时9分29秒等。

算法设计　本案例运用循环结构，无限打印语句，实现时刻提醒的目的，算法思路如下。

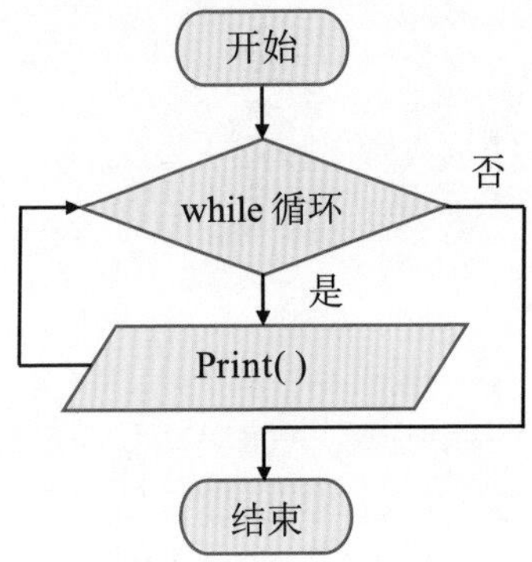

3. 实践应用

编写程序

```
import datetime
import time
now = datetime.datetime.now()                          # 获取当前时间
print('    今天是：',now.strftime('%Y-%m-%d %A'))
print ( '让我们倒数5个数，为学习而努力准备吧！ ')
time.sleep(5)                                          # 等待5秒
while True:                                            # 设置循环属性
    print('为中华崛起而读书！ ')                          # 显示内容

```

测试程序　运行程序，进行程序测试，查看程序执行结果，思考如何结束无限循环程序。

```
今天是： 2023-05-05 Friday
让我们倒数5个数，为学习而努力准备吧！
为中华崛起而读书！
为中华崛起而读书！
为中华崛起而读书！
为中华崛起而读书！
为中华崛起而读书！
为中华崛起而读书！
为中华崛起而读书！
```

答疑解惑　在本案例中，要求只要无限显示“为中华崛起而读书！”，for函数和while函数都可以实现。使用for函数，要借助循环遍历列表的cycle方法，或无穷迭代器repeat等方法才能实现无限循环。使用while函数只需要调用它的True属性，就可以实现，所以使用while函数使程序更加简洁。

案例 38　调查最爱水果

知识与技能：break 中断语句

杨芳的妈妈在小区里开了一间水果小店，杨芳发现经常有剩余的水果无法销售，这跟她妈妈购入的水果不受小区居民喜爱有关。她想帮助妈妈调查小区居民喜爱哪些水果，让妈妈在进货时有据可依。于是她在网上发布了Python程序，在小区群里发起了调查，让我们看看她是如何编写程序的。

1. 案例分析

本案例为使用Python程序编写一份调查问卷，让受调查者填写喜爱的水果，可以填写多种水果，直到被调查者结束问卷为止。

问题思考

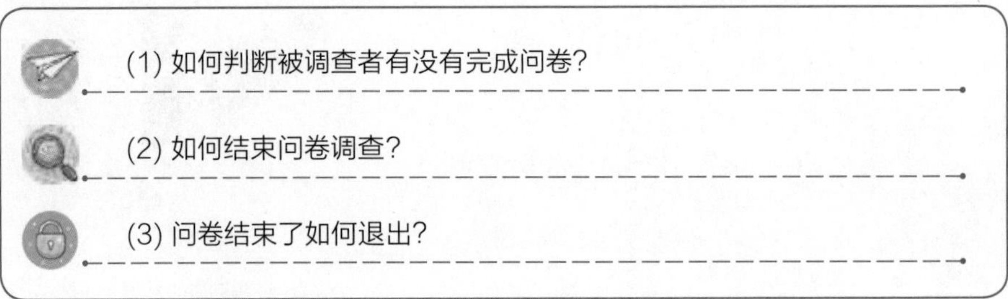

理一理　调查问卷针对每一位调查者进行询问，调查者回答的内容各不相同，因而在程序中它是一个无限循环体，需使用退出语句退出循环体。

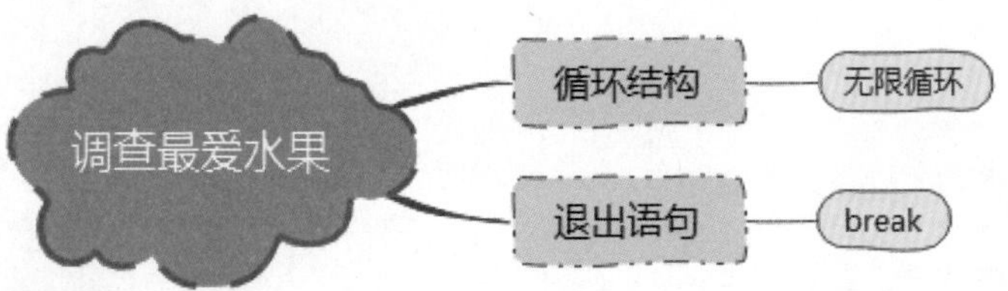

2. 案例准备

break 语句　它可以立即终止当前循环的执行，跳出当前所在的循环结构。无论是 while 循环还是 for 循环，只要执行 break 语句，就会直接结束当前正在执行的循环体。

```
for i in add:
    if i == ',' :
        break                          # 终止循环
    print(i,end="")
print("\n 执行循环体外的代码")
```

算法设计　使用无限循环语句，在循环中增加判断，当判断结果为真时，中断循环。本案例算法思路如下图所示。

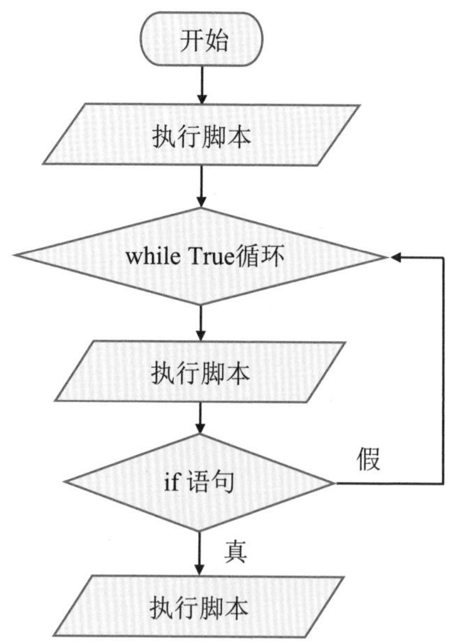

3. 实践应用

编写程序

```
print('-- 下面将对您发起调查问卷 --')
print('-- 输入exit退出循环 --')
while True:                                   # 无限循环
    fruit = input('请说出一种你最喜欢的水果:')
    if fruit.lower() == 'exit':               # 判断输入的内容是否达到退出循环的条件
        break                                 # 退出循环

```

测试程序　运行程序，根据程序提示，依据自己的喜好填写调查问卷，使用exit命令退出循环。

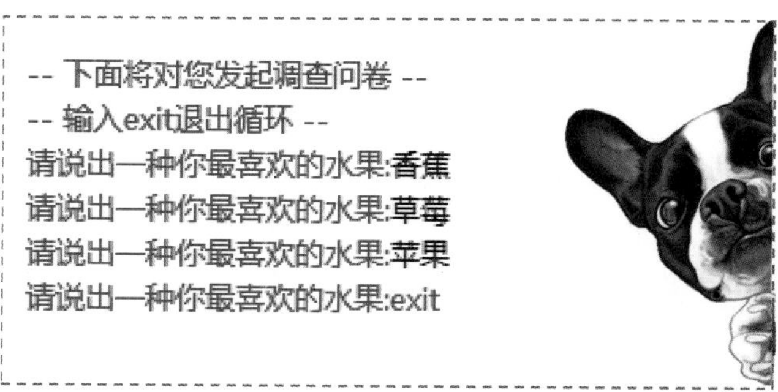

答疑解惑　在Python中，break语句的语法非常简单，只需要在相应的while或for语句中直接加入即可。对于嵌套的循环结构来说，break语句只会终止所在循环体的执行，而不会作用于所有的循环体。

拓展应用　可对照本案例的break语句，将自己需要调查的内容编写进程序，让被调查者填写调查表。

案例39 请求妹妹原谅

知识与技能： while...else 判断语句

李博文不小心惹恼了妹妹，妹妹很生气，小嘴嘟得高高的。妈妈让李博文一定要哄好妹妹，不然有他好看的。李博文为了请求妹妹原谅，答应妹妹向她道歉10 000次。他绞尽脑汁，终于想到了使用Python程序，制作一个既满足妹妹要求，又让自己省力的小程序，让我们一起来看看他是如何制作的。

1. 案例分析

本案例设定哥哥要向妹妹道歉10 000次，达到次数后才会被原谅。程序采用循环结构，输出一定次数的道歉语句，当达到次数后退出循环，得到妹妹的原谅，从而结束程序。

问题思考

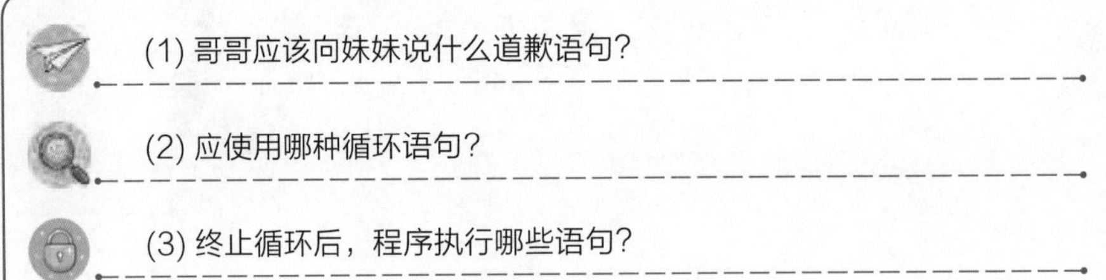

理一理　本案例的任务是利用Python循环语句，向妹妹道歉10 000次，也就是循环的次数为10 000。程序判断循环结束后，输出相关语句，完成程序。

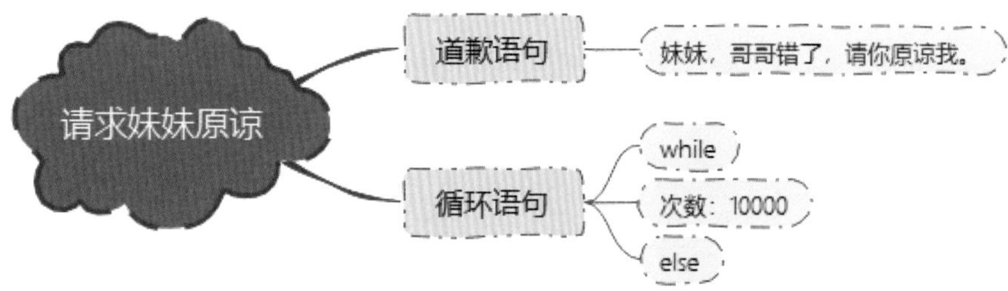

2. 案例准备

else语句　在Python中，else常用在判断语句中，当if语句中的条件不满足时，将执行else语句中的代码。如果else子句紧接在循环语句的后面，那么在以下两种情况下将会执行else子句的代码：当循环体没有执行break的时候，即循环体正常结束；当触发break时，不会执行else子句。

用法：

```
a = False
if a:
    print("a为真")
else:
    print("a为假")
```

算法设计　本案例的算法思路如下，主程序执行循环脚本，使用else语句来判断是否执行完所有循环，如果为真则执行语句，否则不执行语句。

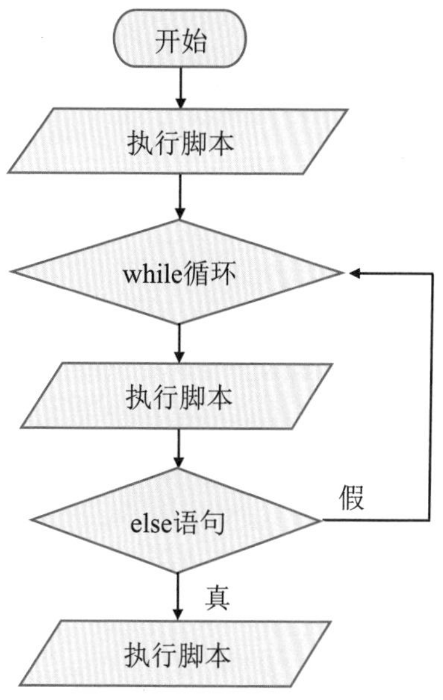

3. 实践应用

编写程序

```
i = 0                                    # 初始化计数器
while i < 10000:                         # 编写循环条件
    print('妹妹，哥哥错了，请你原谅我。')
    i += 1                               # 更新计数器
else:                                    # 循环结束后语句
    print('好开心，妹妹原谅我了..')

```

测试程序　运行程序，查看程序运行结果，程序重复显示语句，直到循环结束。

妹妹，哥哥错了，请你原谅我。
妹妹，哥哥错了，请你原谅我。
妹妹，哥哥错了，请你原谅我。
妹妹，哥哥错了，请你原谅我。
妹妹，哥哥错了，请你原谅我。
妹妹，哥哥错了，请你原谅我。
妹妹，哥哥错了，请你原谅我。
妹妹，哥哥错了，请你原谅我。
妹妹，哥哥错了，请你原谅我。
妹妹，哥哥错了，请你原谅我。
妹妹，哥哥错了，请你原谅我。
妹妹，哥哥错了，请你原谅我。
妹妹，哥哥错了，请你原谅我。
妹妹，哥哥错了，请你原谅我。
好开心，妹妹原谅我了..

答疑解惑　else子句的触发条件：在判断语句中，当if语句条件不满足时，会执行else子句的代码；在循环语句中，当循环体没有执行或者循环体里执行了break语句；在异常处理中，当没有发生异常时会执行else子句。以上就是Python中else的三种用法。

案例40 求连续数之和

知识与技能： range() 循环

蒋晓艳学习了快速求解1~100的和之后，向哥哥炫耀起来。她的哥哥听后，轻轻一

笑，给她编写了一段Python程序，可以任意挑选起始数和终止数，快速计算出求和结果。当她看到程序运行马上将结果呈现出来时惊讶不已，求着哥哥教她编写Python程序。

1. 案例分析

本案例为快速求解100以内连续数之和，数学公式是1+2+…+100或(1+100)*100/2。编写Python程序，运用程序计算100以内的数字之和。

问题思考

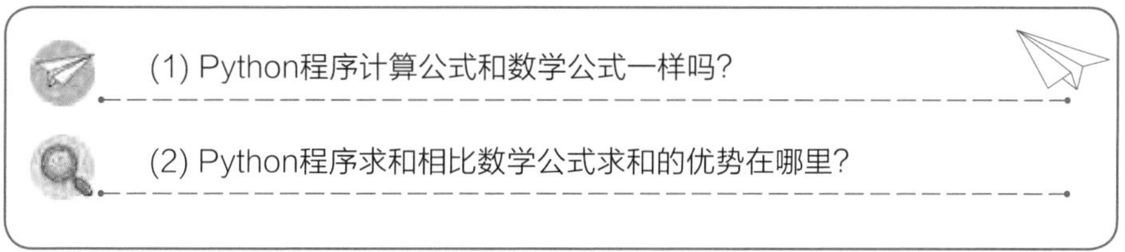

理一理　本案例是运用Python函数来求连续数的和，要在程序中定义好接收和的变量，确定起始数和终止数，再运用函数的功能，通过循环结构来求解。

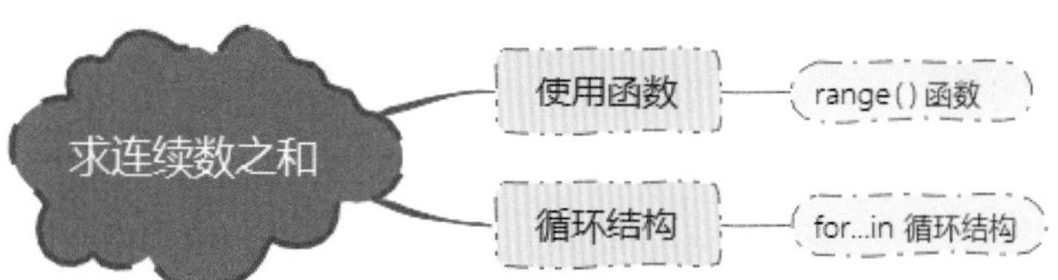

2. 案例准备

range函数　range是一种计算机术语，作为函数时一般用来返回一个迭代对象，而不仅仅是计算某一个值，所以在实际应用中range经常搭配for语句。

> **语法：**
> range(start, stop [,step])；
> start 指的是计数起始值，默认是 0
> stop 指的是计数结束值，但不包括 stop
> step 是步长，默认为 1，不可为 0

对于range() 函数，有几个注意点：它表示的是左闭右开区间；它接收的参数必须是整数，可以是负数，但不能是浮点数等其他类型；它是不可变的序列类型，可以进行判断元素、查找元素、切片等操作，但不能修改元素；它是可迭代对象，却不是迭代器。

算法设计　程序执行脚本，使用for循环让range()函数遍历每一个数，从而实现连续数相加。本案例的算法思路如下图所示。

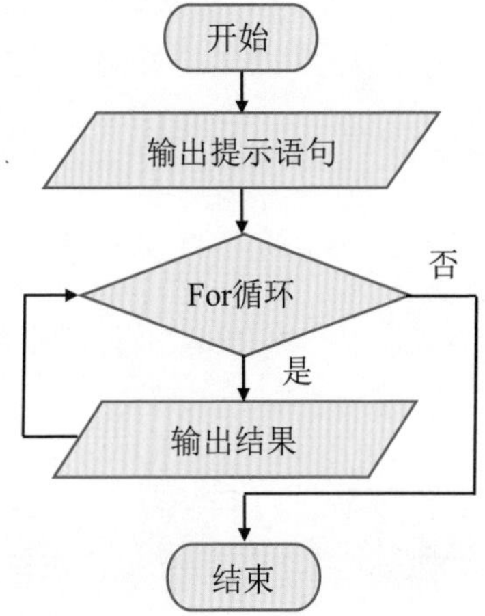

3. 实践应用

编写程序

```
print('下面将计算连续整数的和')
print('请根据提示，依次输入起始数和终止数')
result = 0
a = int(input('请输入起始数：'))                # 输入起始数与终止数
b = int(input('请输入终止数：'))
for i in range(a, b+1):                         # 从第1个数开始循环
    result += i
print(str(a)+'到'+str(b)+f'的和为{result}')

```

测试程序　运行程序，查看运行结果，校验程序运行的结果是否正确，确保程序正确无误。

```
下面将计算连续整数的和
请根据提示，依次输入起始数和终止数
请输入起始数：1
请输入终止数：100
1到100的和为5050
```

答疑解惑　在Python中，range 是可迭代对象而不是迭代器；range 对象是不可变的等差序列。如果只需要生成一个整数序列，并不需要使用 for 循环遍历它，那么可以将 range() 函数的返回值转换为列表或元组。

拓展应用　使用本案例的方法，重新设定起始数值和终止数值，运行程序仍可快速求出范围内连续数的和。

案例 41　3的倍数游戏

知识与技能：continue 中断语句

张明的妹妹常常与小伙伴们玩数字游戏，游戏规定当说出3或者3的倍数的数字时，游戏失败被淘汰，妹妹经常因说错数字而早早地被淘汰。这天，她哀求哥哥给她打印100以内所有不是3的倍数的数字，她要在下一局游戏中获得胜利。张明经过一番思考，编写了一个程序，轻松找到100以内不是3的倍数的数字并打印出来。

3的倍数游戏

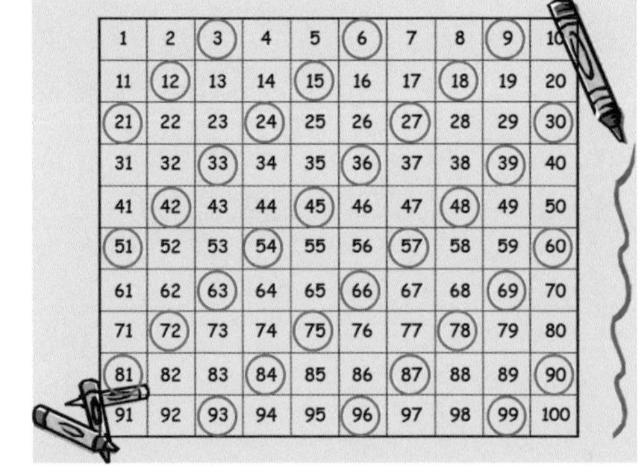

1. 案例分析

本案例要求找出100以内所有不是3的倍数的数，这需要先对每一个数进行判断，如果它不能整除3，就打印出来，如果能够整除3，就跳过该数字，检查下一个数字，直到循环结束。

问题思考

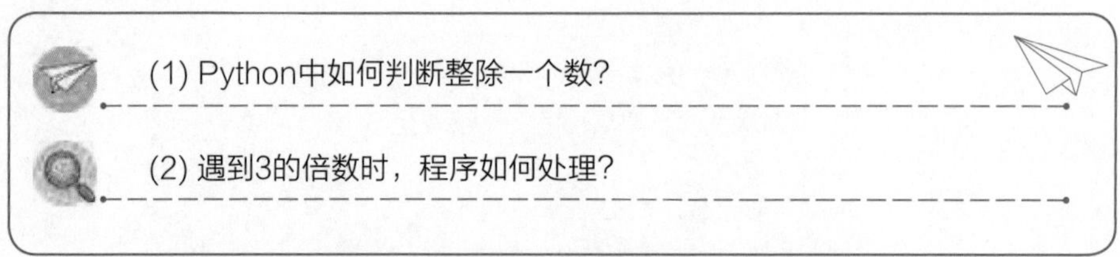

理一理　程序要打印100以内的数字，但是遇到3或3的倍数时，则跳过该数字不打印，继续打印下一个数字，以此重复100次，直到判断最后一个数字。

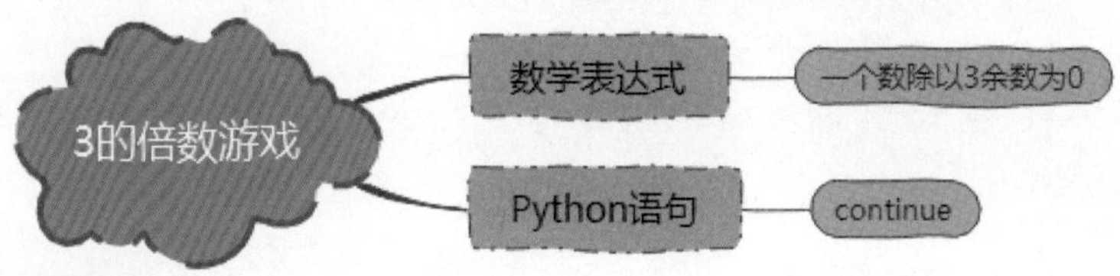

2. 案例准备

continue语句　和break语句一样，continue也是一个循环控制语句。continue语句与break语句相反，它不是终止循环，而是强制执行循环的下一个迭代。

语法如下：

continue

continue 语句的用法和 break 语句一样，只要在 while 或 for 语句中的相应位置加入即可。

算法设计　通过for循环中的if语句，判断是否是3或3的倍数的数字，如果是就跳过，不是就打印出来。本案例的算法思路如右图所示。

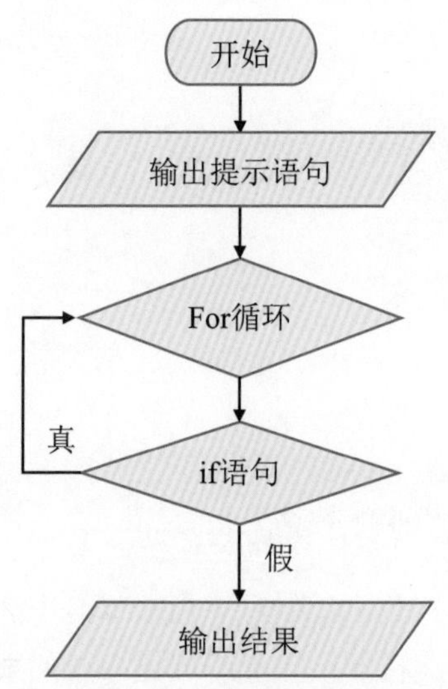

3. 实践应用

编写程序

```
print('下面将列举连续无倍三的整数')
print('请根据提示，依次输入数据')
result = 0
a = int(input('请输入第一个数：'))
b = int(input('请输入最后一个数：'))
for i in range(a,b+1):                          # for循环体
    if i % 3 == 0:
        continue                                # continue语句
    print(i, end=' ')                           # end=' ' 以''连接下行
```

测试程序　运行程序，根据程序提示，输入相应的参数，程序将输出参数范围内所有的除了3和3的倍数的数字。

```
下面将列举连续无倍三的整数
请根据提示，依次输入数据
请输入第一个数：1
请输入最后一个数：100
1 2 4 5 7 8 10 11 13 14 16 17 19 20 22 23
25 26 28 29 31 32 34 35 37 38 40 41 43 44
46 47 49 50 52 53 55 56 58 59 61 62 64 65
67 68 70 71 73 74 76 77 79 80 82 83 85 86
88 89 91 92 94 95 97 98 100
```

答疑解惑　在Python中，当遍历100以内的数字时，会进入 for循环体判断语句，continue语句会使Python忽略执行打印是3或3的倍数的数字，直接从下一次循环开始执行。

拓展应用　本案例中定义了3和3的倍数的数字，我们也可以根据需要换成任意数字及其倍数，该程序都可以快速打印出一定范围内的所有数字。

案例42 巧解水仙花数

知识与技能： for...in循环

陆刚学习了水仙花数后，对这样的数字感到非常好奇，他想知道有多少个这样的数字？他想到运用Python程序，经过一番尝试，他将解水仙花数的数学公式编写到程序中，终于解出了所有水仙花数。让我们一起来看一看，他是如何运用Python程序巧解水仙花数的。

水仙花数也被称为超完全数字不变数、自恋数、自幂数、阿姆斯壮数或阿姆斯特朗数。水仙花数是指一个3位数，每一位上的数字的3次幂之和等于它本身。例如：1^3 + 5^3+ 3^3 = 153。

1. 案例分析

本例要求解出所有的水仙花数，水仙花数的计算公式为abc=a^3+b^3+ c^3。将三位数全部计算一次，把符合条件的数一个一个找出来。

问题思考

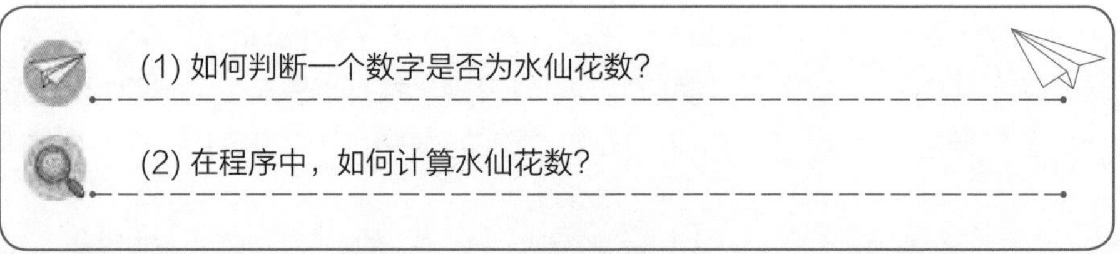

理一理　求水仙花数，先要掌握水仙花数的计算公式，将计算公式编写到程序中，通过循环计算每一个三位数，判断它们是否满足水仙花数的条件，符合条件的就是水仙花数，反之则不是。

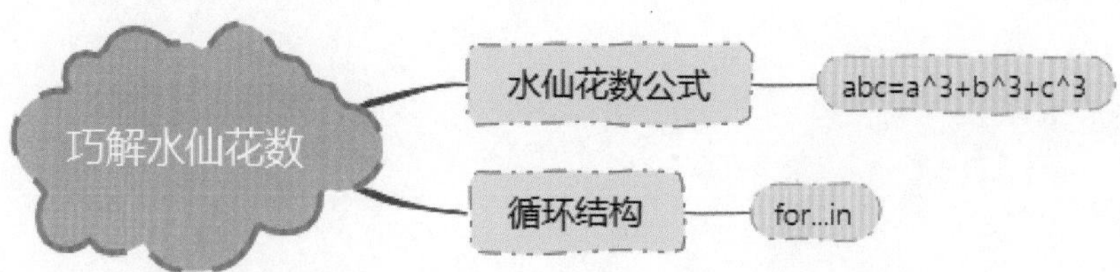

2. 案例准备

for…in 循环结构　在Python中，for…in是循环结构的一种，经常用于遍历字符串、列表、元组、字典等，格式为for x in y:。

执行流程：x依次表示y中的一个元素，遍历完所有元素，循环结束。

```
for  in 循环结构
    for x in y:
        循环体。
```

算法设计　在for循环体内，根据数值范围，计算所有数字，对满足条件的数字进行记录。当循环结束时，将计算的结果显示出来。本案例的算法思路如下图所示。

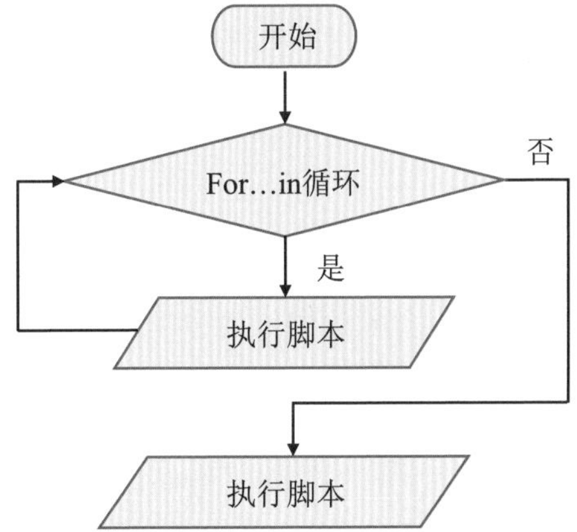

3. 实践应用

编写程序

```
for ia in range(100, 1000):                    # 循环体
    ib = ic = id = ia
    ib = ib % 10
    ic = ic % 100
    ic = ic // 10
    id = id / 100
    id = int(id % 10)
    if ia == ib ** 3 + ic ** 3 + id ** 3:       # 判断是否为水仙花数
        print(ia, "是水仙花数")                  # 输出结果
```

测试程序　运行程序，查看程序运行结果，验算得出的数字，判断程序得出的是否为水仙花数。

```
153 是水仙花数
370 是水仙花数
371 是水仙花数
407 是水仙花数
```

答疑解惑　for循环是通过次数的大小来进行循环，通常会使用遍历序列或枚举，以及迭代的方式来进行循环。迭代变量在每一次循环中保存根据变量得到的值，对象既是有序的序列，如字符串、元组、列表，也可以是无序的序列，如字典。而循环体则为一条或若干条会被重复执行的语句。

案例 43 做乘法口诀表

知识与技能： for 循环嵌套

乘法口诀表大家都不陌生，很多人在计算乘法时，口中或心中还会念着乘法口诀表，以便准确地计算。陈明是一名中学生，他上小学的弟弟正在学习乘法口诀，陈明决定使用Python程序帮弟弟制作一张乘法口诀表，方便弟弟记忆。

1. 案例分析

乘法口诀表是一个9行9列的乘法式，每一行的算式呈递增状态。口诀表的列数是算式中的第1个数，行数是算式中的第2个数，2个数相乘得出算式的积。

问题思考

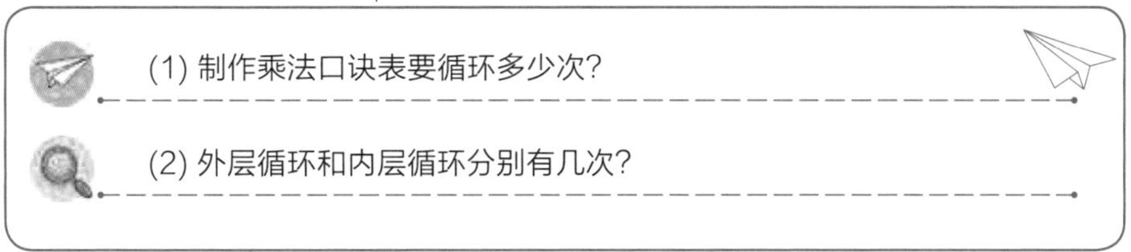

理一理　在Python中，for循环可以在循环中嵌套循环，根据乘法口诀表的特点，外层循环和内层循环都是9次，每次计算得出一份口诀，总共经过81次的计算，最后得出完整的口诀表。

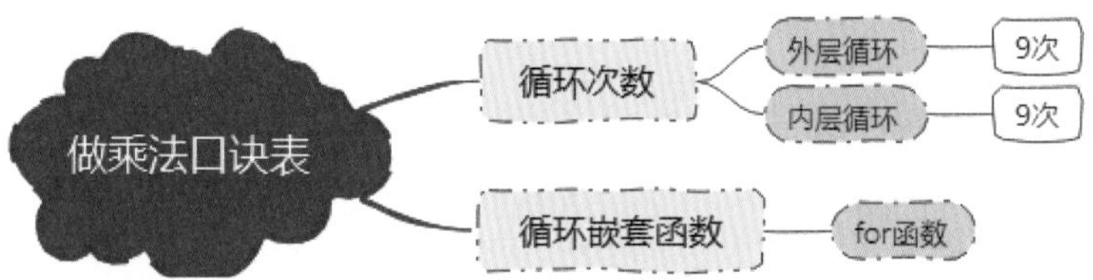

2. 案例准备

for循环嵌套　在for循环里嵌套for循环的方法，需定义好外层循环和内层循环的次数，编写好循环体即可实现。for循环语句可以嵌套while或for语句。

```
for循环嵌套基本语法:
for 临时变量 in 可迭代对象:          # 外层循环
    代码块1
    for 临时变量 in 可迭代对象:      # 内层循环
        代码块2
```

算法设计　本案例主程序的算法思路非常简洁，将程序进行2次循环，从1到9按顺序制作乘法口诀表。

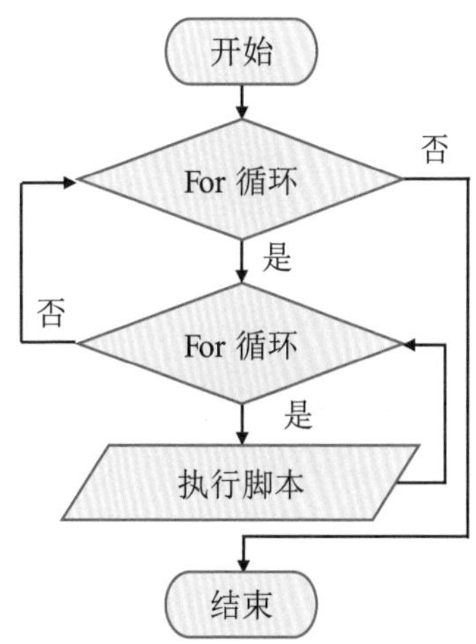

3. 实践应用

编写程序

```
for i in range(1, 10):                          # 外层循环
    for j in range(1, i+1):                     # 内层循环
        print(f'{j} x {i} = {i * j}', end='  ')
    print('')                                   # 打印换行符
```

测试程序　运行程序，查看程序运行结果，核对程序得出的结果是否正确。

```
1 x 1 = 1
1 x 2 = 2  2 x 2 = 4
1 x 3 = 3  2 x 3 = 6  3 x 3 = 9
1 x 4 = 4  2 x 4 = 8  3 x 4 = 12  4 x 4 = 16
1 x 5 = 5  2 x 5 = 10  3 x 5 = 15  4 x 5 = 20  5 x 5 = 25
1 x 6 = 6  2 x 6 = 12  3 x 6 = 18  4 x 6 = 24  5 x 6 = 30  6 x 6 = 36
1 x 7 = 7  2 x 7 = 14  3 x 7 = 21  4 x 7 = 28  5 x 7 = 35  6 x 7 = 42  7 x 7 = 49
1 x 8 = 8  2 x 8 = 16  3 x 8 = 24  4 x 8 = 32  5 x 8 = 40  6 x 8 = 48  7 x 8 = 56  8 x 8 = 64
1 x 9 = 9  2 x 9 = 18  3 x 9 = 27  4 x 9 = 36  5 x 9 = 45  6 x 9 = 54  7 x 9 = 63  8 x 9 = 72  9 x 9 = 81
```

答疑解惑　本案例只需定义好外层循环和内层循环的次数，通过for循环嵌套语句，即可快速制作出乘法口诀表。执行for循环嵌套时，程序首先会访问外层循环中目标对象的首个元素、执行代码段1、访问内层循环目标对象的首个元素、执行代码段2，然后访问内层循环中的下一个元素、执行代码段2……如此往复，直至访问完内层循环的目标对象后结束内层循环，转而继续访问外层循环中的下一个元素，访问完外层循环的目标对象后结束外层循环。因此，外层循环每执行一次，都会执行一轮内层循环。

拓展应用　尝试修改本案例的外层循环和内层循环次数，还可以制作出20以内的乘法口诀表等，也可以根据李明弟弟的学习进度，制作5以内的乘法口诀表。

案例44 打印直角三角

知识与技能：While 循环嵌套

李明学习了Python循环函数后，利用程序打印出正方形、长方形等形状。但是当他要输出三角形时却遇到了困难，因为与方形不同的是，三角形的每一行和列的图案数量不一样，每一行输出的图案数量呈递增或递减，这可把李明难住了。你知道如何利用循环语句，打印出直角三角形吗？

1. 案例分析

本案例是要运用Python程序输出一个直角三角形图案。案例中需要在第1行输出1个图案，在第2行输出2个图案，以此类推，在第n行输出n个图案。通过一次循环显然不能满足编程需求，只有增加循环的量，每个量又有所不同，才能满足案例需求。

问题思考

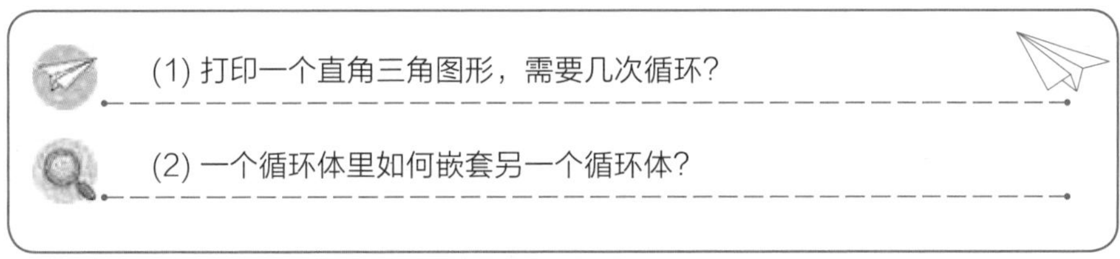

理一理　本案例中要应用while循环嵌套语句，实现输出直角三角形的目的。

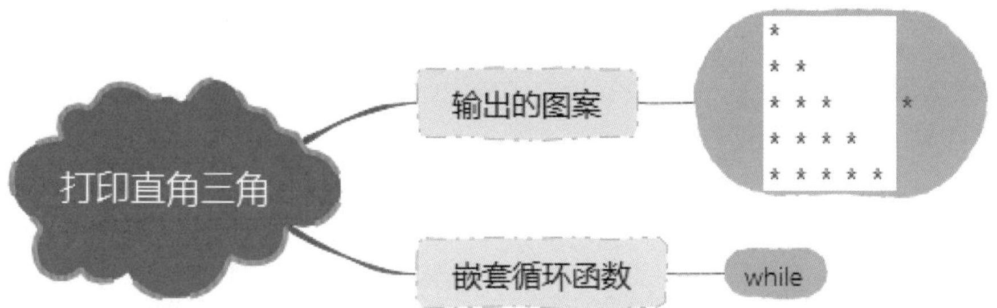

2. 案例准备

while循环嵌套　循环嵌套是指在一个循环体里再次添加一个或多个循环体，从而实现特定的效果。它在编译时，要遵循一定的语法规则。

while 循环嵌套是在while循环体里再添加while循环体代码，使用方法如下：

i = 0 或 i = 1

while i < 边界值:

　　循环体代码

　　i += 1

算法设计　使用内层和外层循环，当内层循环结束时，进入外层循环，如此反复，直到打印出直角三角形状。本案例的算法思路如下图所示。

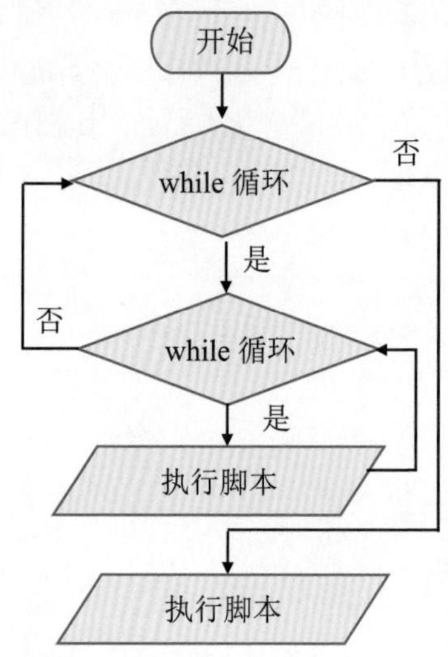

3. 实践应用

编写程序

```
i = 1                          # 定义外层循环计数器
while i <= 5:                  # 编写外层循环的循环条件
    j = 1                      # 定义内层循环计数器
    while j <= i:              # 编写内层循环的循环条件
        print('* ', end='')
        j += 1
    print('')
    i += 1                     # 更新外层循环计数器
```

测试程序　运行程序，程序输出直角三角形的图案。想一想，为什么三角形图案需要通过循环嵌套程序才能够输出？

答疑解惑　本案例通过循环嵌套实现直角三角形的效果，i < = 5是外层循环的条件设定，j < i 是内层循环的条件设定，通过这两层循环条件的设定，即可打印出想要的三角图形。

拓展应用　在学习了本案例的相关操作后，大家可以尝试稍加修改程序，以打印出任意大小的三角形图案。

```
i = 1
while i <= 10:
    j = 1
    while j <= i:
        print('*    ', end='')
        j += 1
    print('')
    i += 1
```

```
*
* *
* * *
* * * *
* * * * *
* * * * * *
* * * * * * *
* * * * * * * *
* * * * * * * * *
* * * * * * * * * *
```

案例 45　列出质数数列

知识与技能： 循环嵌套与中断语句

质数是指在大于1的自然数中，除了1和它本身以外不再有其他因数的自然数。质数常常被利用在密码、齿轮的设计上，计算害虫的生物生长周期与杀虫剂使用之间的关系上，可以起到很好的效果。李阳同学学习了质数后，想找到更多的质数，你能使用Python程序，为他找出数字100~1000中所有的质数吗？

1	2	3	4	5	6	7	8	9	10
11	12	13	14	15	16	17	18	19	20
21	22	23	24	25	26	27	28	29	30
31	32	33	34	35	36	37	38	39	40
41	42	43	44	45	46	47	48	49	50
51	52	53	54	55	56	57	58	59	60
61	62	63	64	65	66	67	68	69	70
71	72	73	74	75	76	77	78	79	80
81	82	83	84	85	86	87	88	89	90
91	92	93	94	95	96	97	98	99	100

1. 案例分析

本案例要求列出100~1000中的质数，起始数是100，终止数是1000，在这个数值范围内查看数字是否为质数，最后将查找出的所有质数列举出来，并统计质数的数量。

问题思考

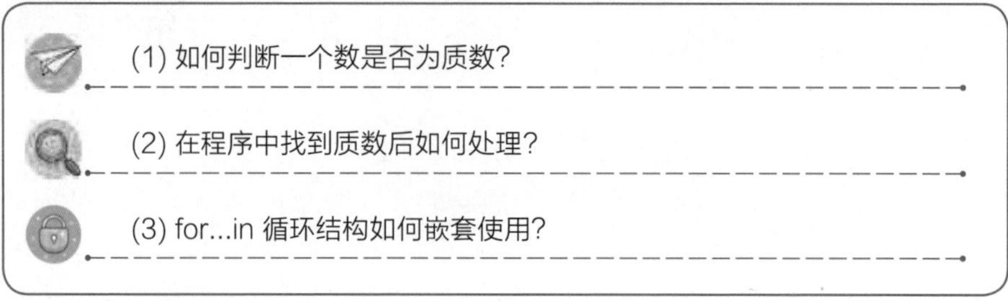

理一理　本案例的难点在于使用for...in循环嵌套，将每个数进行求解，找出所有质数，最后列举出来。

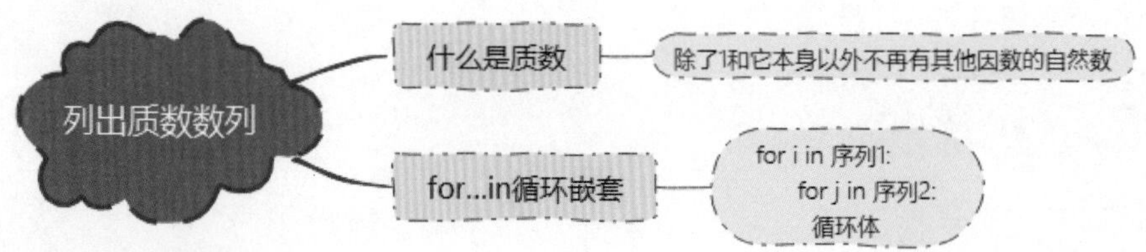

2. 案例准备

append()函数　使用append函数，可以向已有列表添加任意要素。需要注意的是，此操作不是追加要素后生成新的列表，而是向已有列表中追加新的要素。每次操作只能在列表最后位置添加一个要素，如果需要一次追加多个要素，可以考虑使用列表的结合操作extend。

> append()函数：
>
> **语法：**
>
> list.append(element)
>
> **参数：**element：任何类型的元素

算法设计　本案要列出数值范围内的质数数列，应使用内层和外层循环体，判断数值是否为质数，将得到的质数统计并打印出来。

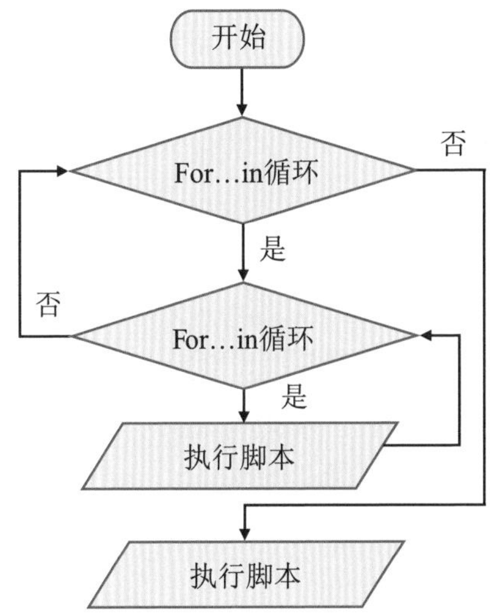

3. 实践应用

编写程序

```
zhishu=[]
for a in range(100,1000):          # 外层循环体
    list1 = []
    for i in range(1,a+1):         # 内层循环体
        if a%i==0:
            list1.append(i)        # append( )函数的应用
    if len(list1) > 2:
        continue
    else:
        zhishu.append(a)
print(zhishu)                      # 输出所有质数
print(len(zhishu))
```

测试程序　运行程序，查看结果，结果显示了范围内所有的质数，并统计了质数的数量。

```
        # 列举所有质数
[101, 103, 107, 109, 113, 127, 131, 137, 139, 149, 151, 15
63, 167, 173, 179, 181, 191, 193, 197, 199, 211, 223, 227,
 233, 239, 241, 251, 257, 263, 269, 271, 277, 281, 283, 293,
07, 311, 313, 317, 331, 337, 347, 349, 353, 359, 367, 373, 379,
 383, 389, 397, 401, 409, 419, 421, 431, 433, 439, 443, 449, 4
57, 461, 463, 467, 479, 487, 491, 499, 503, 509, 521, 523, 541,
 547, 557, 563, 569, 571, 577, 587, 593, 599, 601, 607, 613, 6
17, 619, 631, 641, 643, 647, 653, 659, 661, 673, 677, 683, 691,
 701, 709, 719, 727, 733, 739, 743, 751, 757, 761, 769, 773, 7
87, 797, 809, 811, 821, 823, 827, 829, 839, 853, 857, 859, 863,
 877, 881, 883, 887, 907, 911, 919, 929, 937, 941, 947, 953, 9
67, 971, 977, 983, 991, 997]
143     # 统计质数的数量
```

答疑解惑　Python中循环嵌套结构代码的执行流程为：当外层循环条件为 True 时，则执行外层循环结构中的循环体；外层循环体中包含普通程序和内循环，当内层循环的循环条件为True时，会执行此循环中的循环体，直到内层循环条件为 False，跳出内循环；如果此时外层循环的条件仍为 True，则返回第 2 步，继续执行外层循环体，直到外层循环的循环条件为 False；当内层循环的循环条件为 False，且外层循环的循环条件也为 False，则整个嵌套循环才算执行完毕。

案例 46　猜数字小游戏

知识与技能： if...elif应用

李亮同学在课余时间喜欢和同学们玩猜数字小游戏，既益智又有趣味性。但在游戏中，李亮发现有的同学故意不公布正确答案，而让大家无止境地猜下去。在学习了Python后，他就在思考如何使用程序来猜数字，这样会更加公平。经过一番实践，他终于编写出猜数字小游戏，程序在一定数值范围内随机生成一个数字，当同学们猜错了，系统会给出错误提示，猜对了则结束游戏。他希望这样的小游戏能够给大家带来快乐。

1. 案例分析

本案例要求程序随机定义一个数字为被猜的数字，让游戏参与者猜测数字。程序对参与者所猜的数字进行判断，给出判断结果，直到数字被猜出为止。

问题思考

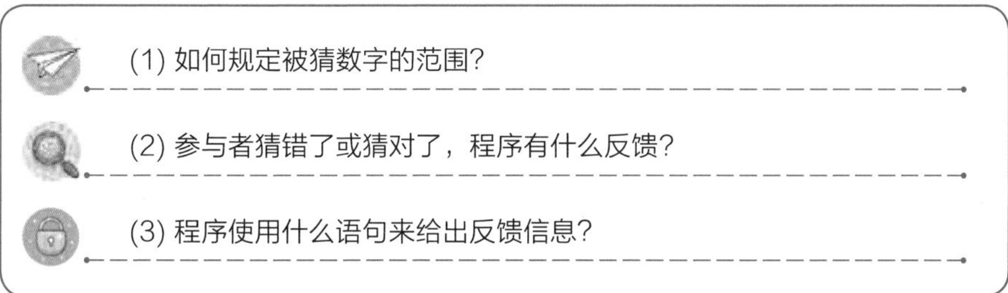

理一理　程序要定义一个数字，对游戏参与者给出的数字进行判断，猜错了反馈“猜大了”或“猜小了”，直到猜对为止。

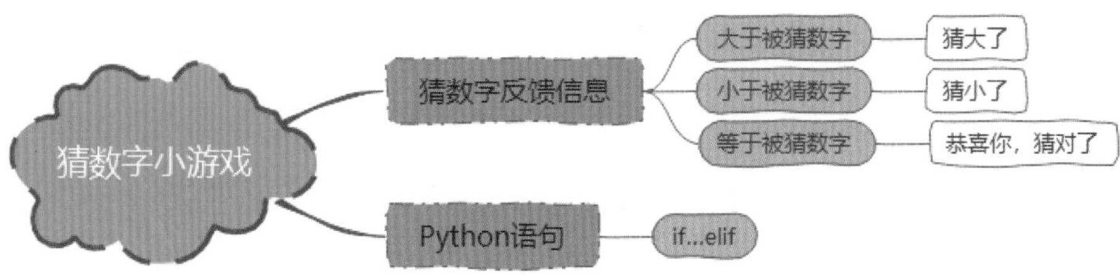

2. 案例准备

if...elif语句　在Python中，如果需要判断的情况大于两种，if和if-else语句显然是无法完成判断的。if-elif判断语句的出现，恰好解决了这一问题，该语句可以判断多种情况。

```
if 判断条件1:
    满足条件1时要做的事情
elif 判断条件2:
    满足条件2时要做的事情
elif 判断条件3:
    满足条件3时要做的事情
```

算法设计　程序随机定义一个数字，判断输入的数字是否与随机数相同，相同则退出循环，不同则使用elif函数判断数的大小，分别返回到循环体中。本案例的算法思路如下图所示。

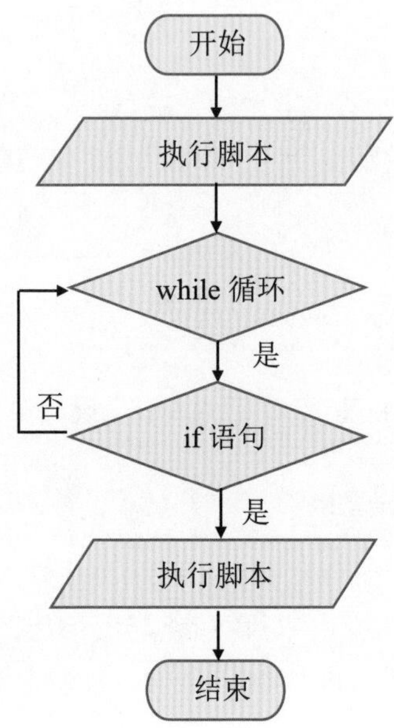

3. 实践应用

编写程序

```
import random
i = 0                                   # 定义一个计数器
secretNum = random.randint(1, 10)       # 生成1~10的随机数
while i < 10:                           # 编写循环条件
    userNum = int(input('请输入您猜的数字（范围1~10之间）:'))
    if secretNum == userNum:            # 判断用户输入的数字是否与随机数相等
        print('恭喜你，猜对了')
        break
    elif secretNum < userNum:
        print('猜大了')
    elif secretNum > userNum:
        print('猜小了')
    i += 1                              # 更新计数器

```

测试程序　运行程序，猜测一个数字并输入程序中，让程序判断是否正确，根据提示继续猜数字。

```
请输入您猜的数字（范围1~10）:6
猜小了
请输入您猜的数字（范围1~10）:10
猜大了
请输入您猜的数字（范围1~10）:9
猜大了
请输入您猜的数字（范围1~10）:7
猜小了
请输入您猜的数字（范围1~10）:8
恭喜你，猜对了
```

答疑解惑　在Python中，if与elif是一起使用的，if和elif中只能按顺序执行某一个，或者都不执行。其实，elif也可以理解成“否则的话……如果……”。

拓展应用　本案例中定义了10以内的数字，我们也可以修改程序，将所猜数字的范围扩大。

案例47　分解数字因数

知识与技能： else 循环例外

张平同学最近学习了分解质因数的新知识，他在完成了老师布置的习题后，又找到许多专题练习。做完练习后，他不知道练习的正确率如何，于是想使用Python制作一个检验小程序，快速检验答案的正确性。经过一番尝试，他的检验小程序制作成功，让我们来看看他是如何快速检验习题的。

1. 案例分析

本案例要求程序对给出的数字分解质因数，用来判断习题答案的正确与否。程序需等待用户输入数字，然后对所输入的数字进行分解质因数，并给出分解结果。

问题思考

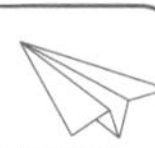

(1) 如何表达出一个数的质因数?

(2) 如何判断分解出的数是质因数?

理一理　程序对输入的数字进行分解，当分解的数字是质数时，停止分解，并且将分解的数字运用表达式表示出来。

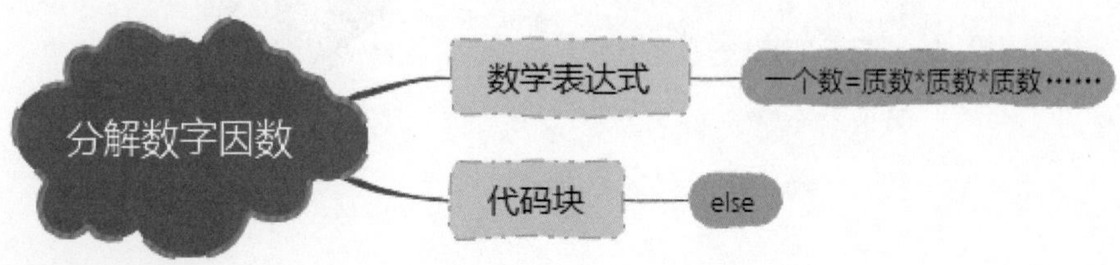

2. 案例准备

else代码块　在Python中，无论是 while 循环还是 for 循环，其后都可以紧跟一个 else 代码块，它的作用是当循环条件为 False 跳出循环时，程序会优先执行 else 代码块中的代码。

示例：

```
for i in  add:
    print(i,end="")
else:
    print("\n执行 else 代码块")
```

算法设计　主程序对输入的数字进行质因数的分解，当分解的数字中还存在质因数时，将对该数字再次进行分解，以此类推，直到不能分解为止。本案例的算法思路如下图所示。

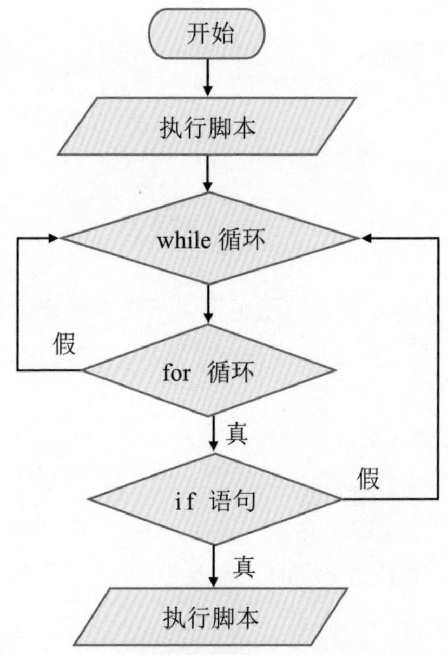

3. 实践应用

编写程序

```
n=int(input("请输入需要分解的数字: "))             # 等待输入的数字
print("{} =".format(n),end=' ')
while n>1:                                           # 编写循环条件
    for i in range(2,n+1):                           # 编写循环体
        if n%i==0:
            n=int(n/i)
            if n==1:
                print(i)
            else:                                    # 优先执行语句
                print("{} *".format(i),end=' ')
            break

```

测试程序　运行程序，输入需要分解因数的数字，查看程序运行结果。

```
请输入需要分解的数字：50
50 = 2 * 5 * 5

请输入需要分解的数字：78
78 = 2 * 3 * 13
```

答疑解惑　在Python中，我们可能会觉得else代码块并没有什么具体的作用，因为while 循环之后的代码，即便不位于 else 代码块中也会被执行，当使用 break 跳出当前循环体后，该循环后的 else 代码块也不会被执行。但是，如果将 else 代码块中的代码直接放在循环体的后面，则该部分代码将会被执行。另外，对于嵌套的循环结构来说，break 语句只会终止所在循环体的执行，而不会作用于所有的循环体。

案例 48　绘制红五角星

知识与技能： turtle循环绘制图形

陈星同学看到运用Python程序设计的图案后惊讶不已，没想到Python程序还可以绘图。他也想挑战一下，使用程序设计绘制一个简单的五角星。经过一番实践，陈星终

于绘制出第一颗五角星，并分享了绘制程序。让我们一起来看看，他是如何运用Python程序绘制图形的。

1. 案例分析

本案例要求在画布中绘制一个红色的五角星。使用Python程序绘画，需使用专用的库，根据任务需求调用库中相应的函数，才能绘制出五角星。

问题思考

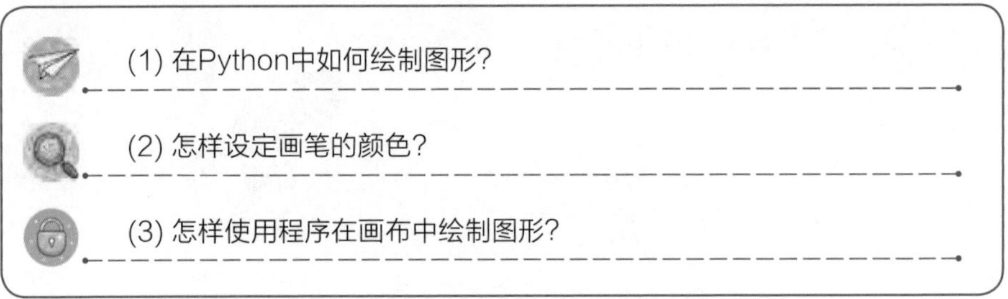

(1) 在Python中如何绘制图形？

(2) 怎样设定画笔的颜色？

(3) 怎样使用程序在画布中绘制图形？

理一理　首先，明确本案例的任务内容，将任务分解成一个个模块；其次，理清实现任务的函数，了解这些函数的基本用法。

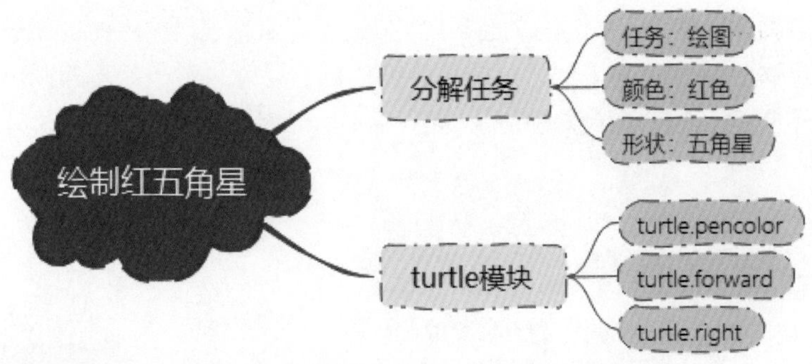

2. 案例准备

turtle模块　使用Python程序，可以绘制各式各样的图形。在Python3版本中，新增turtle(海龟)模块，专门用于绘制图形图像。

使用：

1. 导入模块

import turtle

2. 使用turtle模块中已经定义好的方法

turtle.forward(数值) # 从左向右，绘制一条指定长度的横线

算法设计　主程序调用turtle模块，通过循环体绘制五角星，当绘制完成后，退出循环体。本案例的算法思路如下图所示。

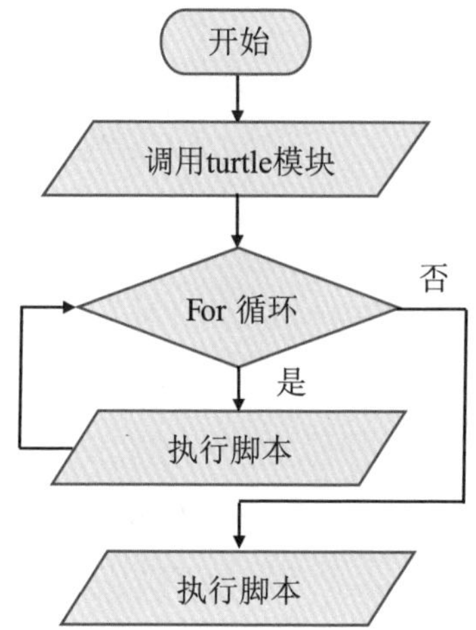

3. 实践应用

编写程序

```
import turtle                  # 导入turtle模块
import time
turtle.pencolor('red')         # 设置颜色
for i in range(5):             # 编写循环体
    turtle.forward(200)
    turtle.right(144)          # 设定旋转角度
time.sleep(10)

```

测试程序　运行程序，查看程序运行结果。想一想，我们还可以运用程序绘制什么形状?

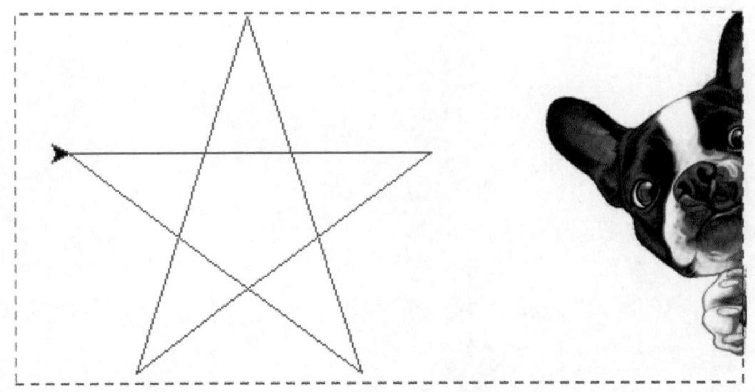

答疑解惑　turtle库是Python语言中一个绘制图像的函数库，可以想象一只小乌龟，在一个横轴为x、纵轴为y的坐标系原点(0,0)位置开始，根据一组函数指令的控制，在这个平面坐标系中移动，从而在它爬行的路径上绘制图形。

案例49 制作密码验证

知识与技能：综合案例

陈华使用Python编写了一个记事本程序，在里面记录自己的小秘密。但陈华的同桌总是好奇其中的内容，想打开程序看一看，为了防止他人翻看记事本，陈华给程序增加了一个密码验证环节，每次打开记事本都需要输入账号和密码，从此同桌再也没能成功打开他的程序。让我们看看他是如何为程序制作密码验证的。

1. 案例分析

本案例要求编制一个密码验证程序，当程序运行时，提示输入账号和密码，当账号或密码错误时，提示错误并显示剩余次数。只有当账号和密码都正确时，才能进行下一步程序，否则退出程序。

问题思考

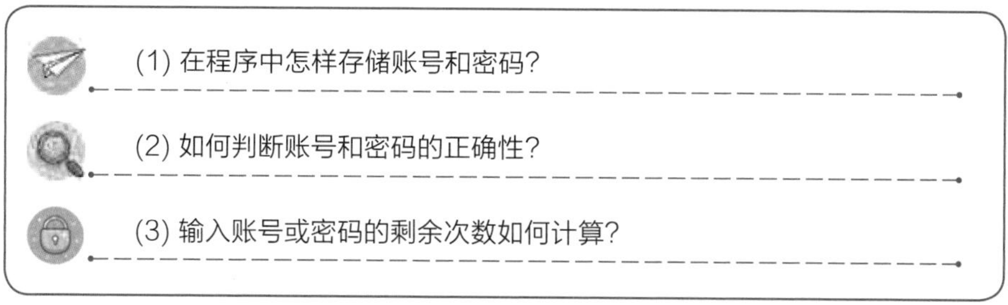

理一理　明确本案例的任务内容，需要使用者输入账号和密码，当账号或密码错误时，提示错误原因。只有当账号和密码都正确时，方可进行下一步程序，否则退出程序。

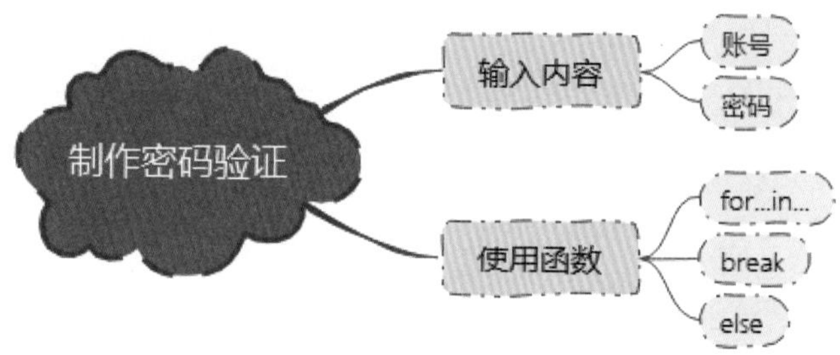

2. 案例准备

算法设计　主程序通过循环体判断账号和密码是否与存储的一致，当不一致时，要求重新输入，只有账号和密码都正确才能进行解锁。本案例的算法思路如下图所示。

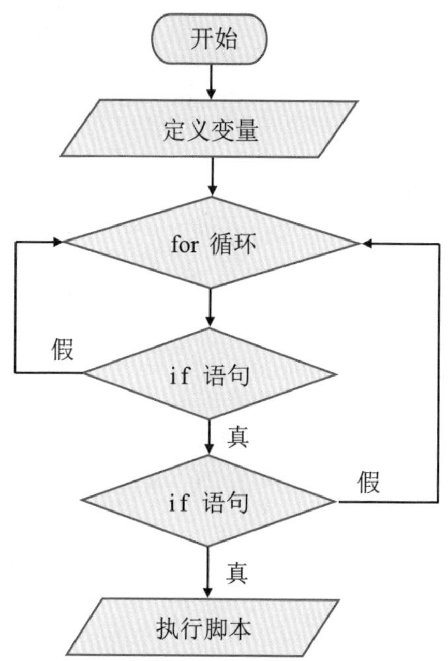

3. 实践应用

编写程序

```
trycount = 0                                   # 定义变量，用于记录登录次数
for i in range(3):                             # 循环3次，因为超过3次就会报错
    trycount += 1                              # 更新登录次数
    username = input('请输入您的登录账号：')
    password = input('请输入您的登录密码：')
    if username == 'admin':                    # 判断用户名是否正确
        if password == 'admin':
            print('恭喜你，登录成功！')
            break
        else:
            print('您输入的密码错误')
            print(f'您还有{3 - trycount}次输入机会')
    else:
        print('您输入的账号错误')
        print(f'您还有{3 - trycount}次输入机会')
```

测试程序　运行程序，输入登录账号和密码，查看程序运行结果，当输入正确的账号和密码时，才会显示登录成功。

```
请输入您的登录账号：admin888
请输入您的登录密码：admin
您输入的账号错误
您还有2次输入机会
请输入您的登录账号：admin
请输入您的登录密码：admni888
您输入的密码错误
您还有1次输入机会
请输入您的登录账号：admin
请输入您的登录密码：admin
恭喜你，登录成功！
```

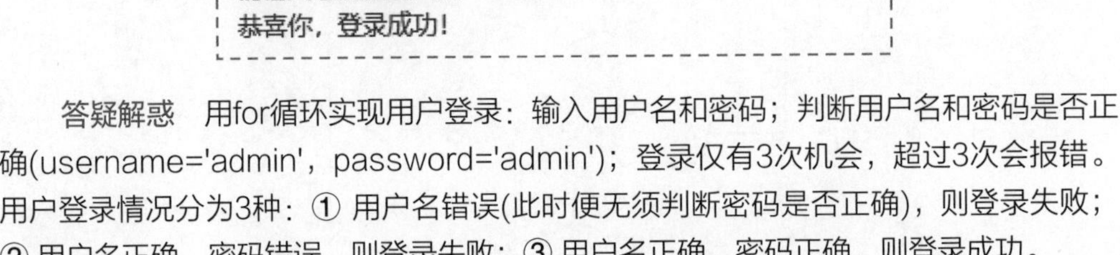

答疑解惑　用for循环实现用户登录：输入用户名和密码；判断用户名和密码是否正确(username='admin'，password='admin')；登录仅有3次机会，超过3次会报错。用户登录情况分为3种：① 用户名错误(此时便无须判断密码是否正确)，则登录失败；② 用户名正确，密码错误，则登录失败；③ 用户名正确，密码正确，则登录成功。

第 5 章

牛刀小试——字符串集合

Python 能够处理不同类型的数据，包括数字、文本、图像等，其中，字符串是处理文本的常用数据类型之一。在 Python 中，字符串是由单引号、双引号或三引号括起来的一段文本，可以是任意字母、数字和符号的组合。

Python 字符串非常灵活，应用也十分广泛。本章将带领大家通过 12 个案例的学习，体会 Python 中字符串的处理，在做中学、用中学。

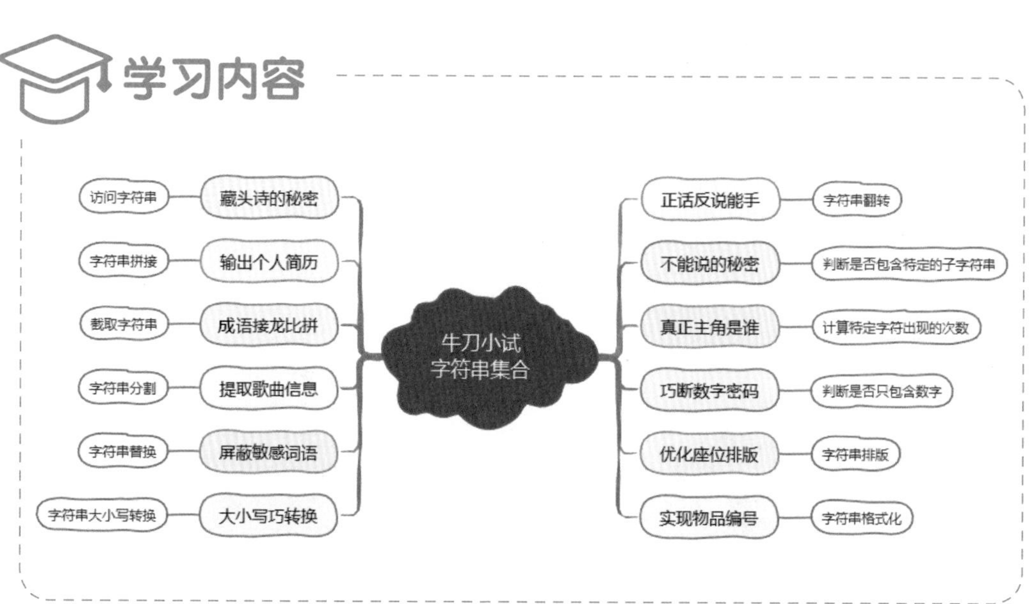

案例50 藏头诗的秘密

知识与技能： 访问字符串

高明快过生日了，同学晓军发来一首打油诗为他庆祝。诗的内容为：祝福应乘早，你我任逍遥，生活多烦恼，日月轮次倒，快意上云霄，乐暗寄纸鹞。这首诗承载了晓军满满的祝福，高明很开心。晓军告诉高明诗里还藏着秘密，高明不明所以，经过晓军的点拨，恍然大悟。我们是否能用Python语言编写程序，让计算机把这首诗的秘密找出来呢？

祝福应乘早，
你我任逍遥，
生活多烦恼，
日月轮次倒，
快意上云霄，
乐暗寄纸鹞。

1. 案例分析

晓军写给高明的诗，共有6句，每句有5个字，通过读取诗中指定位置的字，可以发现隐藏在其中的秘密。

问题思考

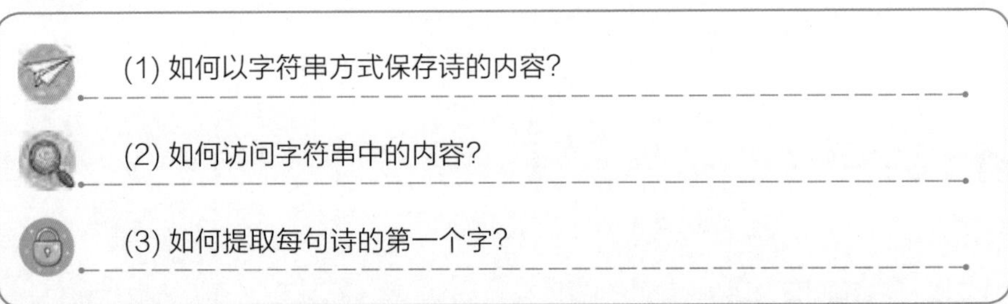

理一理　在Python中定义好字符串后，使用索引方式对字符串进行访问，可以从前面确定要访问字符的位置，也可以从后面数。

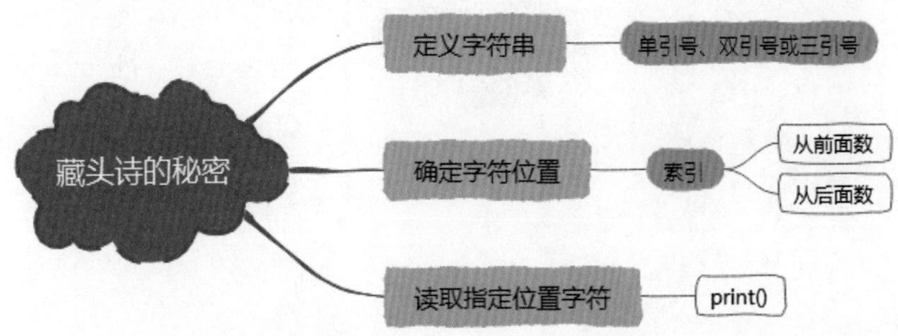

2. 案例准备

访问字符串中的值　Python不支持单字符类型，单个字符在Python中也是作为一个字符串使用。在Python中可以使用方括号[]来访问字符串，从前面数索引值以0开始，从后面数以-1开始。

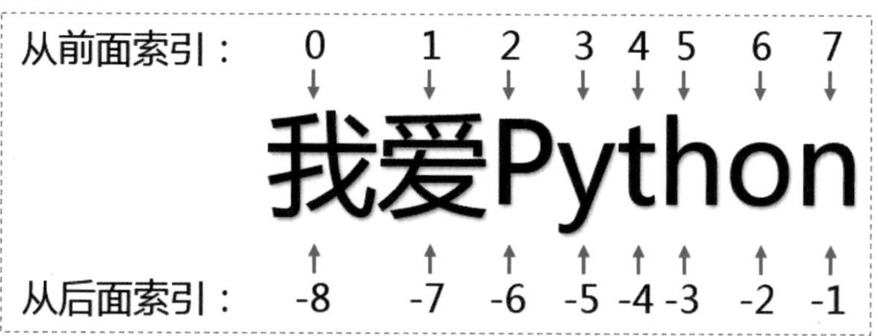

算法设计　本案例的算法思路如下图所示。

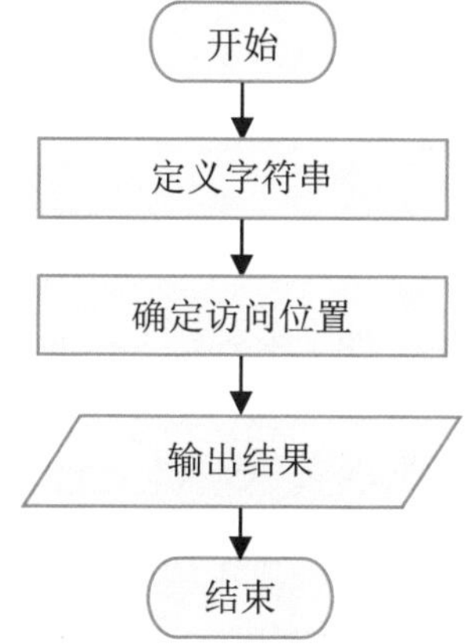

3. 实践应用

编写程序

```
s='祝福应乘早，你我任逍遥，生活多烦恼，日月轮次倒，快意上云霄，乐暗寄纸鹞。'
print(s)                                          # 输出全诗
print(s[0]+s[6]+s[12]+s[18]+s[24]+s[30])          # 输出每句诗的第1个字
```

测试程序　运行程序，观察运行结果。

```
==============
祝福应乘早，你我任逍遥，生活多烦恼，日月轮次倒，
快意上云霄，乐暗寄纸鹞。
祝你生日快乐
>>>
```

答疑解惑　本案例中程序采用了从前面数的索引方式，分别读取字符串中每句诗的第一个字。标点符号也占用一个字符位置，在确定索引位置的时候要注意。

拓展应用　根据访问字符不同的索引方式，尝试用从诗后面数的方式来确定索引值，读取小军的诗。

案例51 输出个人简历

知识与技能：字符串拼接

为了丰富学生的校园文化生活，使学生在实践活动中拓展视野，八年级(1)班和(2)班联合举行了一次团建活动，为了在活动中更好地交流，要求每个同学进行自我介绍。你能用Python编写一个程序，根据输入的个人姓名、性别等信息，完整清晰地展现个人的自我介绍信息吗？

我的档案

姓名：

性别：

生日：

户籍：

小学：

1. 案例分析

若要完整地展现个人信息，可以根据学生输入的信息，如姓名、性别等，通过字符串拼接的方式，一次性输出完整的个人自我介绍。

问题思考

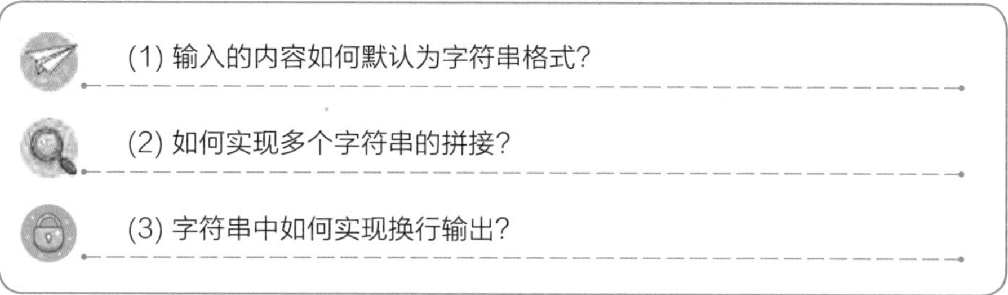

理一理　要想根据输入的内容输出个人简历，可以使用字符串拼接的方式，确认好拼接方式后输出个人信息。

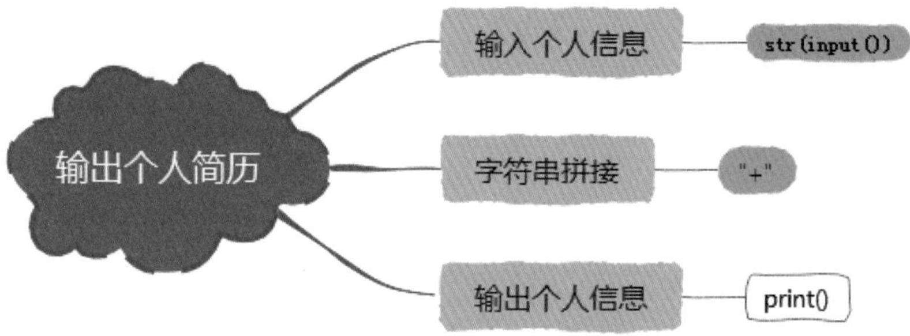

2. 案例准备

Python转义字符　若字符串中包含特殊的符号，如换行符，需要使用转义字符。常见的转义字符如下表所示。

转义字符	含义	示例
\(在行尾时)	续行符	print("line1 \ ... line2 \ ... line3”)
\\	反斜杠符号	print("\\")
\'	单引号	print("\")
\"	双引号	print("\"")
\b	退格符	print("Hello\bWorld!")
\n	换行符	print("Hello\nWorld")
\t	横向制表符	print("Hello\tWorld!")
\v	纵向制表符	print("Hello\vWorld!")
\r	回车符	print("Hello\rWorld!")
\yyy	八进制数，y代表0~7的字符	print("\110\145\154\154\157")

(续表)

转义字符	含义	示例
\xyy	十六进制数，以\x开头，y为十六进制字符	print("\x48\x65\x6c\x6c\x6f")
\000	终止符，后面的字符串全部忽略	print("Hello \000 World!")

Python字符串拼接　Python字符串拼接，顾名思义，就是将2个或2个以上的字符串拼接在一起。最常见的方法有“+运算符拼接”和“join()方法”拼接。

```
s1='Hello'                  # 定义字符串
s2='World'                  # 定义字符串
print(s1+' '+s2)            # +运算符拼接
print(' '.join([s1,s2]))    # join()方法拼接
```

算法设计　本案例的算法思路如下图所示。

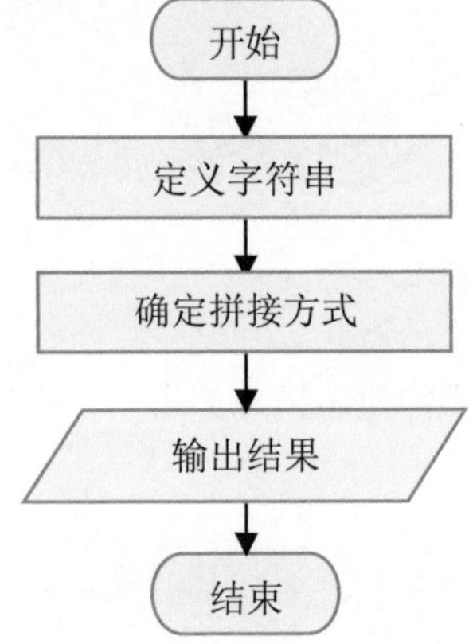

3. 实践应用

编写程序

```
xm=str(input("请输入你的姓名："))
xb=str(input('请输入你的性别：'))
sr=str(input('请输入你的生日：'))
hj=str(input('请输入你的户籍：'))
xx=str(input('请输入所在学校：'))
jianli = '姓名：' + xm+'\n'+'性别：'+xb+'\n'+\          # 使用转义字符\续行
        '生日：'+sr+'\n'+'户籍：'+hj+'\n'+'学校：'+xx    # 使用+运算符拼接
print('\n简历：')
print(jianli)                                          # 输出字符串
```

测试程序　运行程序，观察程序运行效果。

```
请输入你的姓名：李明
请输入你的性别：男
请输入你的生日：2008.05.06
请输入你的户籍：安徽合肥
请输入所在学校：合肥四十五中

简历：
姓名：李明
性别：男
生日：2008.05.06
户籍：安徽合肥
学校：合肥四十五中
>>>
```

答疑解惑　程序中获取个人信息的时候，所有的个人信息输入后，使用str()将输入的个人信息强制为字符串格式。可以尝试去掉这种方式，观察程序运行后的效果。为了能够清晰地展现出个人简历，每条个人信息后拼接了转义字符\n，实现换行显示下一条个人信息。想一想，若想实现用一段话来展示个人简历的效果，该如何处理字符串的拼接呢？

拓展应用　本案例采用了+运算符拼接的方法，大家可以尝试使用join()方法实现字符串的拼接，并观察程序运行效果。

案例 52 成语接龙比拼

知识与技能： 截取字符串

成语接龙是一种经典的语言游戏，玩家需要根据一个给定的成语，以该成语末尾的字为起始字，继续接出一个新成语，再以新成语的末尾字为起始字，接出下一个新成语，以此类推。玩家需要接出尽可能多的新成语。小松所在班级准备在班会时举办成语接龙比赛，为了快速验证同学们的比赛结果，他准备用Python编程助力比赛。那么，该如何使用Python语言实现同学们词语接龙的结果判定呢？

1. 案例分析

要实现成语接龙结果的判定，需要分别截取前一个成语的最后一个字，和答案中成语的第一个字，判断是否一致。

问题思考

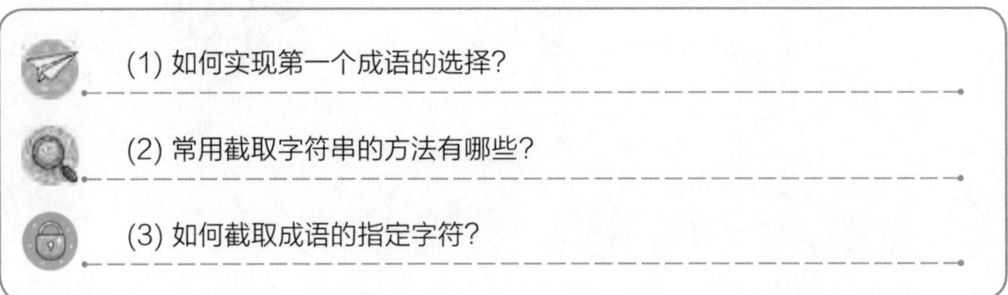

理一理　运用Python程序实现成语接龙结果的判定，最主要的是根据前一个成语的最后一个字和后一个成语的第一个字，这两个字要以“相同”这个标准来判断。

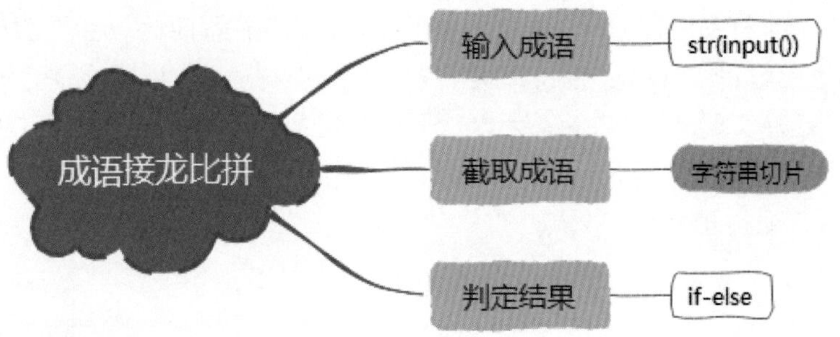

2. 案例准备

截取字符串　常用的字符串截取方法，是用切片操作截取字符串，具体方法是手动计算截取的起始位置和终止位置，从而精确地获取指定区间的字符串。

```
s = "我爱Python"      # 定义字符串
print(s[1])          # 输出：爱
print(s[0:3])        # 输出：我爱P
print(s[:])          # 输出：我爱Python
print(s[1:])         # 输出：爱Python
print(s[0:20])       # 输出：我爱Python  结尾超过索引，不影响取出
print(s[-1])         # 输出：n
print(s[-5:-1])      # 输出：ytho
print(s[-1:-5])      # 输出：无输出  要遵循从左到右的规则
```

Python三引号 Python三引号允许一个字符串跨多行，字符串中可以包含换行符、制表符，以及其他特殊符号。

```
s = """多行字符串的实例            # 定义字符串
多行字符串可以使用制表符
TAB ( \t )。
也可以使用换行符 [ \n ]。
"""
print (s)
```

算法设计 本案例的算法思路如下图所示。

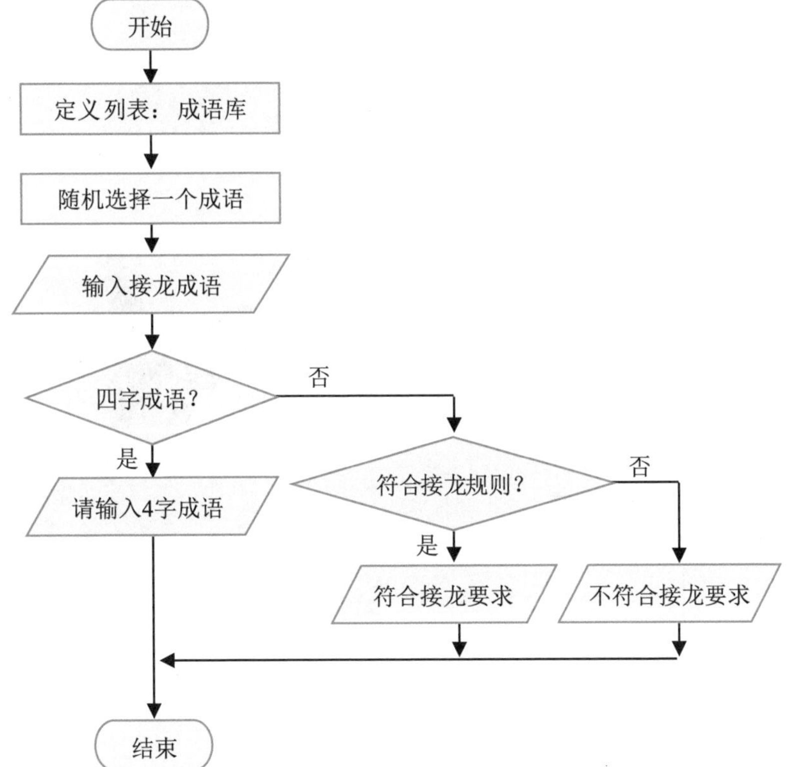

3. 实践应用

编写程序

```
import random                                                    # 导入模块
cy=['叶公好龙','气壮山河','尽人皆知','天高气爽','助人为乐',\    # 定义成语库列表
    '悲喜交集','业精于勤','难以置信','生花妙笔','心灵手巧']
ran_cy=random.choice(cy)                                         # 随机选择列表内容
print(ran_cy)
in_cy=str(input('请接龙：'))                                     # 输入接龙成语
if len(in_cy)==4:                                                # 判断是否为4字成语
    if ran_cy[-1] == in_cy[0]:                                   # 切片截取2个字符串
        print('接龙符合要求！')
    else:
        print('接龙不符合要求！')
else:
    print('请输入4字成语！')
```

测试程序　运行程序，尝试输入不同答案，观察程序运行结果，根据需要调试程序。

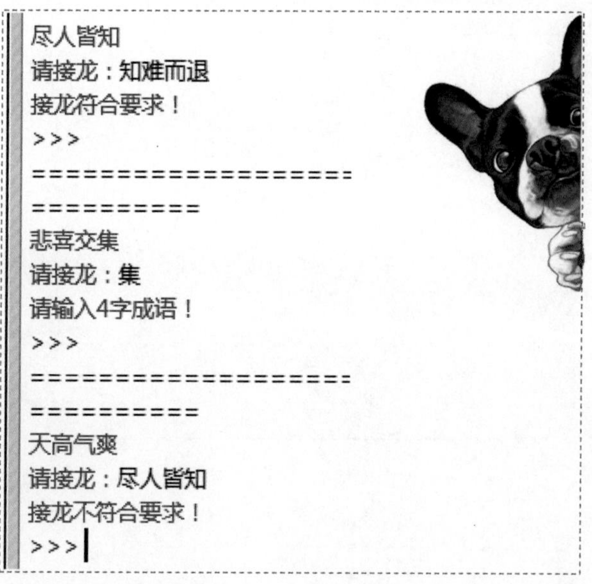

答疑解惑　在本案例的测试程序中，只是简单地实现了判定是否为四字成语，接龙的词语首字是否和上一个成语的最后一个字一致，至于接龙的词语是否为一个标准的四字成语，还需要进一步挖掘程序功能。

拓展应用　本案例只对输入的结果进行一次性判定，若接龙正确，下一个同学才能继续接龙。请你尝试对程序进行改进，使它更富有互动性和趣味性。

案例 53　提取歌曲信息

知识与技能：字符串分割

音乐是人们生活中必不可少的一部分，小虎同学的电脑中保存了很多他喜欢的歌曲。他发现这些音乐的命名方式，基本是歌手名，中间用符号-间隔开，最后是歌曲名，如“周杰伦-七里香”。小虎想用Python编程，实现从歌曲名中快速提取歌曲信息的目的。

于文文-体面.mp3
张杰-星星.mp3
周杰伦-七里香.mp3
周杰伦-夜曲.mp3
火箭少女101-卡路里.mp3
毛不易-消愁.mp3
Ice Paper-心如止水.mp3
萧忆情-不谓侠.mp3
那英_肖战-绿光.mp3

1. 案例分析

要想从歌曲名中提取歌曲的信息，如歌手名和歌曲名，需要分析歌曲名的构成，然后通过字符串分隔获取歌曲信息。

问题思考

 (1) 如何实现字符串的分隔?

 (2) 分隔后的字符串和原字符串有什么不同?

 (3) 字符串分隔和切片截取字符串有什么区别?

理一理　要从歌曲名的字符串中提取歌曲信息，先要定义字符串，然后分隔字符串，分别输出歌曲信息。

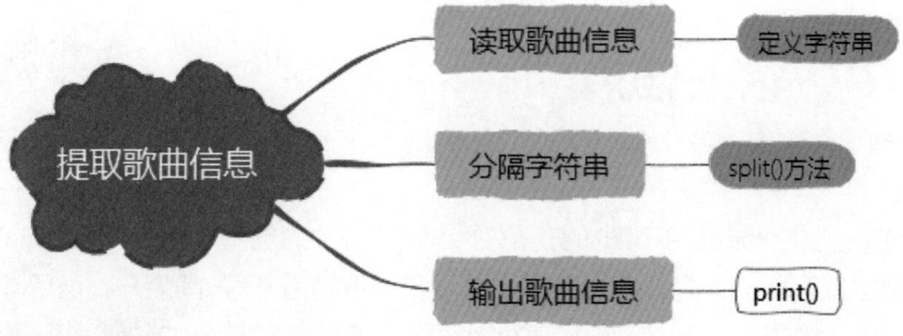

2. 案例准备

Python字符串运算符　在Python中，常见的字符串运算符如下表所示。

操作符	含义	示例
+	字符串连接	a+b　输出：Hello World
*	重复输出字符串	a*2　输出：HelloHello
[]	索引获取字符串中字符	a[0]　输出：H
[:]	截取字符串中的一部分，遵循左闭右开原则	a[1:4]　输出：ell
in	成员运算符，包含返回True	'H' in a 输出：True
not in	成员运算法，不包含返回True	'G' not in a 输出：True
r/R	原始字符串(所有的字符串都是直接按照字面的意思来使用)	print(r'\n') print(R'\n')
%	格式字符串	print（“我叫 %s 今年 %d 岁!” %（‘小明’, 10))

注：示例中变量a值为字符串Hello，变量b值为World。

split()分隔字符串　split()方法用于分隔字符串，可以按指定的分隔符将字符串拆分成多个子字符串，如将一个以逗号分隔的字符串拆分。

```
s = "red, green, blue, gray, white, purple"        # 定义字符串
print('原字符串为：', s)                            # 输出原字符串
s1= s.split(",")                                    # 用“,”分隔字符串
print('分割后为：', s1)                             # 输出分隔后的字符串
```

算法设计　本案例的算法思路如下图所示。

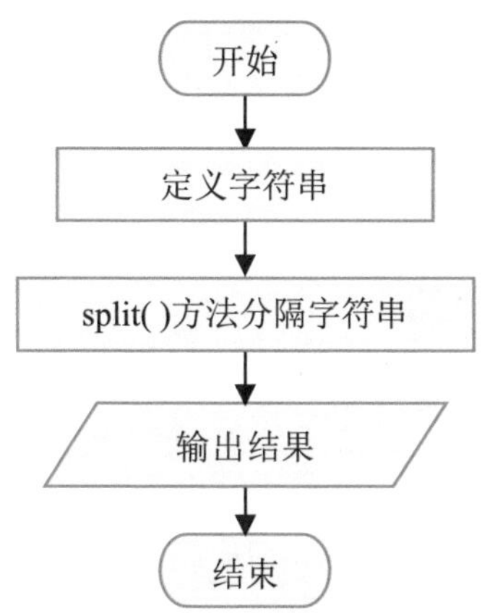

3. 实践应用

编写程序

```
import random                                    # 导入模块
quku = ["周杰伦-七里香","毛不易-牧马城市",\      # 定义quku
        "周杰伦-晴天","周杰伦-青花瓷"]
gq =random.choice(quku)                          # 随机选择
gs,gm = gq.split("-")                            # 使用-作为间隔符分隔
print(gq)
print('歌　手：'+gs,'\n歌曲名：'+gm)             # 输出结果
```

测试程序　多次运行程序，查看程序运行结果是否符合要求，根据需要调试程序。

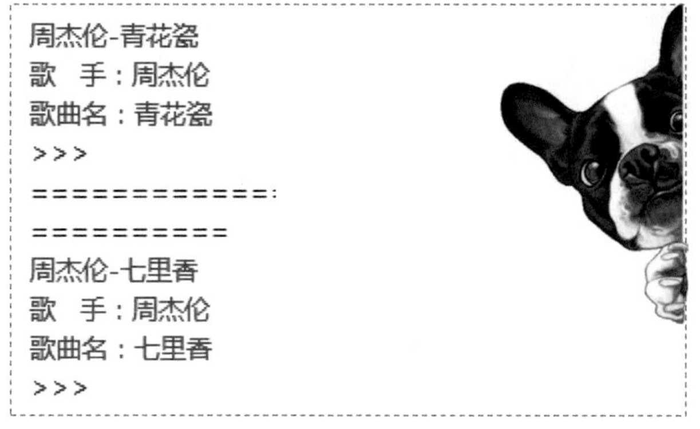

```
周杰伦-青花瓷
歌　手：周杰伦
歌曲名：青花瓷
>>>
=============
===========
周杰伦-七里香
歌　手：周杰伦
歌曲名：七里香
>>>
```

答疑解惑　在本案例中，根据歌曲文件名的特征，使用了“-”作为分隔符对文件名进行分隔，以达到提取歌曲信息的目的。那么是否可以使用其他符号作为分隔符呢？我们可以尝试调整分隔符，测试程序，观察程序运行效果，看是否可以实现用不同的分隔符实现分隔字符串的目的。

拓展应用 本案例中的歌曲文件名采用列表的方式进行保存，在后续的学习中，可以尝试读取当前目录下的歌曲文件名后，直接保存为列表，这样程序就会更具实用价值。

案例54 屏蔽敏感词语

知识与技能：字符串替换

新学期开学了，小军升入了初中，班主任要求班级中的每个人都通过QQ发一份自我介绍，为了增加神秘感，自我介绍不能出现姓名、原小学名等信息。为了屏蔽相关信息，小军准备用Python编程来回避敏感词，如将文中的“小军”“方舟小学”等全部替换成“***”。

1. 案例分析

网络不是法外之地，有些话、有些关键词是不能够呈现在网络中的，需要屏蔽掉这些信息。在文字处理软件中，对文本编辑的时候常会用到文本替换功能，可以实现字符的替换，即当接收到关键词语时，可以通过字符串替换操作来实现屏蔽关键词的目的。

问题思考

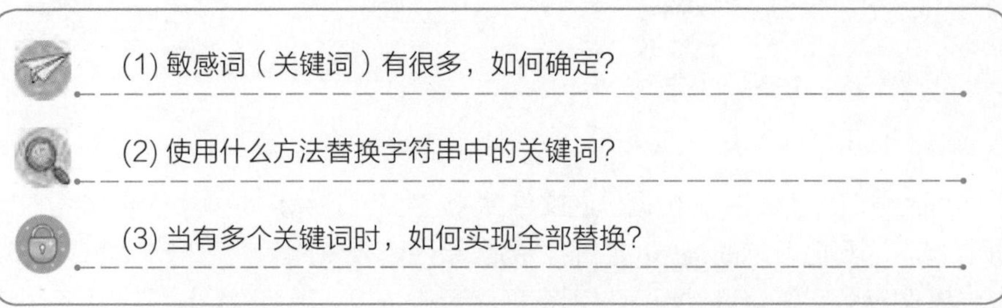

(1) 敏感词（关键词）有很多，如何确定?

(2) 使用什么方法替换字符串中的关键词?

(3) 当有多个关键词时，如何实现全部替换?

理一理 若想屏蔽自我介绍中的学生姓名和原小学名，先要确定学生姓名和原小学名为关键词，然后读取自我介绍，屏蔽自我介绍中的关键词后输出。

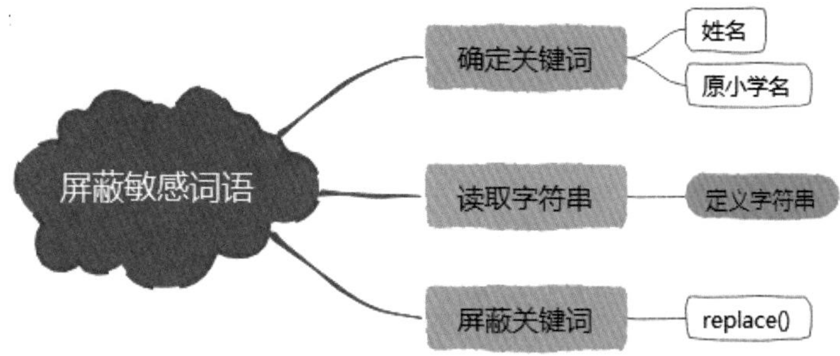

2. 案例准备

使用replace()方法替换　使用replace()方法屏蔽关键词，将关键词换成其他符号，如*即可。如果要屏蔽多个敏感词，需要多次调用replace()方法。

```
s = "我们爱Python"                      # 定义字符串
s = s.replace("爱", "*")                # 用"*"替换"爱"
s = s.replace("Python", "*")            # 用"*"替换"Python"
print(s)                                # 输出
```

使用关键词库进行替换　使用关键词库进行替换，首先要定义一个关键词库，然后遍历关键词库，将关键词替换成与其长度相同的符号。

```
s = "我们爱Python"                      # 定义字符串
ck = ['我们','Python']                  # 定义关键词库
for w in ck:                            # 遍历关键词库
    s=s.replace(w,'*'*len(w))           # 替换关键词
print(s)                                # 输出
```

算法设计　本案例的算法思路如下图所示。

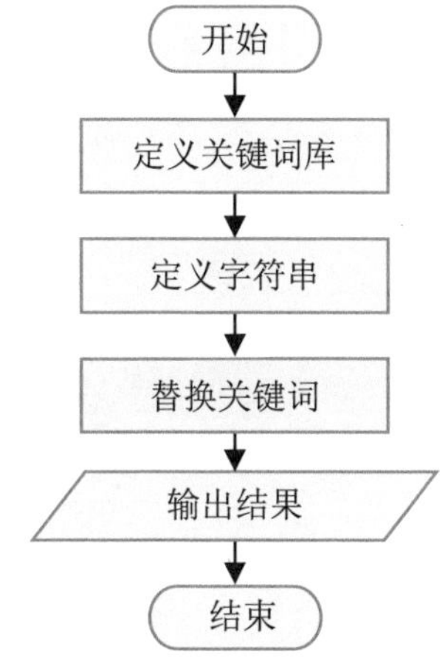

3. 实践应用

编写程序

```
s = "大家好，我的名字叫小军，今年12岁。\                # 定义字符串
毕业于方舟小学六(1)班。\
我的爱好很多，比如跳舞、钢琴、\
绘画、游泳。希望可以和大家和谐相处，谢谢大家。"
ck = ['小军','方舟小学']                                # 定义关键词库
for w in ck:                                            # 遍历关键词库
    s=s.replace(w,'*'*len(w))                           # 替换关键词
print(s)                                                # 输出结果
```

测试程序　运行程序，观察程序运行效果，尝试使用其他符号替换关键词。

答疑解惑　测试程序时，直接定义了小军的自我介绍为字符串，屏蔽的关键词也与小军有关。如何实现屏蔽其他同学的自我介绍关键词呢？可以先扩充关键词库，然后直接输入自我介绍，再遍历关键词库后替换关键词。

拓展应用　我们也可以将所有的自我介绍保存在列表中，扩充关键词库后，遍历所有学生的自我介绍，替换关键词，这样就实现了全部学生的自我介绍关键词的替换了。

案例55 大小写巧转换

知识与技能： 字符串大小写转换

生活中我们常常会遇到需要区分大小写的情况，如有些网页中的密码、验证码，需输入区分大小写的字符。大小写转换，可以使字符串变为符合需求的大小写格式，这样可以使字符串的显示更为美观，也方便后续的处理。Python在使用字符串的时候，需要将字符串统一为一种大小写格式，以避免混淆和误解。那么，使用Python语言如何实现字符串大小写的转换呢？

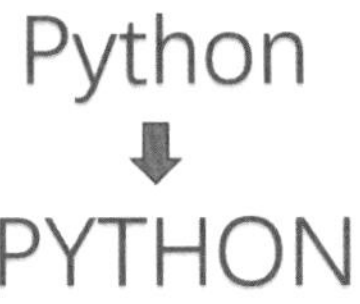

1. 案例分析

在Python中，可以使用字符串函数来实现字符大小写的转换，实现大写转小写、小写转大写、首字母大写、大小写互换等功能。

问题思考

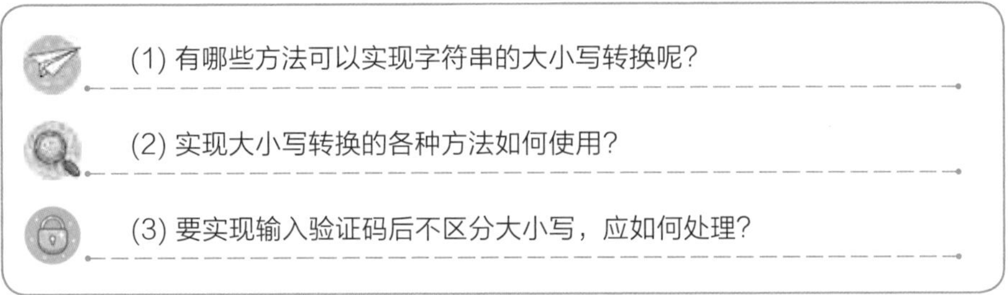
(1) 有哪些方法可以实现字符串的大小写转换呢?
(2) 实现大小写转换的各种方法如何使用?
(3) 要实现输入验证码后不区分大小写，应如何处理?

理一理　使用Python程序处理字符串大小写的转换，应先输入字符串，然后根据程序要求使用大小写转换函数进行字符串的大小写转换操作，最后输出转换结果。

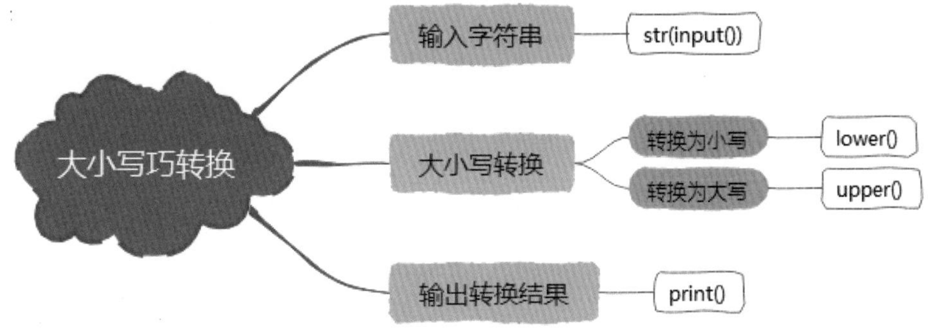

2. 案例准备

转换函数及用法　为了方便对字符串的字母进行大小写转换，Python提供了3种方法，分别是title()、lower()和upper()。tiltle()方法用于将字符串中的每个单词的首字母转换为大写，其他字母全部转换为小写。lower()方法用于将字符串中的所有大写字母转换为小写。upper()方法的功能与lower()方法恰好相反，它用于将字符串中的所有小写字母转换为大写。

```
s = "I love Python"                 # 定义字符串
s1=s.title()                        # 首字母大写
s2=s.lower()                        # 转换为小写
s3=s.upper()                        # 转换为大写
print(s1,s2,s3)                     # 输出
```

算法设计　本案例的算法思路如下图所示。

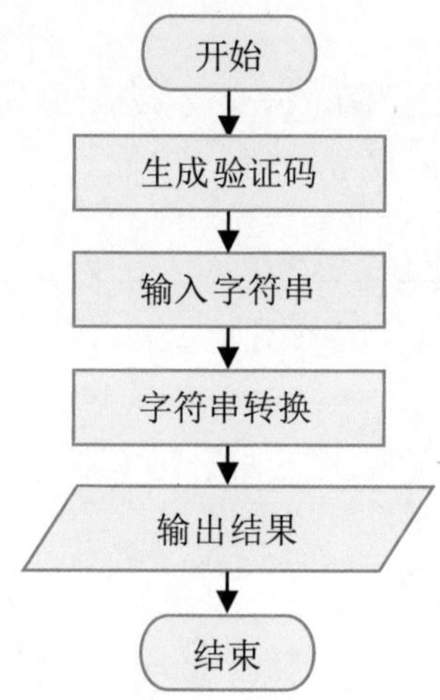

3. 实践应用

编写程序

```
import random                                   # 导入模块
code = ''                                       # 初始化验证码
for i in range(6):
    if random.randint(0, 1) == 0:
        # 生成大写字母
        code += chr(random.randint(65, 90))
    else:
        # 生成小写字母
        code += chr(random.randint(97, 122))
print(code)                                     # 输出验证码
s=str(input('请输入验证码：'))                   # 输入验证码
if code.lower()==s.lower():                     # 统一转换为小写后比较
    print('验证码正确！')
else:
    print('验证码错误！')
```

测试程序　运行程序，根据随机生成的验证码，尝试输入大小写混合等形式的验证码，观察程序执行结果。

```
QpfHAt
请输入验证码：qpfhat
验证码正确！
>>>
==================
==========
QTzvHo
请输入验证码：QtzvhO
验证码正确！
>>>
==================
==========
eASLpt
请输入验证码：eeee
验证码错误！
>>>
```

答疑解惑　程序通过模拟生成验证码，当用户输入验证码后，不论用户输入的是否为统一格式，程序都会使用lower()方法将验证码和用户的输入全部转换为小写字母进行比较，实现了核对验证码的功能。想一想，是否可以用upper()方法进行转换后判定用户的输入呢？

拓展应用　字符串大小写转换的应用场景很多，如当需要对一些包含不同大小写字母的字符串去重时，可以先将这些字符串转换，然后进行去重。

案例 56　正话反说能手

知识与技能： 字符串翻转

正话反说，顾名思义就是将一句话反过来说，这个小技巧经常用在娱乐活动中，给参与者带来诸多乐趣。方芳的班级准备举办“脑筋急转弯之正话反说大比拼”活动，为了能够快速检验同学们的答案，方芳准备用Python编写程序验证同学们的答案是否正确，该如何实现呢？

1. 案例分析

使用Python程序验证正话反说的结果，可以在用户输入答案后，先将原话逆序输出，再和用户的答案比较，以此来判断答案是否正确。

问题思考

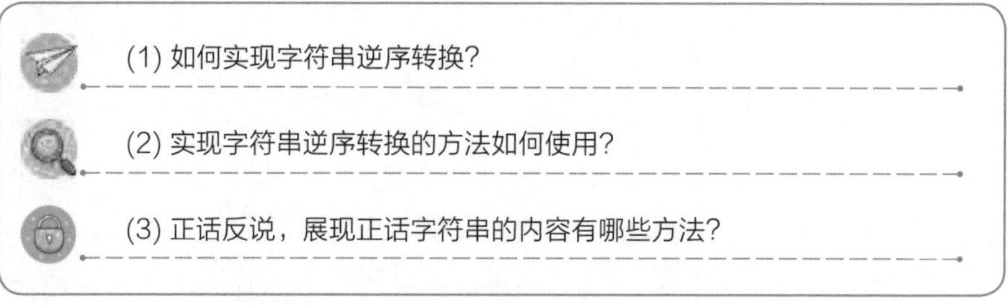

理一理　用户根据提示输入“反话”内容后，通过逆序“正话”字符串，再比较是否与用户输入的内容一致，即可实现程序功能。

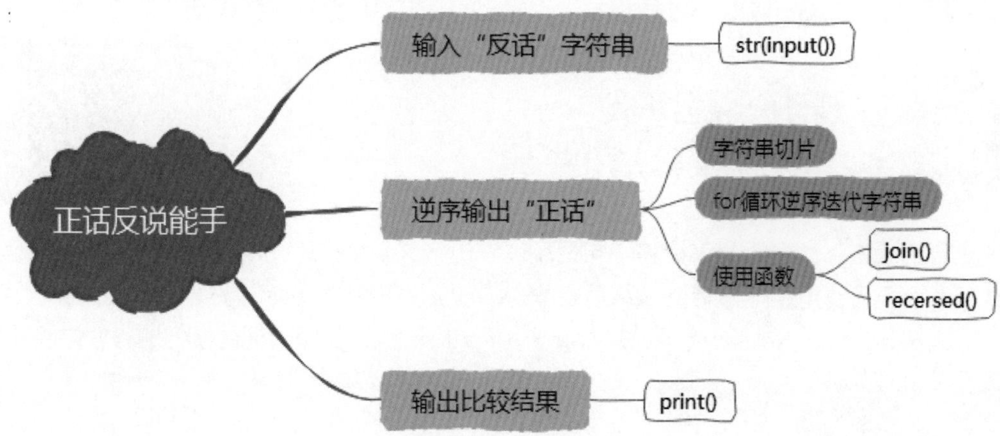

2. 案例准备

逆序转换方法　Python实现字符串逆序输出常用的方法有：使用切片操作；使用for循环遍历字符串；组合使用join()和reversed()方法。

```
s='Hello World'                              # 定义字符串
print(s[::-1])                       # 方法1：字符串切片
s1=''                                        # 定义空字符串
for i in range(len(s)-1,-1,-1):      # 方法2：使用for循环逆序迭代输出
    s1+=s[i]
print(s1)                                    # 输出
s2=''.join(reversed(s))              # 方法3：使用join()和reversed()方法
print(s2)                                    # 输出
```

算法设计　本案例的算法思路如下图所示。

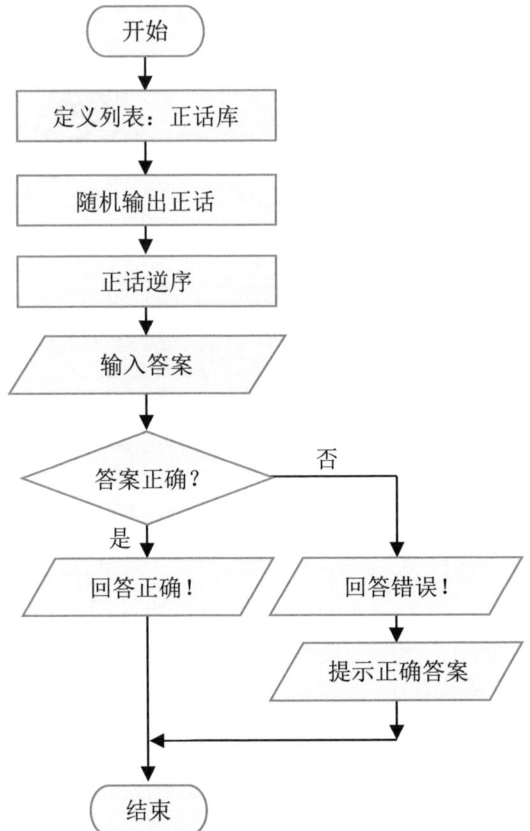

3. 实践应用

编写程序

```
import random                                            # 导入随机数模块
ku=['马上','我是好人','书好读','上海','同一个世界','工人',\    # 正话库
   '上山去','牛奶','我吃菜','硬骨头','耳边风','牛角尖']
s=random.choice(ku)                                      # 随机选择
print('原话：'+s)                                         # 输出正话内容
s1=input('请输入反话：')                                   # 输入答案
r_s = s[::-1]                                            # 切片方法逆序正话
if r_s == s1:                                            # 比较
   print('回答正确！\n'+'原话：'+s+'\n反话：'+r_s)           # 回答正确
else:
   print('回答错误！\n'+'原话：'+s +'\n反话应为：'+r_s)       # 回答错误
```

测试程序　运行程序，多次尝试输入不同结果，观察程序运行效果。

```
原话：我吃菜
请输入反话：菜吃我
回答正确！
原话：我吃菜
反话：菜吃我
>>>
=============:
===========
原话：上海
请输入反话：上海
回答错误！
原话：上海
反话应为：海上
>>>
```

答疑解惑　在本案例中，将正话内容使用字符串切片的方法进行逆序输出，然后与输入的答案进行比较，以此判断答案是否正确。那么，我们能否将输入的答案逆序输出后，与正话做比较呢？

拓展应用　本案例使用了常用的字符串切片方法来实现案例功能，请尝试另外两种方法来实现字符串的逆序操作。

案例 57　不能说的秘密

知识与技能： 判断是否包含特定的子字符串

在通信中，为了秘密传递信息以保护内容不被外界窃取，人们通常采用某种特定的语言、代码，这被称为暗语。暗语可以隐藏信息，使信息在特定的场合下被指定的人解读，保证通信内容的秘密性。例如，“天王盖地虎，宝塔镇河妖”就是一句经典的暗语。如何在一段文字中快速筛选出暗语呢？沙沙同学准备尝试用Python编程来实现，他是如何做的呢？

1. 案例分析

要想在一段文字中筛选出暗语，可以根据用户输入的内容，判断这段文字中是否包含特定的字符串，如果有则给出肯定答复。

问题思考

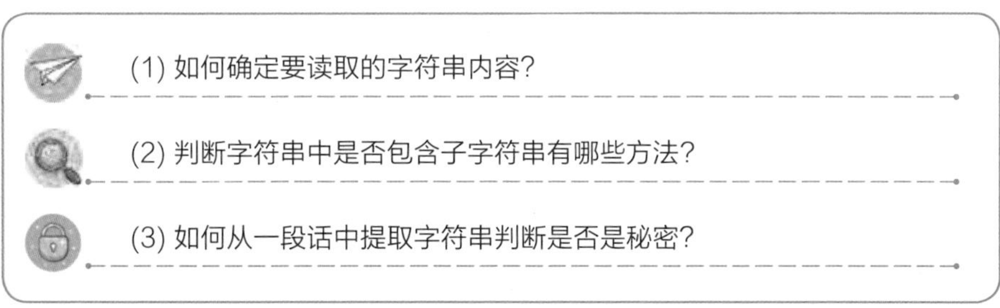

理一理　要判断一段话中是否包含特定的暗语，可以根据输入的字符串内容来判断是否包含特定的子字符串，该子字符串为暗语内容。

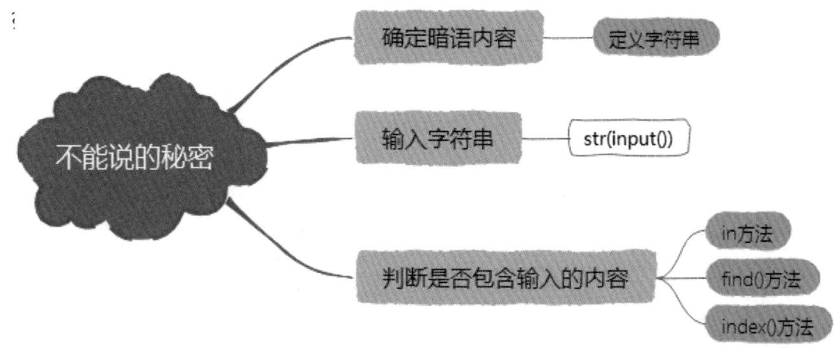

2. 案例准备

使用in关键字　使用 in 关键字判定内容中是否包含特定的子字符串是最简单和易于理解的方法，仅需要在 if 语句中使用。但是它只能判断是否包含特定的子字符串，而无法返回其索引。

```
string='Hello World'                    # 定义字符串
if "hello" in string:                   # 使用in关键字
  print("Yes")
else:
  print("No")
```

使用find()方法　使用 find() 方法可以判定是否包含特定的子字符串，也可以返回子字符串的索引，但是如果子字符串不存在，find() 方法将返回 -1。find() 方法的优点是可以直接在 if 语句中使用。

```
string='Hello World'                    # 定义字符串
if string.find("hello") != -1:          # 使用find()方法
    print("Yes")
else:
    print("No")
```

使用index()方法　使用index() 方法可以判定是否包含特定的子字符串，也可以返回子字符串的索引，index() 方法将抛出 ValueError 异常。

```
string='Hello World'                    # 定义字符串
try:
    string.index("hello")               # 使用index()方法
    print("Yes")
except ValueError:
    print("No")
```

算法设计　本案例的算法思路如下图所示。

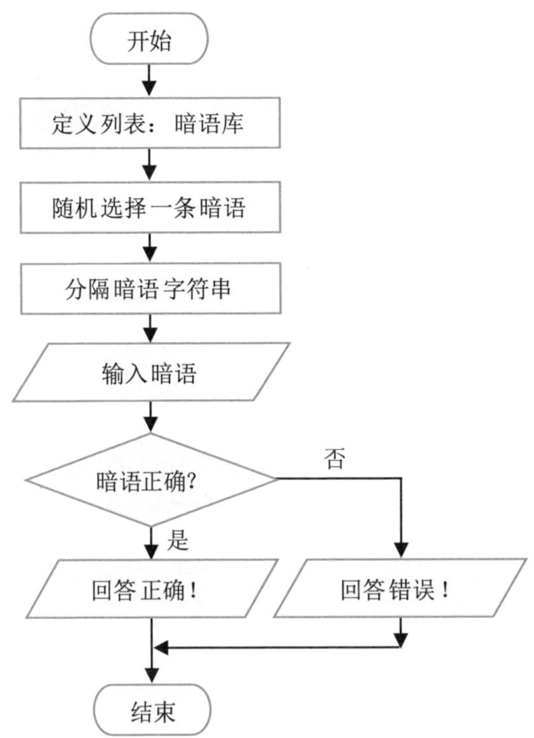

3. 实践应用

编写程序

```
import random                                    # 导入随机数模块
anhao =['长江长江,我是黄河',\                      # 定义暗语库
        '地瓜地瓜,我是土豆',\
        '天王盖地虎,宝塔镇河妖',\
        '请问今天会下雨吗,今天不下明天下']
s=random.choice(anhao)                           # 随机选择一条暗语
s1=s.split(',')[0]                               # 字符串分隔后，赋值
s2=s.split(',')[1]
print(s1)                                        # 输出暗语前半句
s3=str(input('请输入对应暗语：'))                  # 输入
if (len(s2) == len(s3) and s.find(s3)):          # 长度一致且内容一致
    print('回答正确！')
else:
    print('回答错误！')
```

测试程序　运行程序，多次尝试输入不同结果，观察程序运行效果。

```
长江长江
请输入对应暗语：我是黄河
回答正确！
>>>
==============================
==========
地瓜地瓜
请输入对应暗语：地瓜地瓜
回答错误！
>>>
```

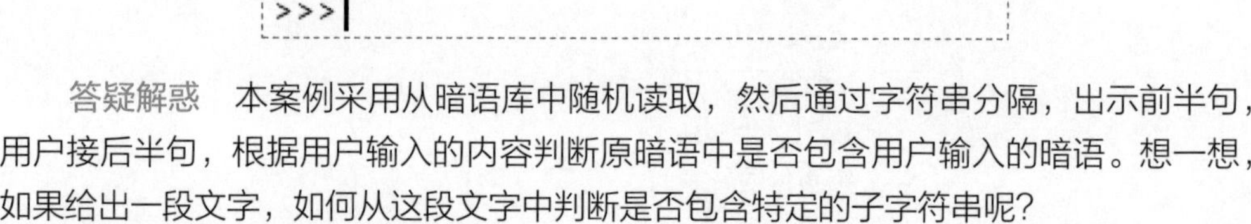

答疑解惑　本案例采用从暗语库中随机读取，然后通过字符串分隔，出示前半句，用户接后半句，根据用户输入的内容判断原暗语中是否包含用户输入的暗语。想一想，如果给出一段文字，如何从这段文字中判断是否包含特定的子字符串呢?

拓展应用　本案例采用的是in关键字方法实现了程序的功能，请你尝试使用find()方法和index()方法来实现程序的功能。

案例58 真正主角是谁

知识与技能： 计算特定字符出现的次数

小说中谁是主角是一个非常重要的问题，因为主角通常是小说情节的核心，是推进小说故事发展的重要人物。若想判定小说中的主角，往往需要进行实际阅读，在阅读过程中判定主角。判定主角的标准可能不同，有一种方法为判断该主角出现的次数，往往出现次数最多的人物应该就是主角了。能否使用Python编程快速找出主角呢? 我们一起来试一试吧!

1. 案例分析

小说中的主角，可以通过查看出场的频率来进行判断。使用Python编程判定谁是小说中的主角，可以从小说中找出出现次数最多的人物来决定。

问题思考

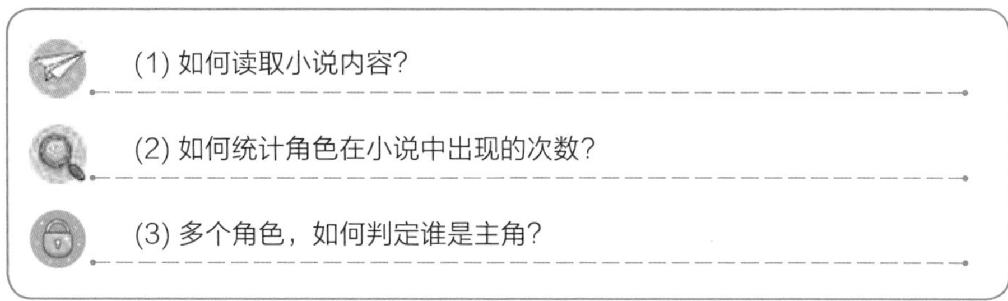

(1) 如何读取小说内容？

(2) 如何统计角色在小说中出现的次数？

(3) 多个角色，如何判定谁是主角？

理一理　要判断小说中的主角，先给出候选角色，再逐个统计候选角色的出场次数，找出出场最多的人物，即为主角。

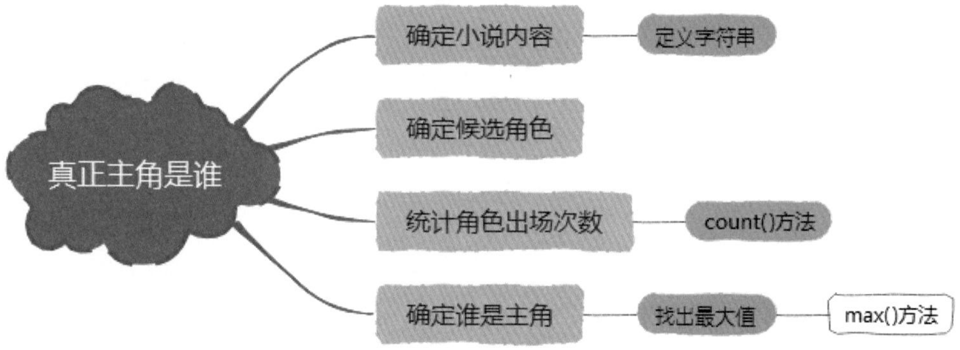

2. 案例准备

使用循环遍历统计特定字符串出现次数　使用for循环遍历字符串的每个字符，比较是否为目标字符，是则计数器加1。这种方法简单易懂，但对于较大的字符串效率较低。

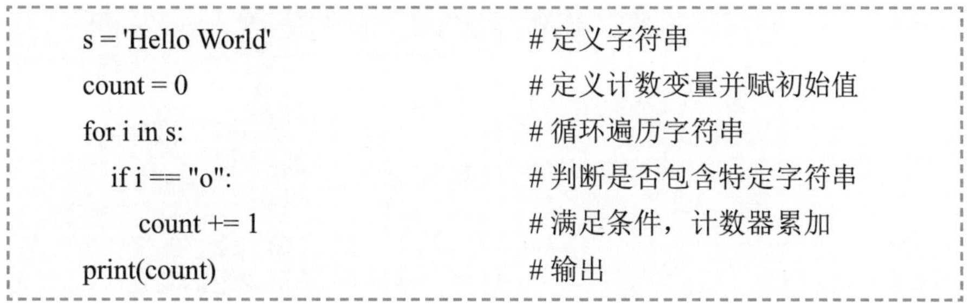

```
s = 'Hello World'                # 定义字符串
count = 0                        # 定义计数变量并赋初始值
for i in s:                      # 循环遍历字符串
    if i == "o":                 # 判断是否包含特定字符串
        count += 1               # 满足条件，计数器累加
print(count)                     # 输出
```

使用count()方法统计特定字符串出现次数　使用count()方法直接统计字符串中目标字符的个数，代码简单，效率较高，推荐使用。

```
s = 'Hello World'            # 定义字符串
count = s.count("o")         # 使用count()方法统计特定字符出现次数
print(count)                 # 输出
```

算法设计　本案例的算法思路如下图所示。

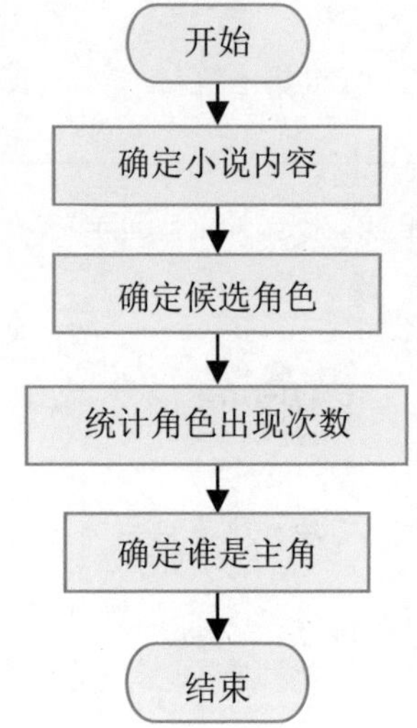

3. 实践应用

编写程序

```
xs = "有一天,小蛇送了个南瓜给小鸭子。鸭子看了看说:\     # 定义字符串
'小蛇请我吃大南瓜，我吃不下。'小蛇想到一个好主意，让南\
瓜长西瓜，这样鸭子就能吃了。可南瓜能长出西瓜来吗?只见\
小蛇'往南瓜上施了一点肥，南瓜越来越大,像一个气球一样,几\
乎要爆炸了。小鸭子去请小白兔来看大南瓜，'小白兔一看，是\
个松瓜。鸭子一看,是个苦瓜。他们抢着说'松瓜!''苦瓜!'小蛇说\
，你们来一盘剪刀、 石头、布,谁赢了谁就说的是正确的。小\
白兔出的是布,小鸭子出的是石头，小白兔赢了，认为是松瓜。\
小白兔又看了看瓜，再尝了尝,才知道是苦瓜,就对小蛇和小鸭\
子说了声对不起，是自己错了。"
print(xs)                                    # 输出
js = ["小蛇", "小鸭子", "小白兔"]            # 小说中的角色
counts = [xs.count(p) for p in js ]          # 各角色出现的次数
max_count = max(counts)                      # 角色出现的最多的次数
max_index = counts.index(max_count)          # 确定角色中的索引位置
zj = js[max_index]                           # 确定主角
print("主角是：", zj)
```

测试程序 运行程序，观察程序运行效果。

```
有一天,小蛇送了个南瓜给小鸭子。鸭子看了看
说:'小蛇请我吃大南瓜 ,我吃不下。'小蛇想到一
个好主意，让南瓜长西瓜，这样鸭子就能吃了。
可南瓜能长出西瓜来吗?只见小蛇'往南瓜上施了
一点肥，南瓜越来越大,像一个气球一样,几乎要
爆炸了。小鸭子去请小白兔来看大南瓜，'小白
兔一看, 是个松瓜。鸭子一看,是个苦瓜。他们抢
着说'松瓜!''苦瓜!'小蛇说，你们来一盘剪刀、 石
头、布,谁赢了谁就说的是正确的。小白兔出的
是布,小鸭子出的是石头，小白兔赢了, 认为是松
瓜。小白兔又看了看瓜，再尝了尝,才知道是苦
瓜,就对小蛇和小鸭子说了声对不起，是自己错
了。
主角是： 小蛇
>>>
```

答疑解惑 程序通过读取小说内容，然后通过"counts = [xs.count(p) for p in js] "一段简化的命令，将所有角色出场的次数都统计出来。想一想，这段命令展开后应该怎么写呢?

拓展应用 本案例将小说的内容通过定义字符串的方式呈现出来，在后续的学习中，可以采用读取文件的方式来灵活获取小说内容，这样可以使程序更加灵活，更具实用价值。小说中要判定的角色，也可以根据用户的需要保存在文件中，读取文件内容后，实现确定主角的目的。

案例59 巧断数字密码

知识与技能： 判断是否只包含数字

在实际应用中，很多系统的密码设置规则都要求密码必须包含数字、字母、特殊符号等组合，并且长度要求不小于一定值。密码复杂度的加强可以有效提高密码的强度，从而避免被破解和攻击。纯数字密码通常比其他类型的密码更容易被破解，因为纯数字密码的数量有限，而且规律性很强，攻击者可以通过暴力破解等方法很快地破解出密码。为了提高同学们的安全意识，小明准备用Python语言编写程序，判断同学们设置的密码安全性是否符合要求，该如何实现呢?

1. 案例分析

使用Python语言验证密码的安全性是否符合要求，可以从密码的长度和是否是纯数字密码这两个角度来判断。

问题思考

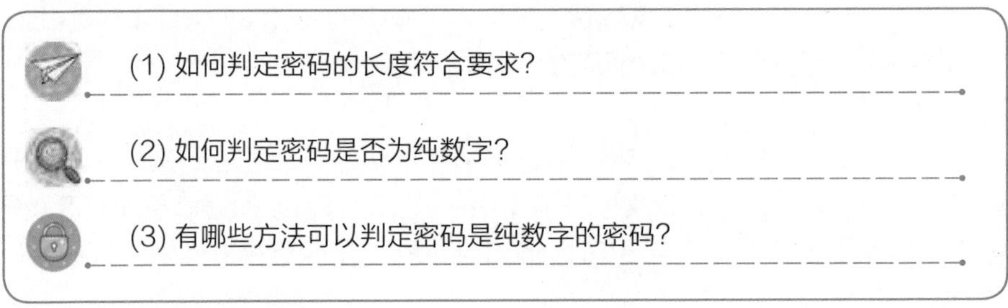

(1) 如何判定密码的长度符合要求?

(2) 如何判定密码是否为纯数字?

(3) 有哪些方法可以判定密码是纯数字的密码?

理一理　要提高密码的安全性，可以先规定密码的长度，当密码长度符合要求后，再判断是否是纯数字密码，以此达到提高密码安全性的目的。

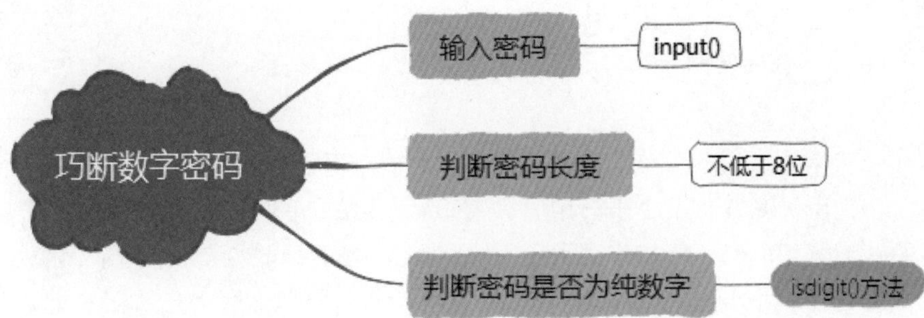

2. 案例准备

使用isdigit()判断　使用isdigit()方法可以判断字符串是否只包含数字。这种方法简单易用，适用于判断非负整数，但不能判断小数、负数、指数的字符串。

```
password = input("请输入密码：")              # 输入
if password.isdigit():                        # 使用insdigit()判断
    print("密码只包含数字")
else:
    print("密码不只包含数字")
```

使用isnumeric()判断　使用isnumeric()方法可以判断字符串是否只包含数字。这种方法可以判断非负整数和编码数字，适用于特殊判断。与isdigit()方法的区别在于，它可以识别数字的汉字形式，如0~9数字对应的汉字一到九。

```
password = input("请输入密码：")              # 输入
if password.isnumeric():                      # 使用isnumeric()判断
    print("密码只包含数字")
else:
    print("密码不只包含数字")
```

算法设计　本案例的算法思路如下图所示。

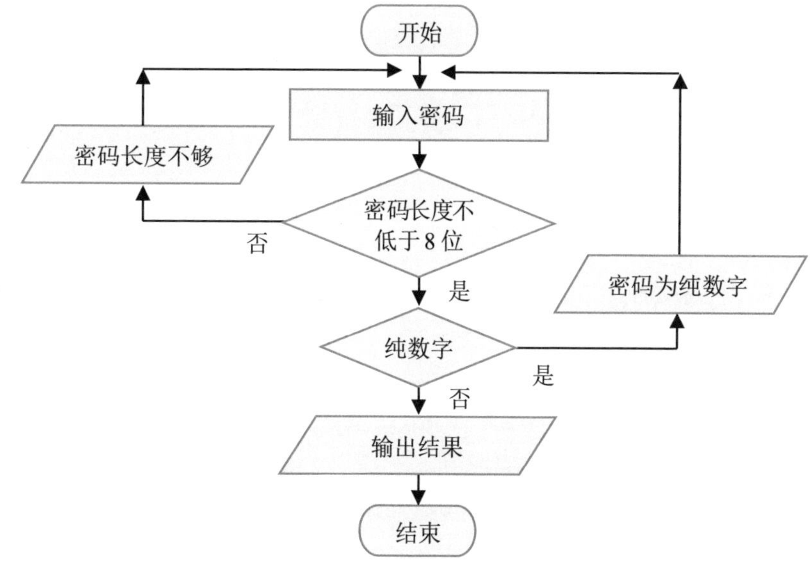

3. 实践应用

编写程序

```
while True:                                       # 直到满足符合条件的密码为止
    user = str(input('设置用户名：'))             # 输入用户名
    password = input("请设置密码：")              # 输入密码
    if len(password)>=8:                          # 密码长度要大于等于8位
        if not password.isdigit():                # 使用isdigit()方法判断
            print('密码安全性符合要求')
            print('用户名：'+user)
            print('密   码：'+password)
            break                                 # 跳出循环
        else:
            print("密码为纯数字，不符合要求！")   # 错误提示
    else:
        print("密码长度不符合要求！")             # 错误提示
```

测试程序　运行程序，依次输入长度符合要求、纯数字的密码检验程序功能，最后输入符合要求的密码，观察程序运行效果。

```
设置用户名：admin
请设置密码：a123
密码长度不符合要求！
设置用户名：admin
请设置密码：12345678
密码为纯数字，不符合要求！
设置用户名：admin
请设置密码：abc526227
密码安全性符合要求
用户名：admin
密   码：abc526227
>>>
```

答疑解惑　案例中通过isdigit()方法实现了对密码是否为纯数字的判断，程序中使用not password.isdigit()作为判断条件。想一想，为什么要用这种方式呢？

拓展应用　在Python中，判断字符串的相关函数还有很多，如isalpha()方法判断字符串是否全是字母，并至少有一个字符；istitle()判断字符串是否首字母是大写等，可以根据程序设计的需求尝试使用这些方法。

案例 60　优化座位排版

知识与技能： 字符串排版

李铭所在班级正在统计全班各组学生名单，他想用Python语言编写一个程序，完整清晰地展现出全班的座位表，该如何做呢？

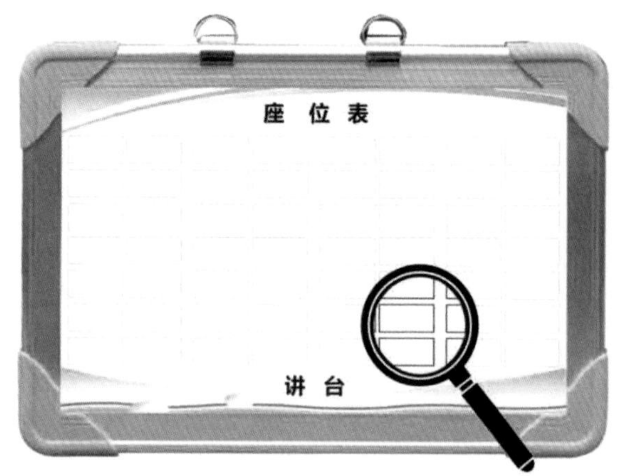

1. 案例分析

Python可以对字符串进行排版，它的字符串输出功能可以根据不同的需求和场景进行调整和优化，支持多种字符串排版输出方法，如采用文本对齐方式排版等，使输出的结果更加美观、易于阅读和理解。

问题思考

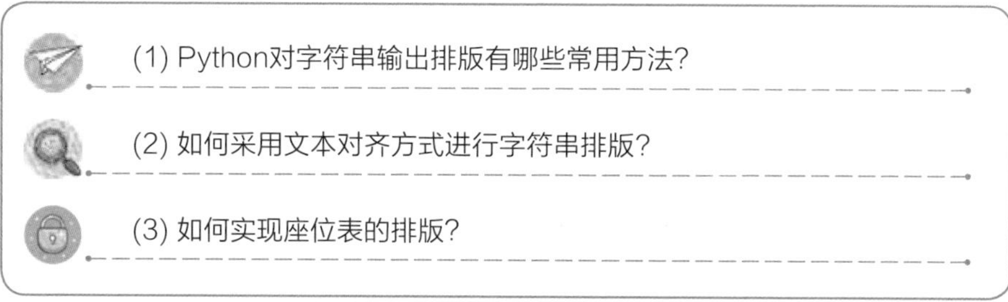
(1) Python对字符串输出排版有哪些常用方法?

(2) 如何采用文本对齐方式进行字符串排版?

(3) 如何实现座位表的排版?

理一理　通过字符串排版实现座位表的输出，确定学生信息后，选择文本对齐排版方式，如右对齐，最后输出排版结果。

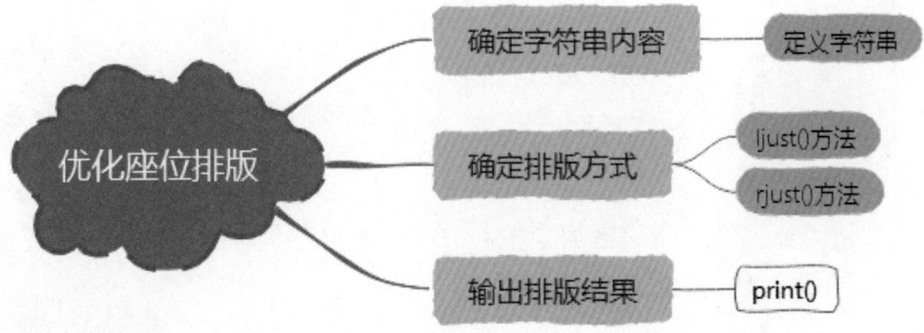

2. 案例准备

字符串对齐方法　Python实现字符串的对齐有三种方法，分别是ljust()、rjust()和center()。ljust()方法用于向指定字符串的右侧填充指定字符，从而达到左对齐文本的目的。rjust()方法和ljust()方法相反，实现右对齐文本的目的。center()方法用于使文本居中对齐。

```
str1 = '好好学习'                                          # 定义字符串
str2 = '天天向上'
print("通过-实现左对齐：", str1.ljust(30, '-'))            # 左对齐
print("通过-实现左对齐：", str2.ljust(30, '-'))
print("通过-实现右对齐：", str1.rjust(30, '-'))            # 右对齐
print("通过-实现右对齐：", str2.rjust(30, '-'))
print("通过-实现居中对齐：", str1.center(30, '-'))         # 居中对齐
print("通过-实现居中对齐：", str2.center(30, '-'))
```

算法设计　本案例的算法思路如下图所示。

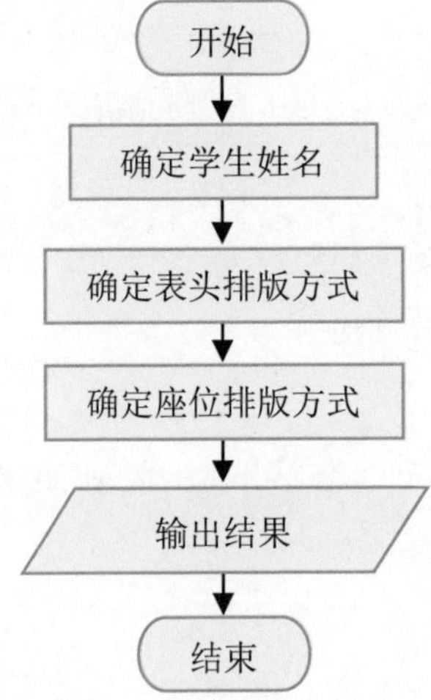

3. 实践应用

编写程序

```
title = "座位表"                                          # 座位表表头
s1 = "张三"                                               # 学生名
s2 = "李四"
s3 = "王二"
s4 = "王五"
print(title.center(50, "-"))                              # 表头排版
print(s1.ljust(20)+s2.ljust(20)+s3.ljust(20)+s4.ljust(20))  # 第1排排版
print(s1.ljust(20)+s2.ljust(20)+s3.ljust(20)+s4.ljust(20))  # 第2排排版
```

测试程序　运行程序，观察程序运行效果。

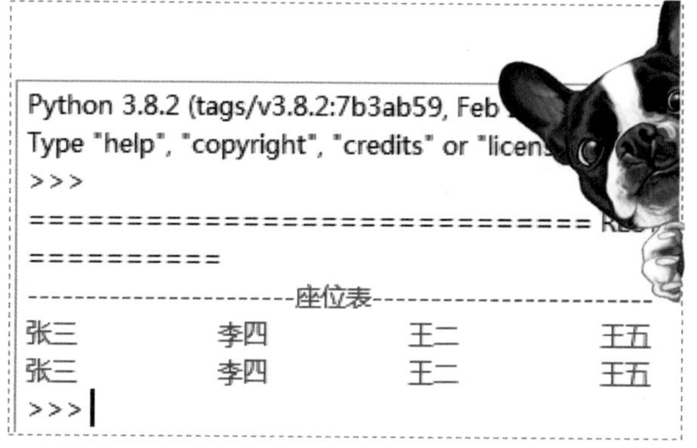

答疑解惑　程序中简单列举了几个学生的姓名，现实生活中通常每个班级都有几十人，如何呈现所有学生的姓名呢？在后续的学习中，可以尝试用列表保存所有学生姓名或者保存在文件中，通过读取文件来获取学生姓名，这样程序将更具灵活性。

拓展应用　我们可以尝试将所有学生姓名保存在列表中，然后通过字符串排版，使座位表更具实用价值。

案例61　实现物品编号

知识与技能：字符串格式化

为了培养学生的创新能力、实践能力和社会责任感，方舟中学一年一度的跳蚤市场开业了。唐华小组准备了一堆二手物品，争取在活动中都销售出去。为了方便管理和查询各种二手商品，唐华准备用Python编写程序，对这些商品进行编号处理，该如何做呢？

1. 案例分析

对数据进行编号，也是字符串格式化操作的一种方式。Python提供了字符串的format()方法，可对字符串进行格式化操作。

问题思考

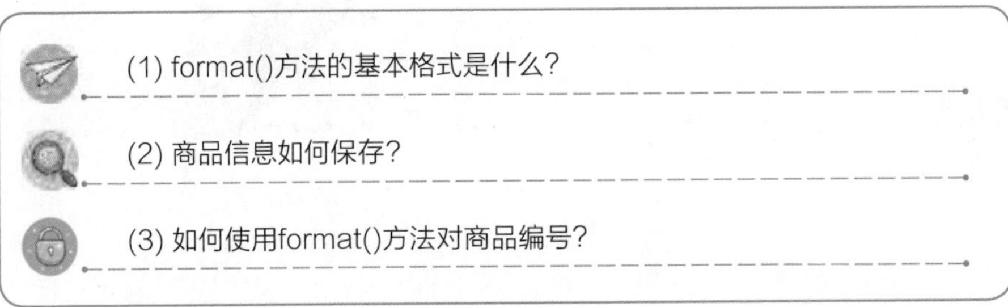

(1) format()方法的基本格式是什么？

(2) 商品信息如何保存？

(3) 如何使用format()方法对商品编号？

理一理　要实现对物品的编码，需先确定好物品名称，然后选择合适的编号方式，最后可以使用format()方法格式化输出物品编号。

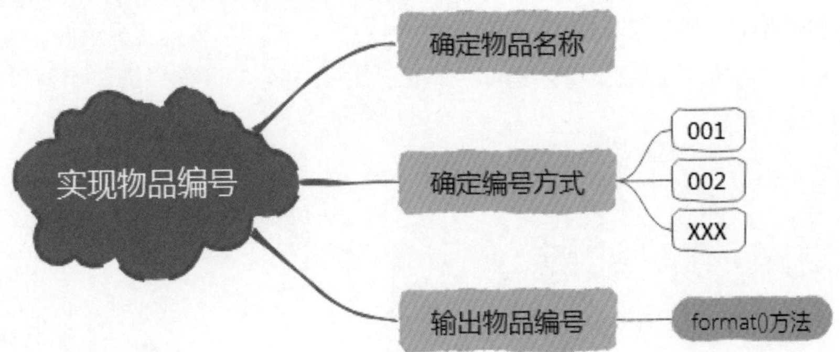

2. 案例准备

使用format()方法　format()方法可以对字符串进行格式化，也可用于替换字符串中的特定字符，以输出各种格式的字符串。

```
print("I Love: {0:-<20}".format("Python"))      # 左对齐，不足部分用-填充
print("I Love: {0:-^20}".format("Python"))      # 居中对齐，同上
print("I Love: {0:->20}".format("Python"))      # 右对齐，同上
```

算法设计　本案例的算法思路如下图所示。

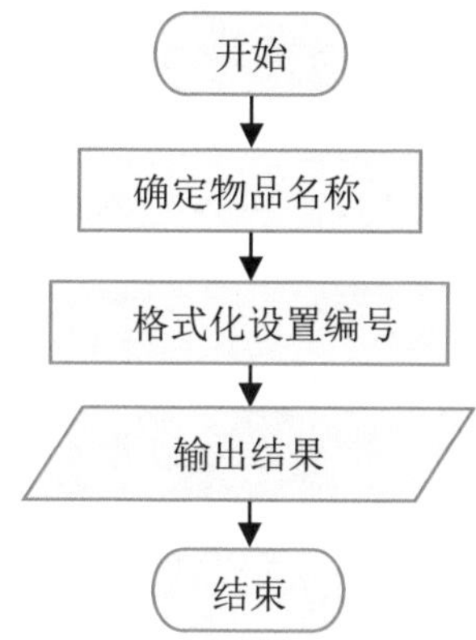

3. 实践应用

编写程序

```
title = "物品列表"                                # 定义字符串
print('{0:-^15}'.format(title))                   # 格式化输出
sp =['书包','文具盒','钢笔','水彩笔','耳机']      # 保存物品名称
i=0
for j in sp:
    i=i+1
    data='{:0>3}'.format(i)+' '*5 + j             # 格式化编号
    print(data)                                   # 输出编号
```

测试程序　运行程序，观察程序运行结果，尝试增加更多的物品，观察程序运行结果的变化。

答疑解惑　format()是一种非常实用的字符串格式化方法，实现物品编号仅是其基本应用。想想看，format()方法还能实现哪些格式化输出功能呢？

拓展应用　本案例使用字符串格式化输出实现了物品编号，生活中还有很多应用场景，如对运动会成绩进行排序，尝试用字符串格式化的方式输出运动会成绩排行表等。

第 6 章

渐入佳境——Python 数据管理

在日常生活中，人们经常需要对物品进行分类和整理，将同一类型或作用相同的物品摆放在一起便于取用。例如，文件柜里放置文件、衣柜里摆放衣服、书柜里陈列书籍、鞋柜里存放鞋子等。在 Python 中也有与文件柜、衣柜、书柜、鞋柜等类似的“容器”，列表、元组和字典就是这类“容器”，可将有关联的数据存储在一起，便于修改更新，方便管理和组织数据。

本章将带领大家学习列表、元组、字典三种 Python 数据结构，通过 10 个案例展示编程的快捷和高效。

学习内容

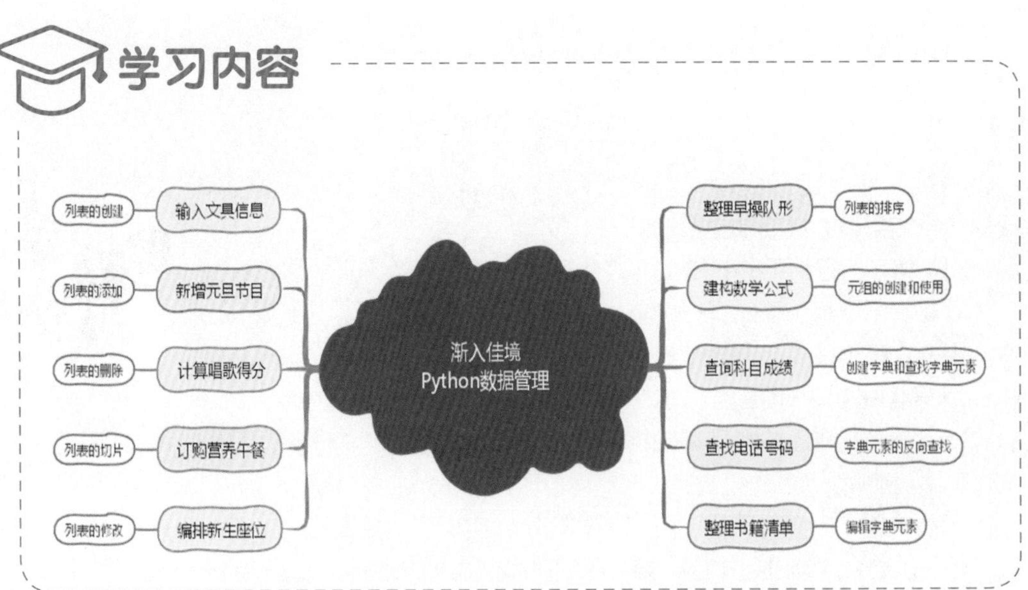

案例 62

输入文具信息

知识与技能：列表的创建

王浩开了一家文具店，文具店里文具样式丰富、种类多样，可因为文具的数量太多了，王浩不知如何对文具进行管理。于是王浩决定利用Python制作一个文具管理信息系统，用来输入文具信息，有了它就可以管理所有文具的信息，让顾客快速了解文具的价格，方便销售！

1. 案例分析

文具信息包括文具的名称和价格，所以要先给文具命名，再分别定价。系统要先提示录入文具信息，完成后显示录入的信息。

问题思考

 (1) 如何确定文具的名称与价格? 

 (2) 如何建立文具名称与价格的对应关系?

理一理　本案例通过Python输入文具的信息，先要定义2个特殊的变量，分别存放文具名称和价格。在Python中，列表(list)就是这种能存储不同数据类型的序列，也是Python语言中最基本的数据结构和最常用的数据类型。

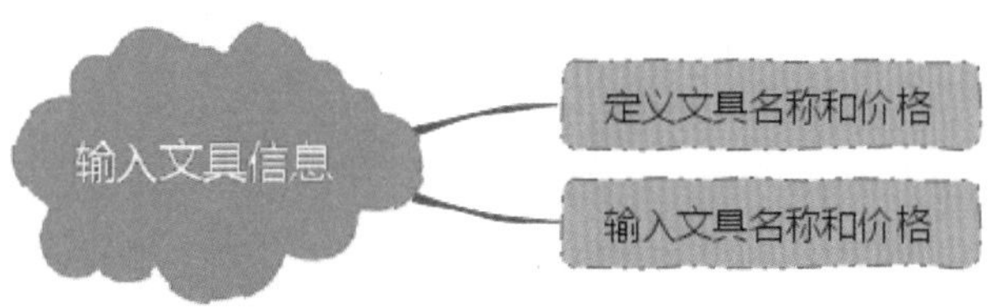

2. 案例准备

列表list　列表是一种有序的存储结构，可以存储任何类型的数据，包括数字、字符串、对象，甚至是其他列表形式。列表的所有元素放在一对中括号中，相邻元素之间使用逗号分隔。其语法格式如下所示。

```
列表名=[ 元素1, 元素2, 元素3, …… ]
如：colors=["blue","grey","red","green","orange","pink"]     # 定义列表
    print(colors)                                            # 输出列表
  输出 ['blue', 'grey', 'red', 'green', 'orange', 'pink']
```

变量名定义　下表为各变量名的类型和作用。

变量名	类型	作用	说明
name	列表	存放文具名称	顺序与价格列表对应
price	列表	存放文具价格	顺序与名称列表对应
addname	字符串	临时存放文具名称	需要向name列表中添加
addprice	数字	临时存放文具价格	需要向price列表中添加
flag	字符	控制循环结束	赋特定值

算法设计　本案例的算法思路设计如下图所示。

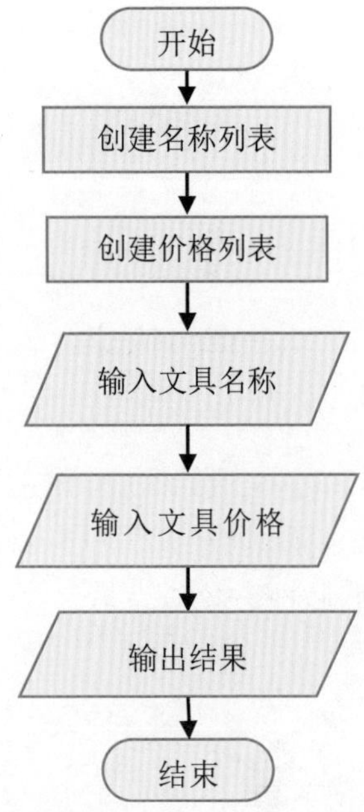

3. 实践应用

编写程序　启动Python软件，新建程序，先创建name和price两个空列表，并向这两个空列表中输入文具名称和对应文具价格，完成文具信息系统的创建。

```
name=[ ]                              # 创建文具名称列表
price=[ ]                             # 创建文具价格列表
flag=0
while  flag==0:                       # 以flag变量值为依据可以重复输入
 print("请输入文具信息")
 addname=input("文具名称:")
 addprice=input("文具价格:")          # 输入文具名称和价格信息
 print("成功输入文具信息")            # 输出列表结果
```

测试程序　运行程序，依次输入文具名称和价格，并显示计算机程序运行结果。

```
请输入文具信息
文具名称:铅笔盒
文具价格:10元
成功输入文具信息
请输入文具信息
文具名称:书包
文具价格:20元
成功输入文具信息
```

答疑解惑　程序一开始就定义了2个列表，分别用于存放文具的名称和价格，另外本程序中flag初始值为0，是数值型，在完成初始变量的定义后，需要输入信息并完成添加。因输入的信息有多条，所以需要用循环结构来输入。

拓展应用　列表通过索引下标来取出、修改、截取或者删除其中的值。如果用i表示索引编号，正向索引时，i从左往右，编号从0来时，“列表名[i] ”表示访问列表中第i+1个位置的元素；反向索引时，i从右往左，编号从-1开始，如图所示，“list[1]”和“list[-5]”都表示访问列表中的第2个元素。

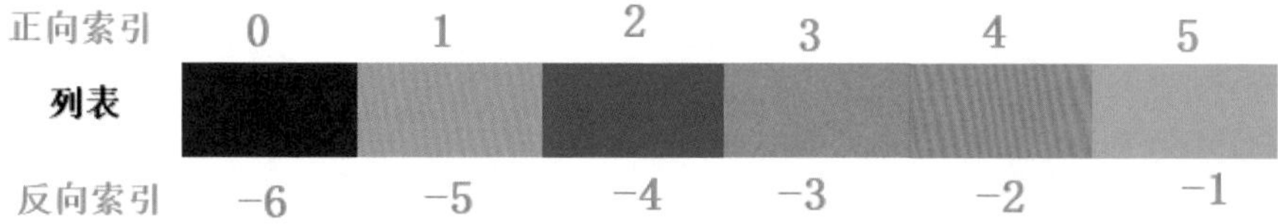

案例63 新增元旦节目

知识与技能： 列表的添加

为迎接元旦的到来，班级举办了庆元旦表演活动，每个同学都在积极准备，踊跃报名。王浩作为班级的文艺委员，负责统计上报节目名单到学校。目前班级已经上报4个节目了，现在又有同学报名，还需要添加3个节目。王浩利用Python统计班级节目，同时添加新的节目名单，想知道他是如何通过编程去实现的吗？

1. 案例分析

要想添加元旦节目名单，首先要把名单进行存储，这就需要创建列表，然后往该列表中依次添加新的节目名单，添加节目名单要通过列表的添加来实现。

问题思考

(1) 如何编写程序去添加元旦节目名单？

(2) 添加列表的元素有哪些方法可以实现？

理一理　在本案例中，需要先创建一个列表用来存储班级元旦的节目名单，再根据上报的新节目名单往列表中添加，通过列表的添加操作，实现班级元旦节目名单的更新。这是修改程序的关键所在，现在一起通过编程来实现吧！

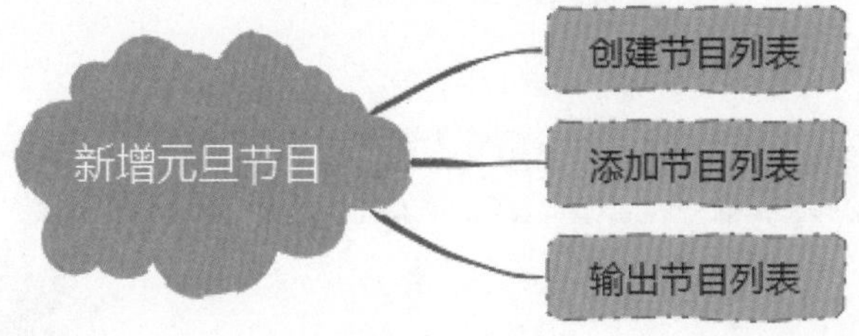

2. 案例准备

创建空列表　定义空列表，设置列表的内容和长度，可以在后续代码中根据实际需要进行分配。创建空列表的语法格式如下所示。

```
如：empty=[ ]              # 定义一个空列表
    print(empty)           # 输出空列表
```

认识append( )函数　此函数用于在列表末尾添加元素，其语法格式如下。

```
list.append(value)
如：list=[ ]                 # 创建一个空列表
list.append("舞蹈")
list.append("唱歌")          # 列表中陆续添加节目“舞蹈”“唱歌”
print(list)
输出['舞蹈', '唱歌']
```

其中，list代表要添加元素的列表名；value代表要添加到列表末尾的单个元素，该元素无论是单个值还是列表或元组，都会被视为一个对象。也就是说，使用append添加元素时，要追加几个元素就要使用几次append()函数。例如，在上面的代码中，就使用了2个append()函数分别添加2个节目，而不能使用一个append()函数来添加2个节目。

认识extend( )函数　一次在列表末尾添加多个元素，其语法格式如下。

```
list.extend(value)
如：list=["舞蹈","唱歌" ]
list.extend(["朗诵","小品"]) # 列表末尾依次添加节目“朗诵”“小品”
print(list)
输出['舞蹈', '唱歌', '朗诵', '小品']
```

其中，list同样表示要在末尾添加元素的列表名。需要注意的是，value应为一个列表，而不是逗号分隔的多个值。在上面的代码中，extend括号内的多个元素被一对[]包围，表示一个列表，将该列表中的多个元素添加到列表list的末尾。

认识insert( )函数　在列表某个指定的位置插入元素，其语法格式如下。

```
list.insert(index, value)
如：list=["舞蹈","唱歌","朗诵","小品" ]
list.insert(2,"合唱")        # 列表第2个索引位置即第3个元素之前插入
                             “合唱”
print(list)
输出['舞蹈', '唱歌', '合唱', '朗诵', '小品']
```

其中，list代表要插入元素的列表名，index代表列表中插入元素的指定位置的索引值，value则代表要插入的元素。使用函数向列表中插入元素时，无论插入的对象是单个值还是列表，都被视为一个元素。需要再次强调，列表元素的正向索引是从0开始，而不是从1开始。

算法设计　本案例的算法思路设计如下图所示。

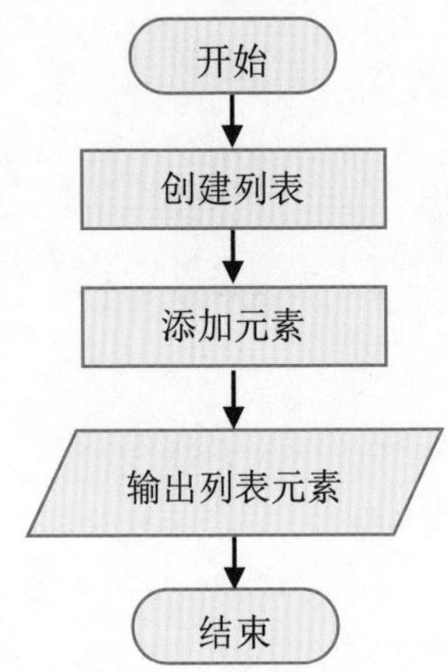

3. 实践应用

编写程序　创建列表list，通过append( )函数实现列表元素的添加。

```
print("元旦节目名单：")
list=["唱歌","舞蹈","朗诵"]                    # 创建节目列表
list.append("小品")
list.append("相声")
list.append("情景剧")                          # 添加三个节目
print(list)                                    # 输出节目列表
```

测试程序　测试程序，查看程序执行结果。

```
元旦节目名单:
['唱歌', '舞蹈', '朗诵', '小品', '相声', '情景剧']
```

答疑解惑　本案例中使用了3个append()函数分别添加3个节目，如果使用一个append()函数一次性添加3个节目，则在运行时会出错。

拓展应用　本案例中通过append()函数实现列表元素的添加，当然也可以使用extend()函数在列表末尾添加3个元素，从而实现一次性添加3个节目的效果。

案例 64 计算唱歌得分

知识与技能：列表的删除

李方参加学校组织的歌唱比赛，比赛由7位评委打分，去掉1个最高分和1个最低分，剩下5位评委打出的平均分值就是该选手的最终得分。现在评委们给李方同学的打分是95、97、92、76、88、73、89，请大家尝试使用Python设计程序，快速呈现出李方同学的最高分、最低分，以及最终得分。

1. 案例分析

要想通过程序的设计去计算李方同学的最终得分，首先要把所有评委的打分进行存储，可以使用列表的创建去实现，并需要删除评分中的最高分和最低分，然后求出剩下5个分数的平均分。

问题思考

 (1) 程序如何计算出芳芳同学的最高分、最低分，以及平均分？ 

 (2) 如何实现最高分和最低分的数据删除？

理一理　在本案例中，需要先创建一个分数列表存储所有评委的打分，再找出最高分和最低分，并在列表中删除最高分和最低分，这需要用列表的删除功能来实现，最后求出剩下所有分数的平均值，从而算出李方的最终得分。

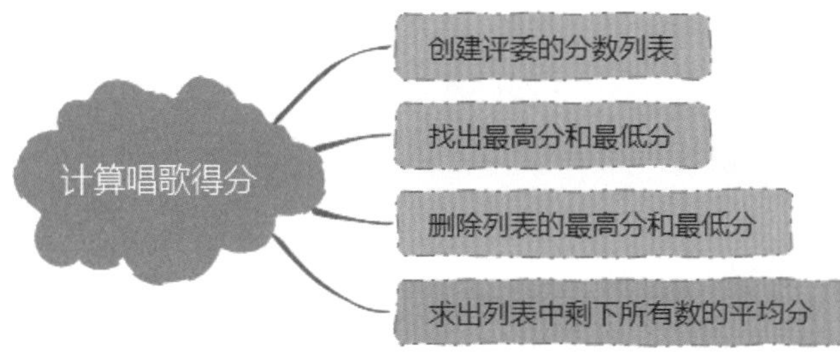

2. 案例准备

认识remove( )函数　remove( )函数可以直接删除列表中指定的元素。如果指定的元素在列表中有多个，则只能删除第一个匹配的元素。其语法格式如下所示。

```
list.remove(value)
如：name=["小王","小明","小李","小刘","小张","小黄"]
name.remove("小李")                # 删除学生姓名“小李”
print(name）
输出['小王', '小明', '小刘', '小张', '小黄']
```

认识del语句　根据索引位置删除元素。

```
del.list(index)
如：name=["小王","小明","小李","小刘","小张","小黄"]
del name[2]                       # 删除姓名列表第3个元素
print(name）
输出['小王', '小明', '小刘', '小张', '小黄']
```

认识pop( )函数　根据索引位置删除元素。

```
list.pop(index)
如：name=["小王","小明","小李","小刘","小张","小黄"]
name.pop(4)                       # 删除姓名列表第5个元素
print(name）
输出['小王', '小明', '小李', '小刘', '小黄']
name.pop( )                       # 删除姓名列表最后一个元素
print(name）
输出[ ['小王', '小明', '小李', '小刘', '小张']
print(name）
```

del语句和pop( )函数都可以根据索引位置删除元素，但要注意它们的语法格式完全不同。例如，代码中的del name[2]表示删除列表 name的第3个元素；代码name.pop(4)等同于代码 del name[4]，表示删除列表name的第5个元素。如果pop函数的括号内无索引位置，则表示删除列表的最后一个元素。

算法设计　本案例的算法思路设计如下图所示。

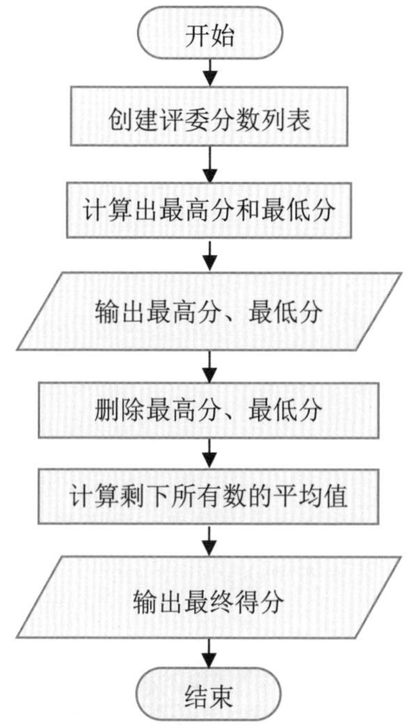

3. 实践应用

编写程序　先创建评委分数列表，然后找出最高分和最低分，并在列表中删除最高分和最低分，求出列表中剩下所有数的平均值，这样就可以求出李方同学的最终得分。

```
scores=[95,97,92,76,88,73,89]                # 创建评委打分列表
a=max(scores)                                # 找到最高分
b=min(scores)                                # 找到最低分
print('去掉一个最高分',a)
scores.remove(a)                             # 删除最高分
print('去掉一个最低分',b)
scores.remove(b)                             # 删除最低分
average=sum(scores)/len(scores)              # 计算出平均分
print('最终得分是：',average)
```

测试程序　运行程序，查看计算机运行结果，可以看到李方同学的最高分、最低分，以及最终得分。

```
去掉一个最高分 97
去掉一个最低分 73
最终得分是： 88.0
```

答疑解惑　程序中计算选手得分采用的方法是，先通过max(list)和min(list)找到列表中的最高分和最低分，并通过列表的删除功能去掉最高分和最低分。再通过sum(scores)求出列表中的总分，以及len(scores)求出列表中元素的个数，用分数总和除以个数得到平均分。

拓展应用　本案例中通过remove( )函数对列表的元素进行删除，当然也可以使用pop( )函数和del语句，根据索引位置删除列表的元素。

案例65 订购营养午餐

知识与技能：列表的切片

刘华来到快餐店吃午餐，点餐时他从主食、菜类、汤类这三类菜单中选择自己喜欢的一种或者多种食物，并将选择的三类食物搭配成一顿丰富营养的午餐。刘华思考着能不能用Python编写一个小程序来实现午餐的订购呢?

1. 案例分析

要想通过小程序来实现午餐的订购，需要先制作一个点餐系统，点餐系统选择主食、菜类、汤类这三类进行菜单创建，因此需要分别创建这三类菜单的列表，然后从列表中订购一种或多种食物，并将选择的食物搭配出一套营养午餐。

问题思考

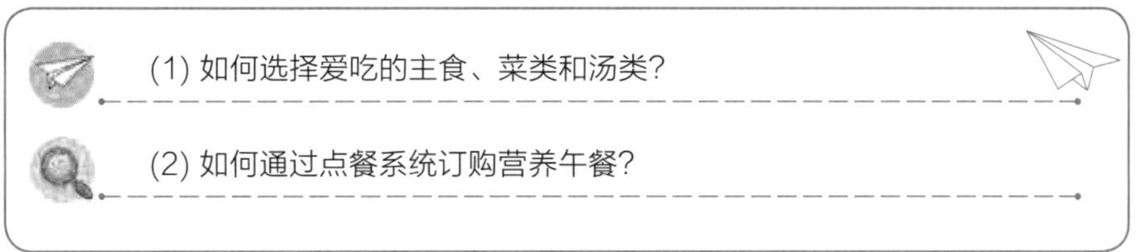

理一理　在本案例中，需要从主食、菜类、汤类这三类菜单列表中提取一种或者多种食物，这就需要用到列表的切片，以便取出列表中的元素，然后将取出的元素组合在一起，形成一套丰富营养的午餐。

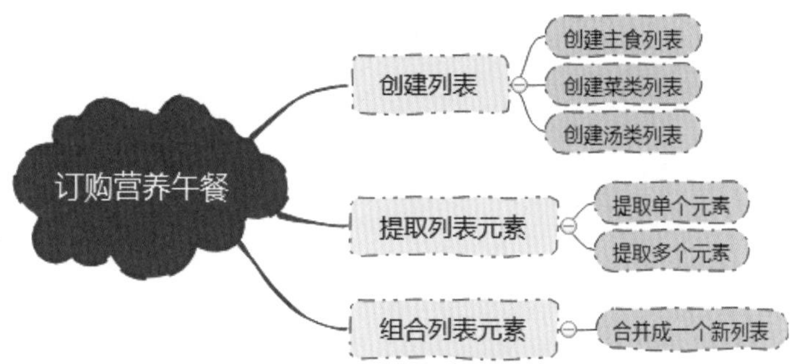

2. 案例准备

取出列表单个元素　要想取出列表中的单个元素，可以使用“列表[索引值]”的方法。其语法格式如下所示。

```
    变量item=list[index]
如：list=["可乐","牛奶","果汁","雪碧","豆浆"]
    item=list[2]              # 截取列表list第3个元素“果汁”
    print( item）               并将截取结果赋值给变量item
    输出[果汁]
```

取出列表多个元素　要想取出列表中的多个元素，可以使用列表的切片操作，灵活截取需要的内容。其语法格式如下所示。

```
    变量item=list[start:end:step]
如：list=["可乐","牛奶","果汁","雪碧","豆浆"]
    item=list[2:]             # 从列表list第3个元素截取到列表末尾
    print( item）               并将截取结果赋值给变量item
    输出['果汁', '雪碧', '豆浆']
```

算法设计　本案例的算法思路设计如下图所示。

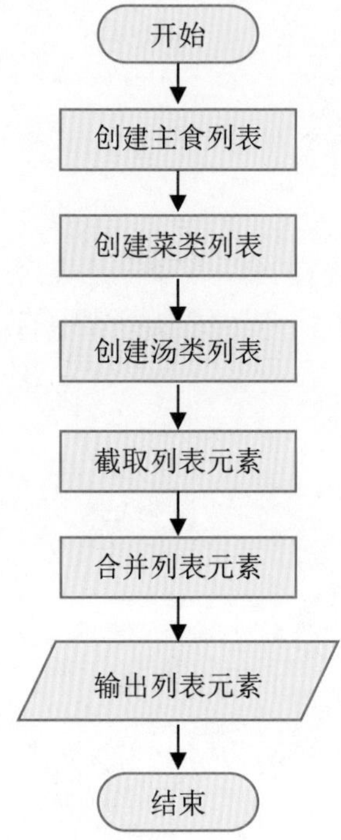

3. 实践应用

编写程序　分别创建主食、菜类和汤类3个菜单列表，并把截取结果分别赋值给变量item1、item2、item3，最后把3个截取的结果合并到一个列表中。

```
food=["水饺","米饭","面条","包子","馄饨","河粉"]
vegetable=["清炒藕片","手撕包菜","青椒肉丝","酸辣土豆丝","鱼香肉丝","宫保鸡丁"]
soup=["西红柿蛋汤","紫菜蛋汤","青菜豆腐汤","三鲜汤","老鸭汤","蘑菇肉片汤"]
item1=food[1]                 # 截取主食列表food的第2个元素，并将截取结果赋值给变量item1
print("我选择的主食:")
print(item1)
item2=vegetable[3:]           # 从菜类列表vegetable的第4个元素截取到列表末尾，并把截取结果赋值给变量item2
print("我选择的菜类:")
print(item2)
item3=soup[-2]                # 截取列表soup的倒数第2个元素，并把截取结果赋值给变量item3
print("我选择的汤类:")
print(item3)
lists=[item1]+item2+[item3]   # 将3个截取结果合并到一个列表中
print("我订购营养午餐:")
print(lists)
```

测试程序　测试程序，查看程序执行结果。

```
我选择的主食:
米饭
我选择的菜类:
['酸辣土豆丝', '鱼香肉丝', '宫保鸡丁']
我选择的汤类:
老鸭汤
我订购营养午餐:
['米饭', '酸辣土豆丝', '鱼香肉丝', '宫保鸡丁', '老鸭汤']
```

案例 66　编排新生座位

知识与技能： 列表的修改

本学期班级里转来了3位新生，为了管理班级的课堂纪律，班主任亲自编写了一份编排新生座位的程序，对学生们的座位进行合理高效分配。你想知道班主任是如何运用Python编写座位分配程序的吗？

1. 案例分析

要想给班级新来的学生编排座位，首先班级必须有空的座位，当新的学生到来时，班主任可以将新生安排到空的座位中去。一旦给新生安排了某个座位，该座位就被占了，不能重复安排，这样班主任就可以通过程序方便地对新生的座位进行编排，并且不会出现重复占位的情况。

问题思考

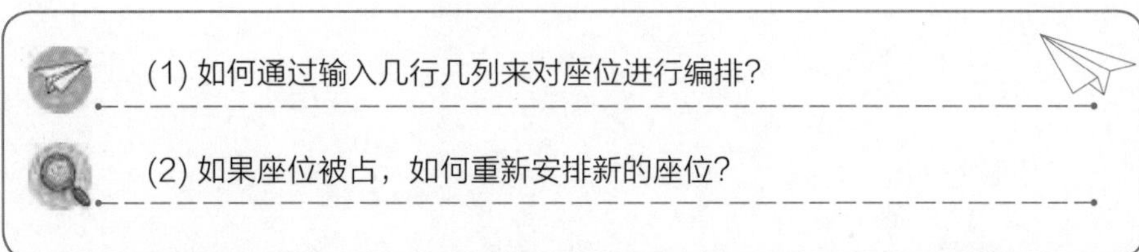

理一理　在本案例中，使用列表数据的修改来实现座位编排。先创建座位列表用于定义空座位，当新的学生到来时，班主任老师把新学生安排到几行几列的座位中去，同时需要判断该位置有没有人。

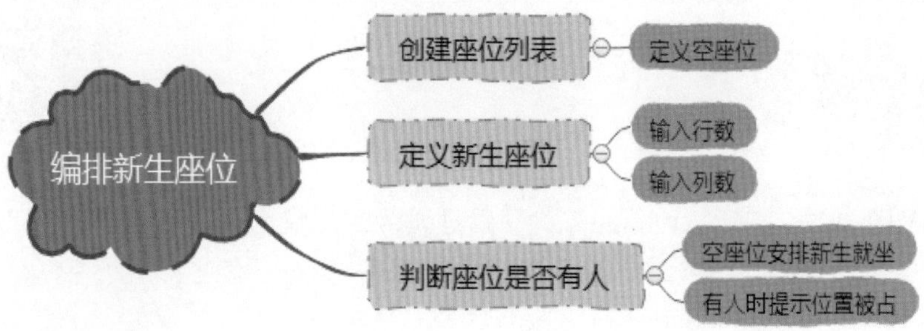

2. 案例准备

列表修改单个元素　列表修改元素可以使用索引来实现，通过访问索引进行再赋值就可以实现列表元素的修改。对单个元素进行修改非常简单，我们可以利用索引对一个列表元素进行赋值。其语法格式如下所示。

```
如：list = [25,36,60,56,47,90,67]
    list[2] = -66                # 修改列表第3个元素
    print(list)
    输出 [25,36,-66,56,47,90,67]
```

列表修改一组元素　在对多个元素进行修改时，使用的方法是切片。其语法格式如下所示。

```
如：list = [25,36,60,56,47,90,67]
    list[1:5] = [66.25, -99, -58]         # 对1~5中的元素进行修改
    print(list)
    输出[25, 66.25, -99, -58, 47, 90, 67]
```

算法设计　本案例的算法思路设计如下图所示。

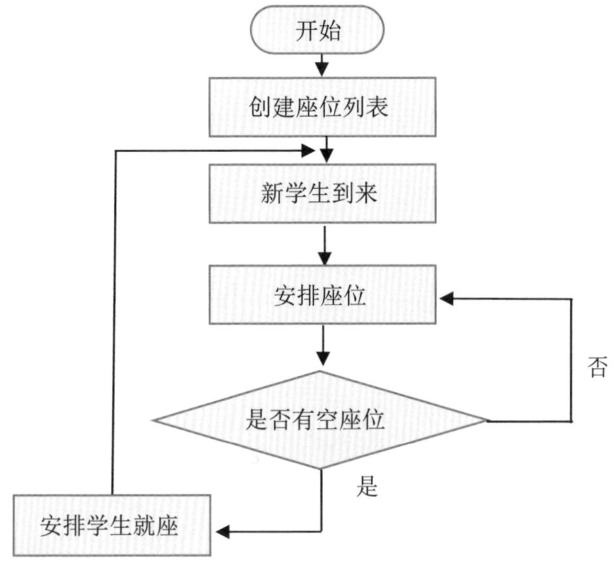

3. 实践应用

编写程序　先分别定义空座位和学生列表，通过行数和列数去定义学生将要坐的座位，并判断该位置是否有人，没有人就安排新学生就座，有人则提示这个座位被占。

```
sites=[
    ['空','空','空','空','空'],
    ['空','空','空','空','空'],
    ['空','空','空','空','空'],                          # 创建空座位
    ['空','空','空','空','空'],
    ['空','空','空','空','空'],
]
students=['小明','小红','小王','小李','小张','小赵','晓晓','陈哥','张哥','小钱','小华']
for i in students:
    print(f'{i}同学来了')
    row=int(input(f"{i}同学坐第几排: "))                 # 输入学生将要坐的座位
    col=int(input(f"{i}同学坐第几列: "))
    if sites[row][col]=='空':                            # 判断该座位是否有人
        print(f'{i}同学坐{row}排{col}列')                # 没有人则安排新同学就座
        sites[row][col]=i
    else:
        print(f'{row}排{col}列已经被{sites[row][col]}同学坐')   # 有人则提示该座位被占
```

测试程序　运行程序，先依次输入“2行3列”“4行4列”，安排小明和小红同学的

座位，查看计算机运行结果。座位是空，则正确运行；如果重复输入“2行3列”，则会提示座位被占！

```
小明同学来了
小明同学坐第几行：2
小明同学坐第几列：3
小明同学坐2行3列
小红同学来了
小红同学坐第几行：4
小红同学坐第几列：4
小红同学坐4行4列
小王同学来了
小王同学坐第几行：2
小王同学坐第几列：3
2行3列已经被小明同学坐
```

答疑解惑　程序中的创建列表sites就是整个班级的座位表，可以通过列表的索引重新赋值来安排学生的座位，也就是修改列表的元素值，根据自己所输入的行数和列数，判断是否为空座位。注意必须要输入列表里的元素，否则提示该座位已经被占用。

拓展应用　本案例是对列表中单个元素进行修改，只需要对一个列表元素访问索引再进行赋值就可以了，我们也可以尝试用切片的方法对多个元素进行修改。

案例67 整理早操队形

知识与技能：列表的排序

为了提高学生的身体素质，学校决定每天早上组织早操，加强体育锻炼。学校要求早操队形为个子低的同学在前排，个子高的同学在后排。杜老师的班级里学生的身高都不一样，面对几十名学生，如果按身高一个个排肯定很麻烦，于是杜老师使用Python对学生的身高进行快速排序。你知道他的程序是如何编写的吗？

1. 案例分析

使用Python对学生的身高进行排序，可以快速整理出早操队形，这里需要用到列表的排序去完成。

问题思考

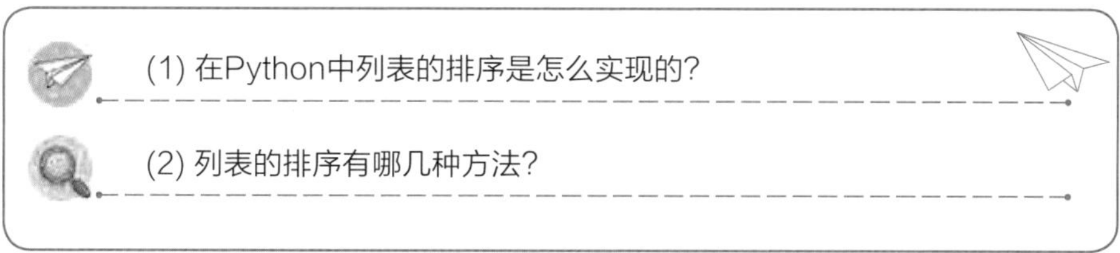

理一理　在本案例中，通过列表的排序去整理学生的早操队形，需要先创建所有学生身高的列表，并选择从低到高的顺序依次排序，清晰展示所有学生身高的排序情况。依照学生身高的排序，快速整理出学生的早操队形。

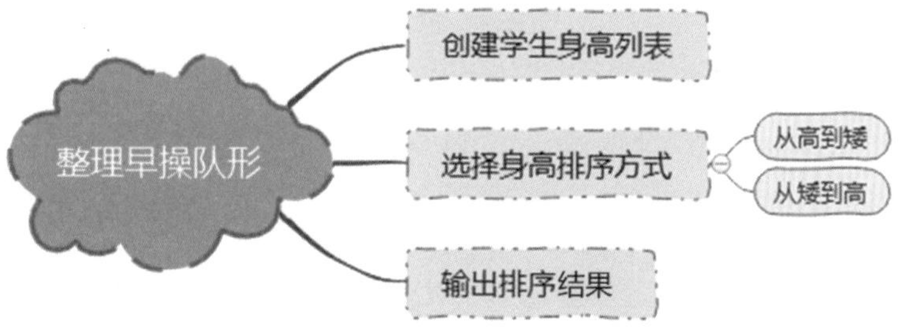

2. 案例准备

reverse( )函数　reverse()函数用于将列表中的元素反向存放。其语法格式如下所示。

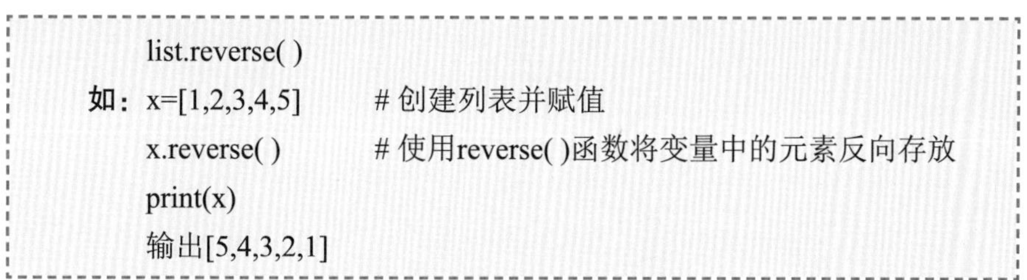

```
    list.reverse( )
如：x=[1,2,3,4,5]          # 创建列表并赋值
    x.reverse( )           # 使用reverse( )函数将变量中的元素反向存放
    print(x)
    输出[5,4,3,2,1]
```

其中，list表示列表，该函数没有参数，没有返回值。在列表中查找元素，如果找到，输出该元素在列表中的索引位置，否则输出未找到。

sort ( )函数　sort()函数用于对原列表元素进行排序(默认为升序)，排序后的新列表会覆盖原列表。

```
list.sort([key=None][,reverse=False])
如：x=[3,2,1,5,4]        # 创建列表并赋值
    x.sort( )            # 使用sort( )函数将变量中的元素进行升序排序
    print(x)
    输出[1, 2, 3, 4, 5]
```

其中，list表示列表key为可选参数，如果指定了该参数，会使用该参数的方法进行排序；reverse为可选参数，表示是否进行反向排序，默认为False。

sorted( )函数　与sort( )函数不同，内置函数sorted( )会返回新列表，但不会对原列表进行任何修改。

```
sorted(iterable[,key=None][,reverse=False])
如：x=[1,5,2,3,4]              # 创建列表并赋值
    y=sorted(x)               # 将x中的元素升序排序后赋给变量y
    print(x)
    print(y)
    输出[1, 5, 2, 3, 4]
        [1, 2, 3, 4, 5]
        [1, 2, 3, 4, 5]
```

其中，iterable表示可迭代对象，就是列表名；key和reverse参数的用法与在sort()函数中相同。

算法设计　本案例的算法思路设计如下图所示。

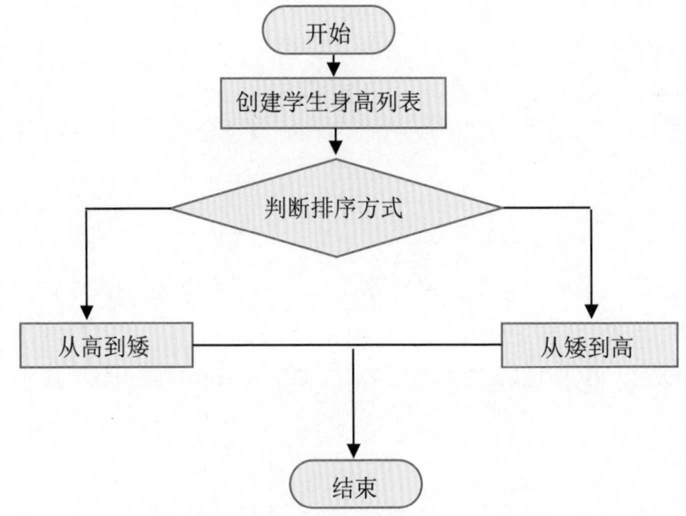

3. 实践应用

编写程序　先创建学生身高列表，通过sort( )函数对学生的身高进行排序，并输出根据身高排序的结果。

```
nums=["166cm:小明","155cm:小华","160cm:小张","170cm:小李",   # 创建身高列表
    "160cm:小王","175cm:小刘","150cm:小高","169cm:小胡",
    "173cm:小赵","171cm:小江","170cm:小黄","150cm:小吴","158cm:笑笑","169cm:圆圆"]
while True:
  i=input("请输入排序方式（从高到矮/从矮到高）：")             # 选择身高排序方式
  if i=='从矮到高':                                           # 从矮到高
    nums.sort()
  else:                                                       # 从高到矮
    nums.sort(reverse=True)
  print(nums)                                                 # 输出排序结果
```

测试程序　运行程序，按照程序提示输入“从高到矮”或者“从矮到高”，查看计算机运行结果。

```
请输入排序方式（从高到矮/从矮到高）：从矮到高
['150cm:小吴', '150cm:小高', '155cm:小华', '158cm:笑笑', '160cm:小张', '160cm:小王', '166cm:小明', '169cm:圆圆', '169cm:小胡', '170cm:小李', '170cm:小黄', '171cm:小江', '173cm:小赵', '175cm:小刘']
```

答疑解惑　程序中的nums是班级学生的身高列表，定义一个初始列表，根据输入的排序方式，选择从矮到高还是从高到矮的排序方式，只需要更改reverse的值即可。当revers=True时，进行反向排序，即从高到矮排序；当reverse=False时，进行正向排序，表示从矮到高排序。

拓展应用　sort( )函数和sorted( )函数虽然相似，都可以实现排序功能，但是它们有很大的区别：list的 sort( )函数返回的是对已有的列表进行操作，无返回值；而内置函数sorted( )函数返回的是一个新的 list，而不是在原来的基础上进行的操作。

案例 68　建构数学公式

知识与技能： 元组的创建和使用

临近期末考试，有很多数学公式需要记忆，如三角形面积、梯形面积、圆面积、长方体体积、圆柱体体积等，夏珉同学经常混淆记错公式，因此十分苦恼。他灵机一动，想到自己可以用Python编写一段小程序，专门用于学习和记忆数学公式，加深自己对数学公式的印象，在脑海中建构数学公式框架和体系。

1. 案例分析

在本案例中，要求输入公式名称，就能查找到对应的数学公式。比如，输入“三角形面积”，就能找到对应的数学公式“底×高÷2”，这种查询程序如何实现呢？

问题思考

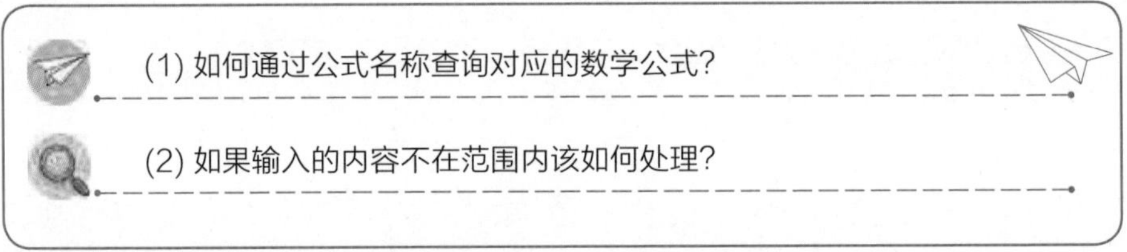

理一理　在本案例中，公式名称和数学公式都是固定不变的，因此用元组的数据类型来存储它们比较合适。元组和列表一样，都属于有序序列，支持双向索引访问其中的元素。但元组是不可变的，一旦创建，就不允许修改其中元素的值，也无法为元组增加、删除或者插入元素。因此，编写程序的关键，一是创建公式名称和数学公式2个元组；二是输入公式名称，查找对应的数学公式。

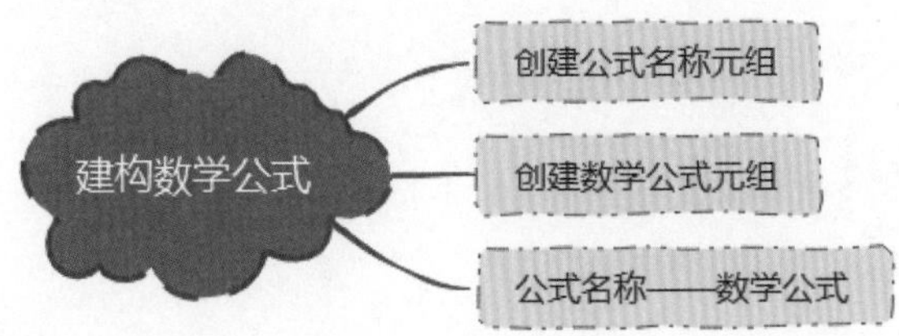

2. 案例准备

认识元组　元组创建后，所存储的数据不能添加、删除和替换，因此可以将元组看成是只能读取、不能修改的列表。形式上，元组的所有元素放在一对圆括号( )中，元素之间使用逗号分隔，若元组中只有一个元素，则必须在其后增加一个括号。其语法格式如下所示。

```
元组名=(value1,value2,……)
 如：names=("小明","小华","小军","小丽","小美")
 age=(12,13,14,15,16)                    # 创建元组
 print(namesage)                         # 输出元组
 print(age)
 输出('小明', '小华', '小军', '小丽', '小美')
      (12, 13, 14, 15, 16)
```

访问元组　要访问元组中的值，方法同列表一样，使用[]进行指定索引切片或索引，以获取该索引的值。

```
如：names=("小明","小华","小军","小丽","小美")
    age=(12,13,14,15,16)
    print(names[:3])
    print(age[:3])
    输出('小明', '小华', '小军')
        (12, 13, 14)
```

修改元组　元组中的值是无法修改的，一旦确定就不能再次进行更改。但是，元组是可以进行合并的。

```
如：names=("小明","小华","小军","小丽","小美")
    age=(12,13,14,15,16)
    tup=names+age
    print（tup）
    输出('小明', '小华', '小军', '小丽', '小美', 12, 13, 14, 15, 16)
```

删除元组　元组中的值是无法删除的，但是可以删除整个元组。

```
如：names=("小明","小华","小军","小丽","小美")
    age=(12,13,14,15,16)
    tup=names+age
    del tup
    输出空
```

算法设计 本案例的算法思路设计如下图所示。

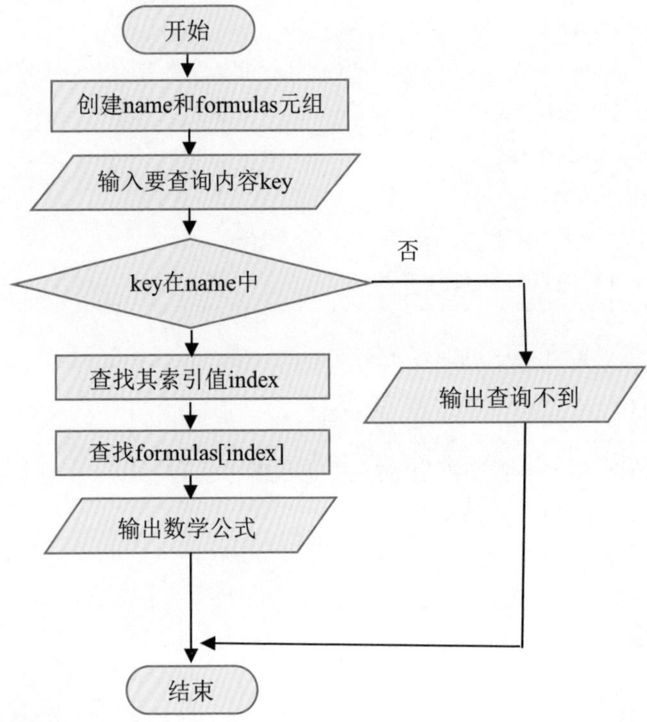

3. 实践应用

编写程序 创建元组name存储公式名称，创建元组formulas存储数学公式，根据输入的公式名称，查找其在元组name中的索引值，通过索引值直接在元组formulas中找到对应的数学公式，然后输出。

```
name = ("长方形面积","正方形面积","平行四边形面积","三角形面积","梯形面积","圆面积","长方体体积",
        "正方体体积","圆柱体积","圆锥体积")                    # 创建name元祖
formulas= ("长×宽","边长×边长","底×高","底×高÷2","（上底＋下底）×高÷2","圆周率×半径的平方","长×宽×高",
        "棱长×棱长×棱长","底面积×高","底面积×高÷3")            # 创建formulas元祖
print ("请输入要查询的公式：")
key = input()
if key in name :
    index = name .index(key)                                  # 如果key在name元组中
    value = formulas[index]                                   # 查找其在name中的索引
    print ("数学公式：",value)                                 # 查找对应索引在formulas中的值
else:
    print ("要查询的公式不在此范围，谢谢！")
```

测试程序 运行程序，按照程序提示“请输入要查询的公式：”，输入“长方形面积”，就能找到对应的数学公式：“长×宽”。如果输入内容不在元组name中，就会提

示“要查询的公式不在此范围，谢谢！”计算机运行结果如图所示。

```
请输入要查询的公式:
长方形面积
数学公式: 长×宽
>>>
请输入要查询的公式:
长方形周长
要查询的公式不在此范围，谢谢!
>>>
```

答疑解惑　在程序中，语句if key in name，用in运算符来判断要查找的元素是否在元组中，如果key在name元组中就返回True，否则返回False；语句index=name.index(key)，用元组的index方法，在元组中找出该元素所在的索引位置，即从name组中查找与key相同的第一个元素的索引位置，并赋值给变量index。

拓展应用　在常见的元组运算符中，除了有in运算符来判断要查找的元素是否存在，还有+运算符可以连接多个元组，以及*运算符可以复制元组。

案例 69　查询科目成绩

知识与技能： 创建字典和查找字典元素

期末考试结束后，班主任通过Python软件编写了一个查询成绩的系统，系统中包含本次考试的科目和对应的分数。学生可以在系统中根据科目名称查询自己的分数。你知道班主任的程序是如何编写的吗?

1. 案例分析

在本案例中，要实现在查询成绩的系统中输入科目名称，就能查询到对应分数的效果，这就要先将科目名称和对应的分数一一匹配并存储在一起。要达到这样的效果，使用列表或者元组都不太方便和直观，此时需要使用另一个数据结构，那就是字典。

问题思考

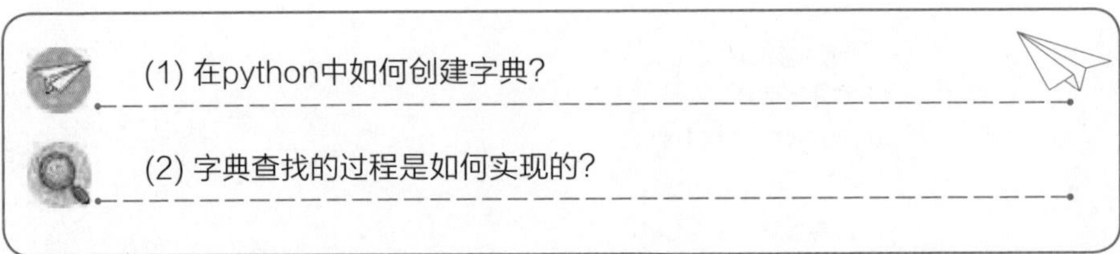

理一理　在Python中通过直接赋值的方式创建一个分数字典，通过科目名称查找对应的科目成绩。

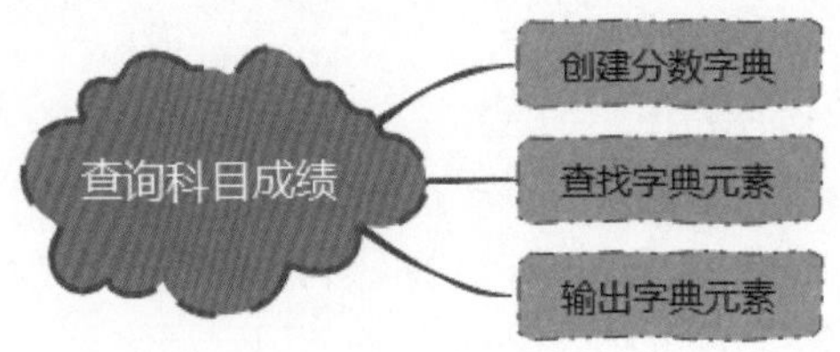

2. 案例准备

字典　字典由键和对应值成对组成，形式上，每个键与值用冒号隔开，每对用逗号分隔，整体放在花括号中。键可以是任意不可变数据，如整数、实数、元组(其中不能包含列表、字典等可变序列)，且必须独一无二，不可重复。值则不必，值可以取任何数据类型，且可以重复。字典不能实现索引、切片、重复和连接。

字典的创建　使用赋值运算符=，将一个字典赋值给一个变量，即可创建一个字典变量。其语法格式如下所示。

```
字典名={键1:值1,键2:值2,键3:值3,……}
如：fav_sport={"小张":"足球","小王":"篮球","小李":"排球"} # 创建一个字典
输出{'小张': '足球', '小王': '篮球', '小李': '排球'}
```

查找字典元素　可以直接根据键(key)查找值(value)，格式为dict[key]，也可以使用get函数查找，格式为dict.get(key)。查找字典元素的过程如下图所示。

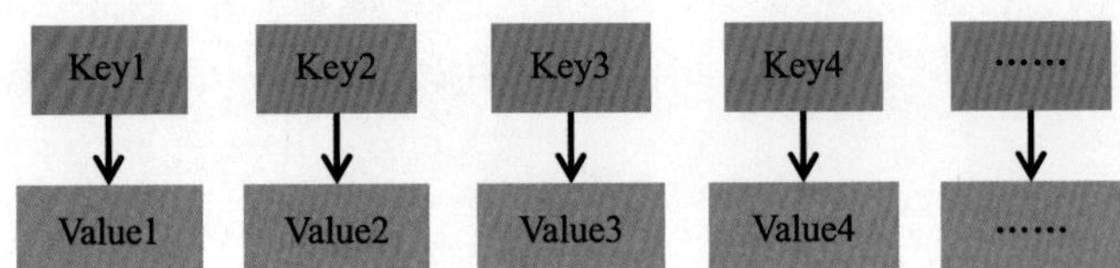

算法设计　本案例的算法思路如下图所示。

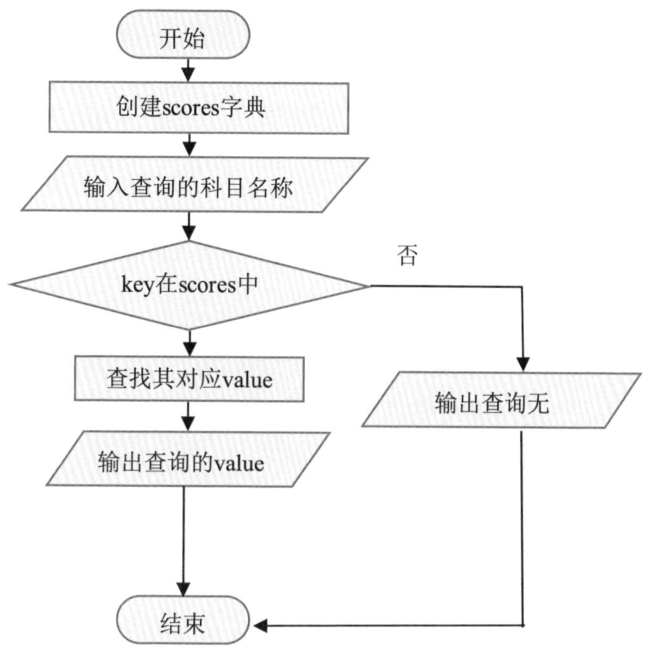

3. 实践应用

编写程序　先创建scores字典，再通过科目名称(键)查找科目成绩(值)，并结合get函数查找字典中不存在的科目成绩，最后输出查询的科目成绩。

```
1 scores={"语文":88,"数学":90,"英语":85,"物理":82,"化学":85,"生物":88,"政治":81,"历史":92,
2         "地理":81,"体育":95}                          # 创建分数字典
3 print("我的语文成绩:",scores["语文"])                 # 直接根据键查找值
4 print("我的英语成绩:",scores.get("英语"))             # 使用get函数查找科目成绩
5 print("我的音乐成绩:",scores.get("音乐"))
```

测试程序　运行程序，查看显示结果。

```
我的语文成绩: 88
我的英语成绩: 85
我的音乐成绩: None
>>>
```

答疑解惑　在字典中查找元素有两种方法：第一种是直接根据键(key)查找值(value)，第3行代码就使用了此方法；第二种是使用get函数来查找，第4行和第5行代码就使用了此方法。在实际应用中，建议使用第二种方法，因为用第一种方法查找字典中

并不存在的键(key)时，运行代码会出错；而用get函数查找不存在的键(key)，则只会返回None值，而不会导致错误。

拓展应用　在查找元素时，列表的索引总是从0开始并连续增大，而字典的键(key)不需要从0开始，也不是连续增大的。

案例70 查找电话号码

知识与技能：字典元素的反向查找

临近毕业，为了方便同学们毕业以后沟通联系，大家在同学录中写下了各自的电话号码。毕业后，赵忻用同学录中的电话号码编写了一个电话簿小程序，这样更便于查找。你知道她是如何通过Python编写程序的吗？

1. 案例分析

要想查询同学的电话号码，首先要思考电话号码存在哪里，然后建立一个电话簿的字典，里面包括同学的姓名和所对应的电话号码。通过程序编写，可以很方便地在电话簿中通过同学姓名查找对应的电话号码。

问题思考

(1) 电话簿小程序是怎么实现的？

(2) 查询同学的电话号码可以用到字典的哪些知识？

理一理　先创建一个电话簿的字典，在字典中可以通过同学姓名查找对应的电话号码。上一个案例中，我们了解到可以根据键(key)来查找值(value)，那么能不能根据值(value)来查找键(key)呢？答案是肯定的，下面我们就来学习反向查找字典元素的方法。

2. 案例准备

字典元素的反向查找　可以根据值(value)查找键(key)，字典反向查找元素的过程如下图所示。

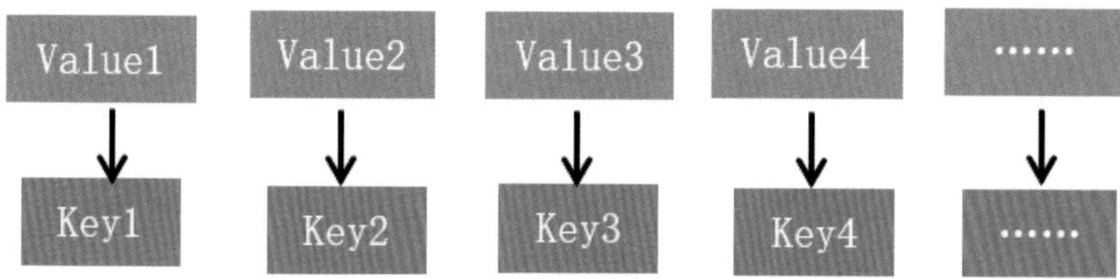

认识items( )函数　items( )函数用于获取字典中所有key-value。items( )函数的语法格式如下。

```
dict.items( )
```

dict为字典名，在反向查找字典元素时会经常用到

算法设计　本案例的算法思路如下图所示。

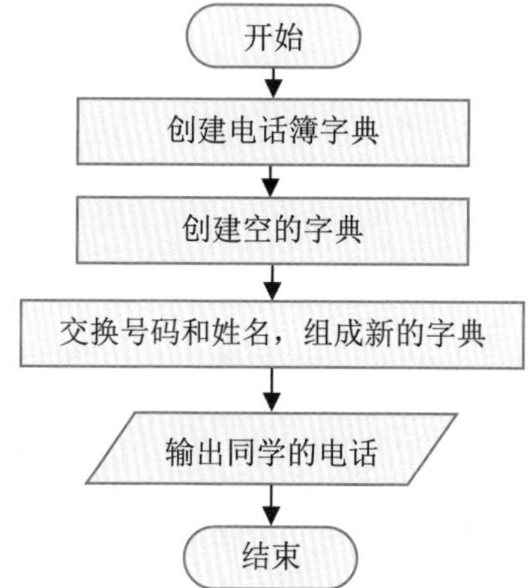

3. 实践应用

编写程序　先创建电话簿字典，通过电话号码(值)去查找同学姓名(键)，再创建一个空的字典，用来交换电话号码和姓名，并组成新的字典，最后输出某个同学的电话号码。

```
1  id_name = {"13290001231":"小张",
2           "13190001231":"小王",
3           "13390001231":"小林",              # 创建电话簿字典
4           "13490001231":"小李",
5           "13590001231":"小孔",
6           "13690001231":"小何"}
7  name_id = {}                                # 创建一个空的字典
8  for id,name in id_name.items():
9      name_id[name] = id                      # 交换电话号码和姓名，组成新的字典
10 print("小李的电话号码:",name_id["小李"])     # 查找小李的电话号码
```

测试程序　运行程序，显示计算机程序运行结果，可以看到小李的电话号码。

```
小李的电话号码: 13490001231
>>>
```

答疑解惑　实际上，Python并没有提供根据键(key)查找值(value)的语句，上述代码是把原有字典中的key和value全部取出来，然后将value作为key、key作为value来构建一个新的字典。第8行代码使用for循环把字典id_name中电话号码(变量id)和姓名(变量name)的组合逐个取出，然后在第9行代码中将电话号码和姓名这2个元素进行交换，添加到新的字典name_id中。

拓展应用　字典没有+、*运算符，只有in和not in运算符。in的用法和列表、元组一致，用于判断指定的键是否在字典中。

案例71 整理书籍清单

知识与技能： 编辑字典元素

假期里，王明整理了一份自己读过的书籍清单，并使用Python编写了一个程序，将读过的书的书名和作者存储在一个字典中。整理好后，他发现有些书名或作者写错了，还有一些读过的书忘记存进字典了，或字典中有些书根本没读过，这该怎么办呢？让我们来尝试帮助王明重新整理好书籍清单吧！

1. 案例分析

在本案例中，王明用Python软件将书名和作者存储在一个字典中，但在整理检查的过程中却发现有些书名和作者存在错误，同时还需要添加或删除书籍，这时候就需要对字典中的元素进行修改。字典和列表一样，存储的元素可以随时修改、添加或者删除。

问题思考

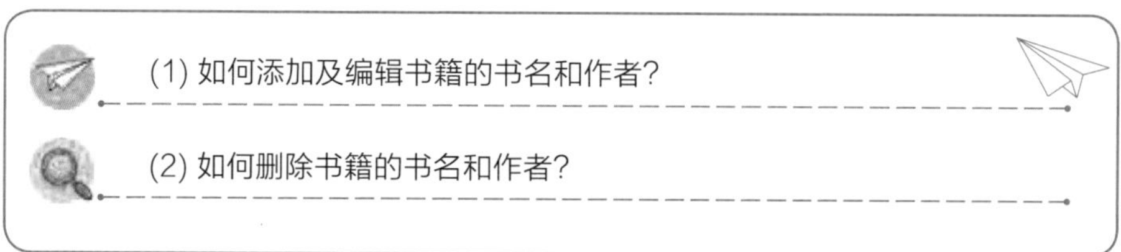

理一理　创建一个书籍的字典，通过添加字典元素可以向字典中添加书籍的书名及作者，利用修改字典元素对书名中错误的作者信息进行更改，用删除字典元素，把不需要的书籍删除。

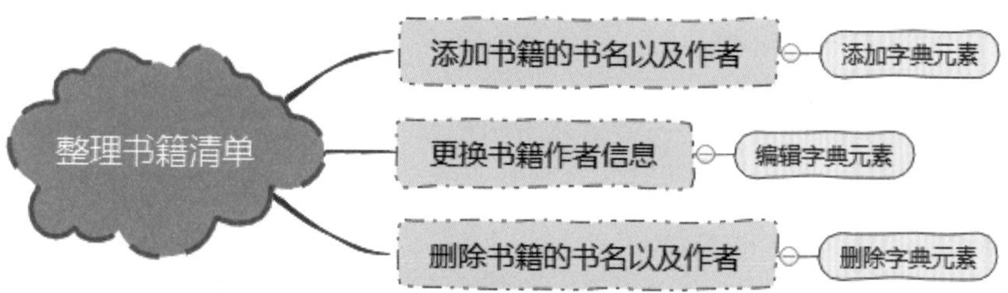

2. 案例准备

添加或修改字典元素　直接将value赋值给key。其语法格式如下。

```
格式：dict[key]=value
```

删除字典元素　删除字典元素的方法有两种：一个是通过del语句，另一个就是pop( )函数。其语法格式如下。

```
del语句格式：del dict[key]
pop( )函数格式：dict.pop(key)
```

算法设计　本案例的算法思路如右图所示。

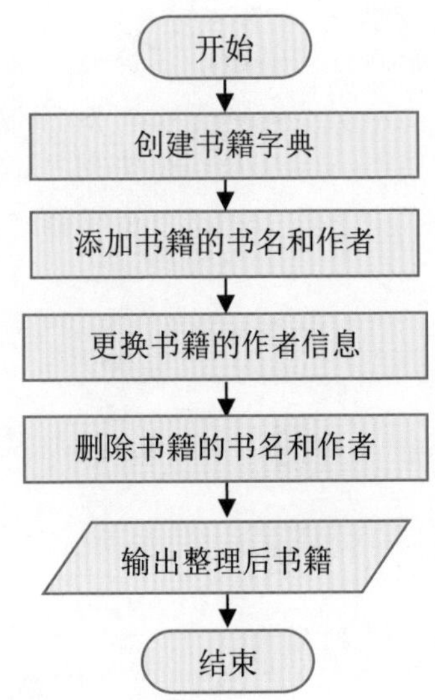

3. 实践应用

编写程序

```
1  list_books = {"骆驼祥子":"老舍",
2               "围城":"钱钟书",
3               "三国演义":"施耐庵",               # 创建书籍字典
4               "悲惨世界":"雨果",
5               "老人与海":"海明威"}
6  list_books["昆虫记"] = "法布尔"
7  list_books["西游记"] = "吴承恩"                # 添加书籍的书名和作者
8  list_books["三国演义"] = "罗贯中"              # “三国演义”的作者更改为罗贯中
9  list_books.pop("围城")                        # 删除书籍的书名和作者
10 del list_books["老人与海"]
11 print(list_books)
```

测试程序　运行程序，从运行结果中可以看到整理后的书籍清单。

```
{'骆驼祥子': '老舍', '三国演义': '罗贯中', '悲惨世界': '雨果', '昆虫记': '法布尔', '西游记': '吴承恩'}
>>>
```

答疑解惑　在字典中添加元素和修改元素的代码都是dict[key]=value。其中，dict为字典名，该代码实际上是在为字典中的键(key)赋值(value)。如果为字典中不存在的一个键(key)赋予一个新的值(value)，就会在字典中添加元素，第6行和第7行代码就使用了这种方法。如果为字典中已存在的一个键(key)赋予一个新的值(value)，那么原来的值(value)会被覆盖，从而实现字典元素的修改，第8行代码就使用了这种方法。

拓展应用　在本案例中，删除列表元素时使用了del语句和pop( )函数，在字典中也以使用它们来删除元素，第9行和第10行代码就分别使用了pop( )函数和del语句删除字典的元素。

第 7 章

化繁为简——函数进阶应用

函数是 Python 中的基本模块，它将需要重复使用的代码段以函数的形式命名，使用时直接调用，这样可以极大地提高编程效率。Python 中的函数有内置函数和自定义函数 2 种，内置函数指安装 Python 后就能直接使用的函数，如 print( )、input( ) 等；自定义函数是根据用户的实际需求编写的函数，如通过自定义函数计算圆面积，调用函数时输入圆半径，即可求圆的面积。内置函数和自定义函数可以使 Python 代码的结构更加简洁清晰，易于维护。

本章将带领大家学习化繁为简的函数应用，通过 10 个案例讲解 Python 内置函数与自定义函数的使用方法。

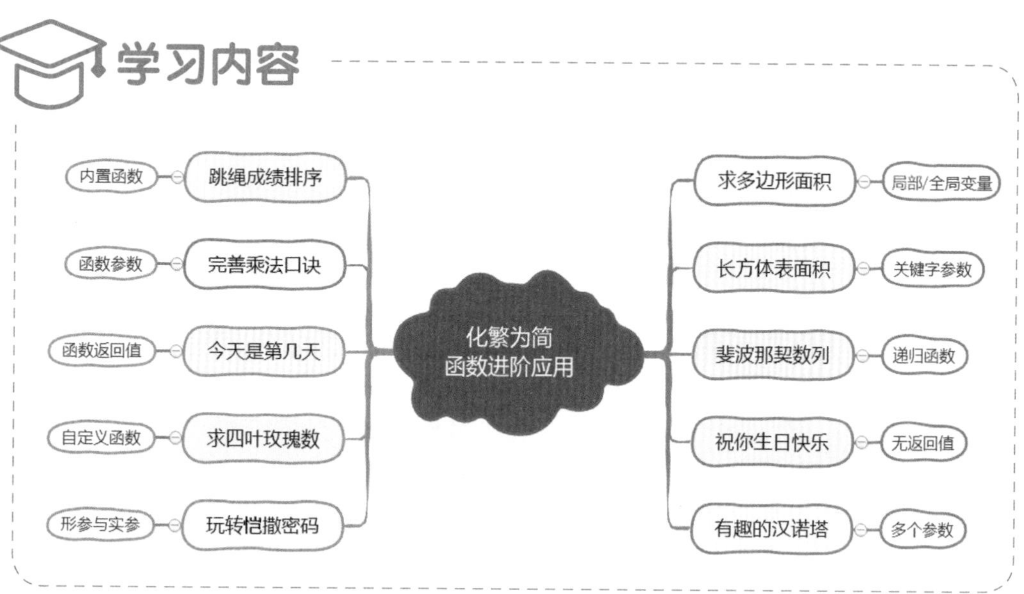

案例 72

跳绳成绩排序

知识与技能： 内置函数

在1分钟跳绳比赛中，每当一组跳绳比赛结束后，需要显示所有参赛选手的编号、成绩和名次。张龙同学准备帮助体育老师编写一个程序：当输入所有参赛选手的成绩后，该程序能立即将选手跳绳的成绩从高到低进行排序，同时显示名次。

```
****************************
*      跳绳选手比赛成绩      *
****************************
第 1 名：2 号选手跳了 220 次
第 2 名：3 号选手跳了 210 次
第 3 名：1 号选手跳了 189 次
第 4 名：4 号选手跳了 180 次
第 5 名：5 号选手跳了 177 次
```

1. 案例分析

给跳绳比赛的选手排名，首先要输入所有选手的跳绳次数，然后对次数进行排序，再呈现出所有选手的排名、编号和成绩。编写程序时，需要用到一些内置函数来实现，如输入成绩要用到input( )函数，输出名次、编号和成绩时要用print( )函数，排序要用sorted( )函数等。利用这些内置函数，可以轻松地实现跳绳成绩的排序。

问题思考

(1) 输入的跳绳成绩采用什么样的数据类型保存？

(2) 对输入的跳绳成绩进行排序，应使用什么函数？

(3) 排序后怎样同时输出选手名次、编号和成绩？

理一理　Python提供了很多功能强大的内置函数，合理运用这些内置函数，可以使程序变得更有条理。

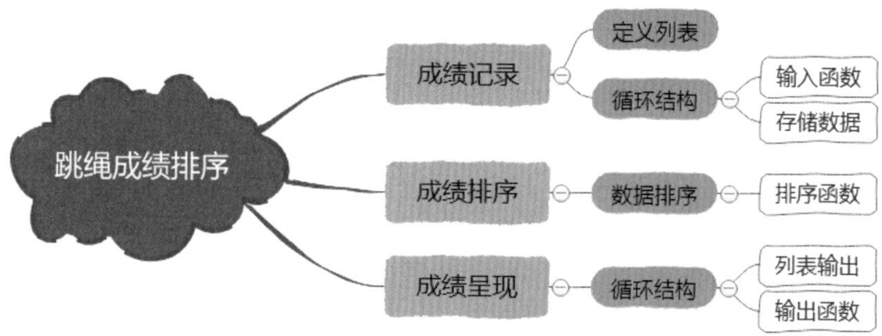

2. 案例准备

认识sorted( )函数　前面已认识了sort( )函数，它可对已有列表中所有元素进行排序，并无返回值。而sorted( )函数则可以对任意序列进行排序操作，如列表、元组、字典等对象，并且返回一个排序后的新列表。其使用方法如下所示。

```
sorted( iterable, key=None, reverse=False)
如  sj=( 8,5,9,7,3,2,4,1,6 )
    print( sorted ( sj ))
    输出 [ 1, 2, 3, 4, 5,6,7,8,9 ]
```

sorted( )函数有3个参数，其中iterable是要排序的对象，key参数可以自定义排序的规则，reverse参数默认值为False，表示按升序排列，当reverse参数值为True时，表示按降序排列。

认识enumerate( )函数　此函数的作用是将一个序列转变为一个索引序列，新序列包含了原来的值及索引。其使用方法如下所示。

```
enumerate( 序列 )
如 zm=[ 'e',  'b' , 'a' , 'c' , 'd' ]
    list(enumerate(zm))
    输出 [(0, 'a'), (1, 'b'), (2, 'c'), (3, 'd'), (4, 'e')]
```

算法设计　首先输入参赛选手总人数并赋值给变量num，通过循环结构的次数计算参赛选手的人数，将每次输入的选手成绩添加到列表ts中，然后对成绩进行排序。选手的成绩输入完成后，按成绩由高到低呈现所有参赛选手的编号和名次。本案例的算法思路如下图所示。

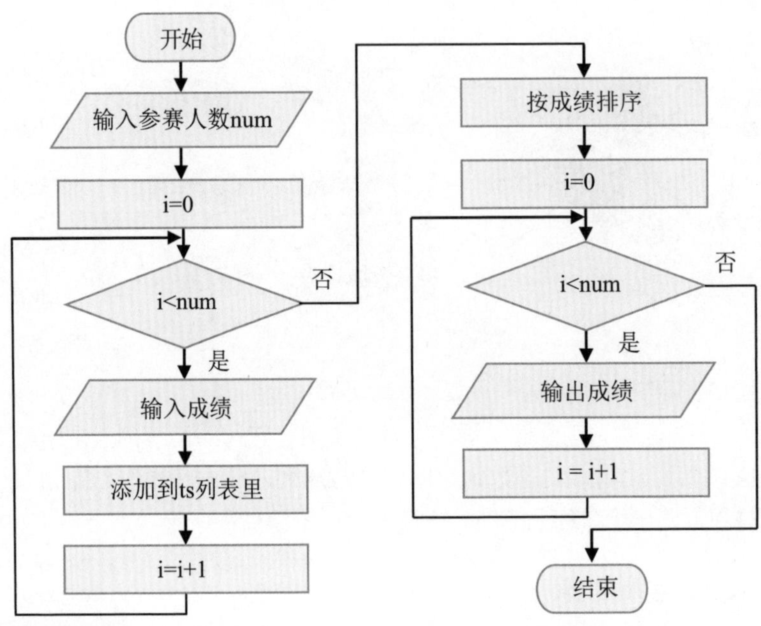

3. 实践应用

编写程序

```python
from operator import itemgetter                          # 调用itemgetter函数
ts = []                                                  # 定义成绩列表ts
num = int(input("共有多少名参赛者？"))
for i in range(num):
    s = int(input("请输入{}号选手跳绳次数：".format(i+1)))   # 输入选手成绩
    ts.append(s)                                         # 存储选手成绩
num1 = enumerate(ts)
pxts = sorted(num1,key=itemgetter(1),reverse=True)       # 将列表按照成绩排序
print("***************************")
print("*    跳绳选手比赛成绩       *")
print("***************************")
for i in range(num):                                     # 使用循环呈现排序成绩
    print("第{}名：{}号选手跳了{}次".format(i+1,pxts[i][0]+1,pxts[i][1]))
```

测试程序　运行程序，输入参与人数8，并输入每位选手的跳绳次数，最后显示计算机程序运行结果。

```
共有多少名参赛者？8
请输入1号选手跳绳次数：177
请输入2号选手跳绳次数：182
请输入3号选手跳绳次数：200
请输入4号选手跳绳次数：165
请输入5号选手跳绳次数：220
请输入6号选手跳绳次数：246
请输入7号选手跳绳次数：189
请输入8号选手跳绳次数：190
***************************
*   跳绳选手比赛成绩      *
***************************
第1名：6号选手跳了246次
第2名：5号选手跳了220次
第3名：3号选手跳了200次
第4名：8号选手跳了190次
第5名：7号选手跳了189次
第6名：2号选手跳了182次
第7名：1号选手跳了177次
第8名：4号选手跳了165次
```

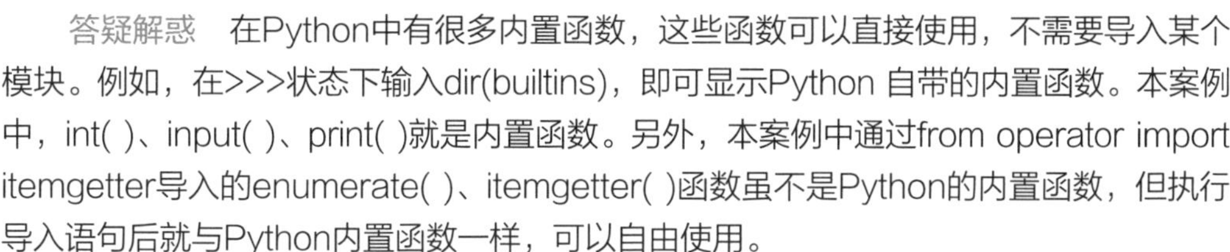

答疑解惑　在Python中有很多内置函数，这些函数可以直接使用，不需要导入某个模块。例如，在>>>状态下输入dir(builtins)，即可显示Python 自带的内置函数。本案例中，int( )、input( )、print( )就是内置函数。另外，本案例中通过from operator import itemgetter导入的enumerate( )、itemgetter( )函数虽不是Python的内置函数，但执行导入语句后就与Python内置函数一样，可以自由使用。

拓展应用　在本案例中，因跳绳成绩是整数，所以在代码中应用int( )函数接收输入的成绩。若比赛成绩中包含小数，如跳高、跳远、跑步等成绩，可使用float( )函数。

案例 73　完善乘法口诀

知识与技能： 函数参数

小雪使用Python编写了乘法口诀表，效果如下图所示，但是结果看起来很不方便。沙沙对程序进行了修改，执行效果如下图所示，表格看起来更加直观了。你知道沙沙是如何做的吗？

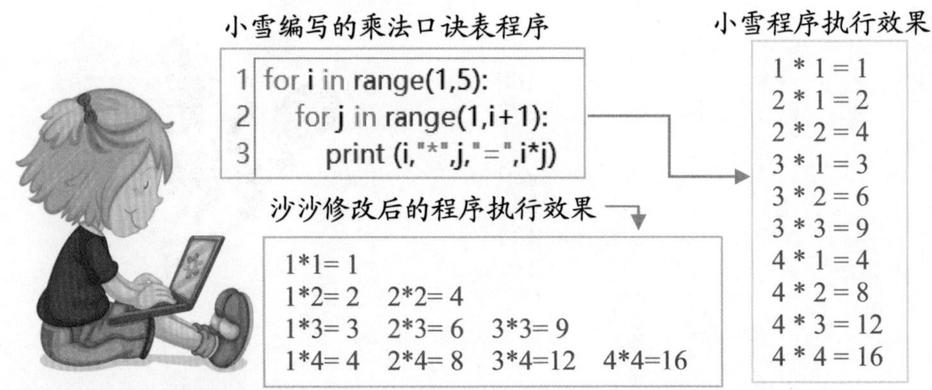

1. 案例分析

本案例中小雪编写的乘法口诀程序输出的结果只有一列，而沙沙编写的程序效果中，每行输出的列数和行号一样。对比两次输出的结果，原始的如4*1=4在乘法口诀表中应是1*4=4。我们还可以通过编程将乘法口诀表扩展为9乘9的结构。

问题思考

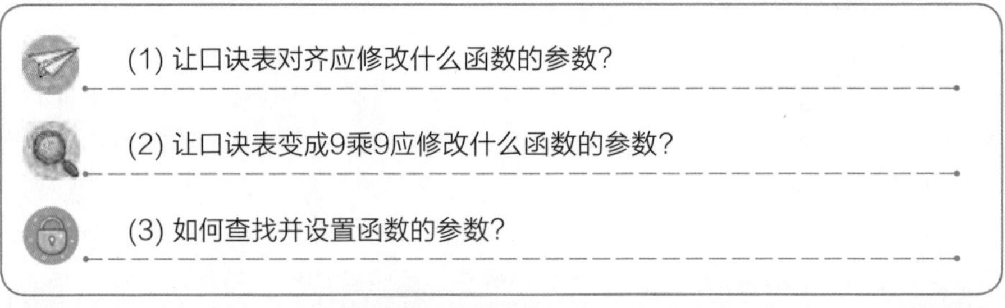

理一理　要想让乘法口诀表呈阶梯状效果，就需要控制行、列，以及每行每列中呈现的乘法算式中的数值变化。这看起来很难，但只要选择正确的函数，配合嵌套循环，就可以实现。

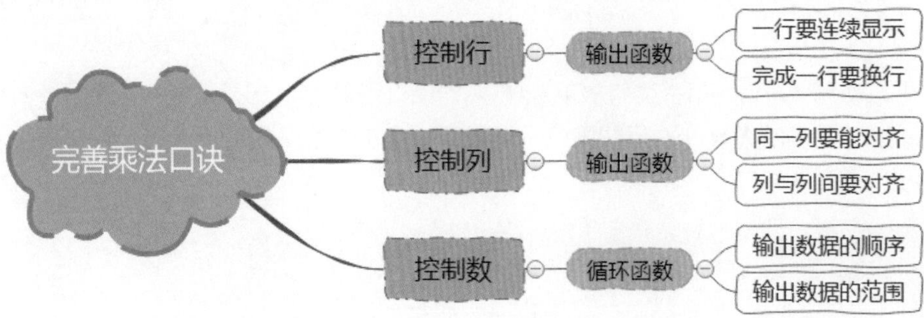

2. 案例准备

print( )函数的参数　print( )是Python内置的打印输出函数，是最常用的函数。函数print ( )有很多参数，具体用法如下所示。

obj —— 复数，可以一次输出多个对象，对象之间用逗号分隔。
sep —— 间隔多个对象，默认值是一个空格。
end —— 设置print()方法以什么结尾，默认是一个换行符。
file —— 写入的文件对象。
flush —— 输出是否被缓存，True强制刷新，默认为False。

pring( )函数的obj参数，可以显示一个对象，也可以多个对象一起显示，如print (i,"*",j,"=",i*j)就是一次显示多个对象。print( )函数的end参数是用来设定以什么结尾，默认情况下输出一个对象后会自动换行，修改为空格后，会在第一次输出的后面隔一个空格继续输出，如print (i,"*",j,"=",i*j,end=" ")，就是每输入一组乘法后再输出一个空格。

常见的%占位符　在Python中，占位符以%开头，后面加参数可以定义数据的类型，如%s 代表字符串(string)类型，也可以定义其他类型。比较常见的几种%占位符如表所示。

运算符	描述	示 例	运算结果	说明
%s	字符串	s='hello' print('%s'%s)	hello	输出字符串hello
%d	十进制数	d=2 print('%d'%d)	2	输出十进制数2
%e	指数，基底为e	a=2019 print('%e'%a)	2.019000e+03	转为科学记数法表示
%f	浮点型	b=3.1415926 print('%f'%b)	3.141593	默认小数点后保留6位

查找函数的参数　Python内置函数一般都是有参数的，可以在Python>>>状态下借助help( )函数取得相关帮助信息。在Python环境中测试函数的参数的不同用法，可以掌握函数参数的设置技巧，以便根据程序设计的需求，灵活设置函数的参数，发挥函数的最大功能。

算法设计　在外层循环结束部分，要添加能回车换行的输出函数；在内层的循环中，要设置控制输出对齐的函数参数。注意修改输出数据显示顺序及循环的次数值。本案例的算法思路如下图所示。

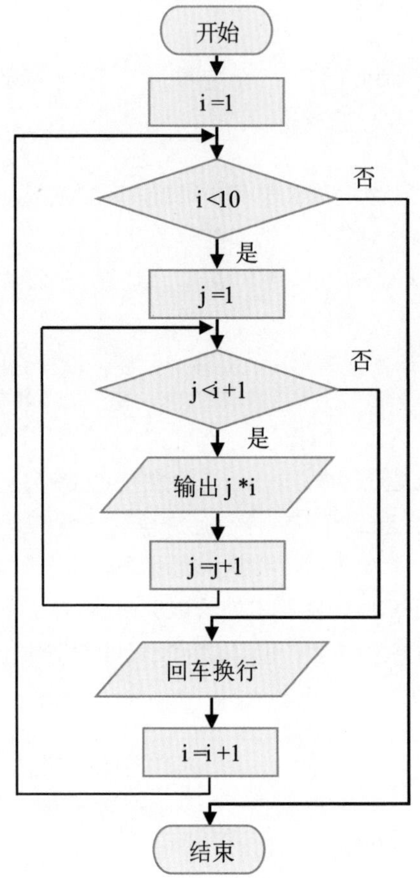

3. 实践应用

编写程序

```
print (" 小雪编写的程序")
for i in range(1,5):
    for j in range(1,i+1):
        print (i,"*",j,"=",i*j)
print ()
print (" 沙沙修改的程序")
for i in range(1,10):                                  # 设置数值范围从1到9
    for j in range(1,i+1):
        print ("{}*{}={:2}".format(j,i,i*j),end="  ")  # 设置格式化输出参数，并添加空格
    print ()                                           # 输出函数参数为空，即回车换行
```

测试程序　运行程序，可根据显示情况，调整end="　"中空格数，完成的9乘9的乘法口诀表效果如图所示。

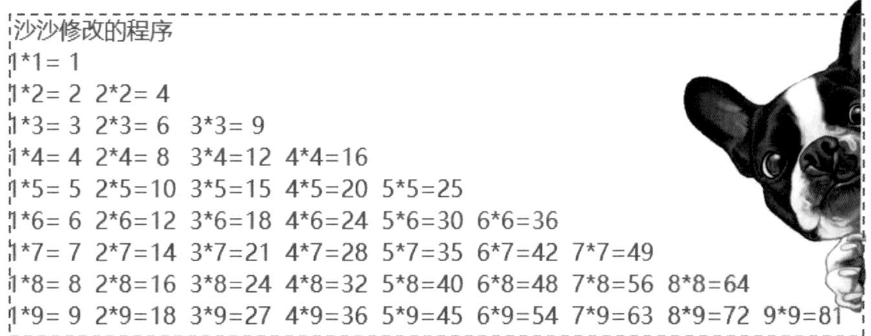

答疑解惑　在Python中，print( )函数可以使用.format( )进行格式化输出。在本案例中，{}*{}={:2}，就是对应如“1*1=1”“1*2=2”“2*2=4”等的显示。其中{}默认为变量的长度，在“2*4=8”与“2*5=10”这一列对齐时，乘积中有的是1位数8，有的是2位数10，从而导致列宽不齐的情况，因此需设置乘积宽度为{:2}。

拓展应用　print( )函数中的参数设置有多种，通过下图展示的程序段与执行结果，观察并理解在print( )函数中设置不同参数对应的效果。

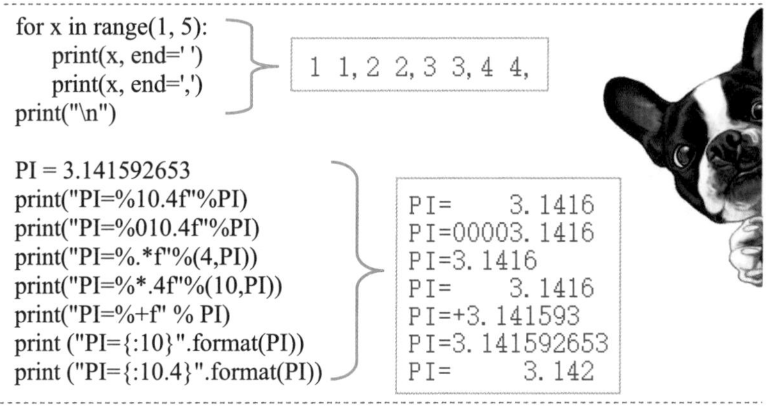

案例 74　今天是第几天

知识与技能： 函数返回值

沙沙使用函数自动读取系统的日期，依据函数返回的年、月、日数值，编程计算今天是今年的第几天。小雪认为这种程序要考虑闰年的问题，应该很难。沙沙却说如果能用好函数的返回值，一条语句就可以实现。

1. 案例分析

使用Python函数可以读取当前系统的日期与时间信息，并将读取后的数据存放在列表中。对年份进行闰年判断，如果是闰年2月就为29天，否则就是28天。累加前几个月的天数，最后加上当月所在的天数，得出“今天是今年的第几天的”的结果。

问题思考

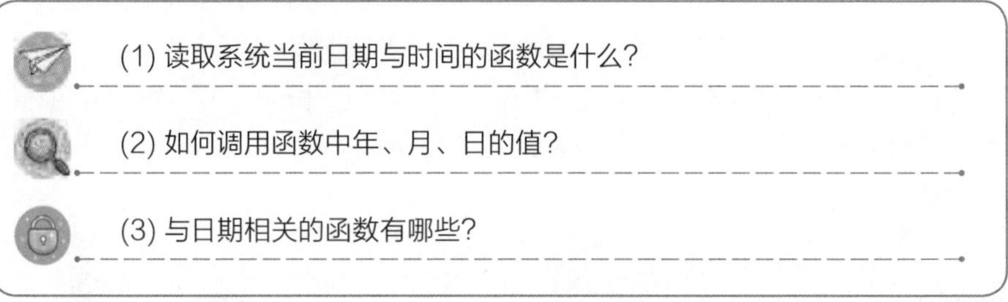

理一理　Python函数一般都有返回值，掌握应用函数返回值的方法，可以发挥函数最大的功效。在本案例中，要先分析所需使用的日期函数，通过设置这些函数的参数，实现计算天数功能。

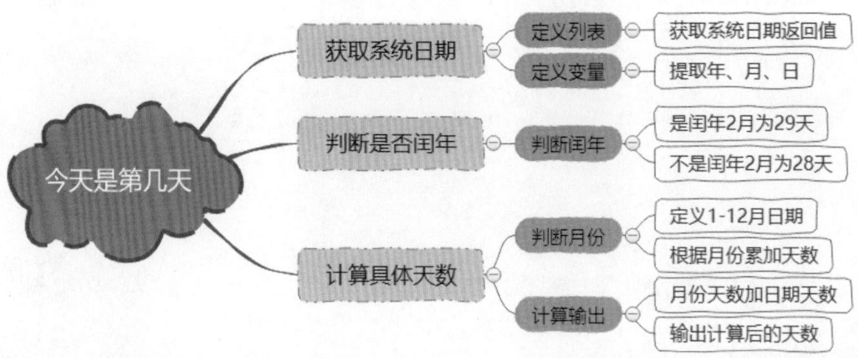

2. 案例准备

localtime( )函数返回值　localtime( )不是Python自带的内置函数，需要载入import time模块后使用。localtime( )函数的返回值有年tm_year,月 tm_mon, 日tm_ mday,时 tm_hour,分 tm_min, 秒tm_sec, 等。其使用方法如下。

> 输出print(time.localtime())的返回值
>
> 如 tm_year=2023, tm_mon=1, tm_mday=13, tm_hour=23, tm_min=9, tm_sec=29, tm_wday=4, tm_yday=13, tm_isdst=0
>
> **可知：**当年是2023年1月13日23时9分29秒等。

返回值语法格式　在Python中，可以在函数体内使用return语句，为函数指定返回值。return 语句的语法格式如下。

> result = return[value]
>
> result：用于保存返回结果。如果返回的是一个值，那么result中保存的就是返回的一个值，该值可以是任何类型；如果返回多个值，那result中保存的是一个元组。
>
> value：可选参数，用于指定要返回的值。可以返回一个值，也可以返回多个值。

当函数中没有return 语句时，或省略了return语句的参数时，将返回None，即返回空值。

算法设计　使用time.localtime( )读取系统当前日期给列表date，再使用year,month,day变量读出年月日的值。定义月份day_month列表，再根据变量year判断是否闰年，从而确定最终的月份day_month列表。根据当前月份减1，对月份day_month列表求和，再加上日变量的天数，即可完成天数的计算。本案例的算法思路如下图所示。

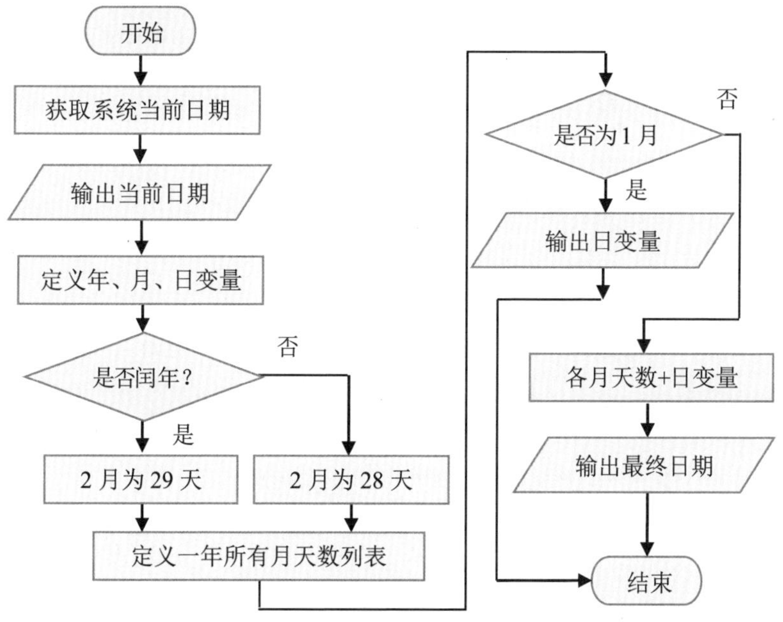

3. 实践应用

编写程序

```
import time
date=time.localtime()
print("今天是{}年{}月{}日".format(date.tm_year,date.tm_mon,date.tm_mday))
year,month,day=date[:3]
day_month=[31,28,31,30,31,30,31,31,30,31,30,31]
if (year%400==0) or (year%4==0 and year%100!=0):
    day_month[1]=29
if month==1:
    print("今天是今年的第{}天！".format(day))
else:
    print("今天是今年的第{}天！".format(sum(day_month[:month-1])+day))
```

测试程序　设置3个不同的系统日期，进行程序测试，查看程序执行结果。

```
今天是 2020 年 5 月 11 日
今天是今年的第 132 天！

今天是 2023 年 1 月 11 日
今天是今年的第 11 天！

今天是 2023 年 5 月 11 日
今天是今年的第 131 天！
```

答疑解惑　在本案例中，day_month=[31,28,31,30,31,30,31,31,30,31,30,31]，这是将1-12月以列表方式将每个月的天数定义好，其中2月以28天设置。再进行闰年的判断(year%400==0) or (year%4==0 and year%100!=0)，如是闰年，就更新2月，day_month[1]=29就是将列表中是闰年的2月改为29天。sum(day_month[:month-1])+day就是前几月的天数加上当月所在的天数。

拓展应用　在本案例中，time.localtime( )函数中有一个返回值tm_yday，其功能是自动计算当前日期是今年的第几天，所以只要写print("今天是今年的第{}天！".format(date.tm_yday))一条语句即可完成。

案例75 求四叶玫瑰数

知识与技能：自定义函数

小雪与沙沙在交流用Python编写自然数中的自幂数，4位自幂数又叫四叶玫瑰数。小雪得意地说："我使用循环可以编写一个求自幂数程序！"沙沙不服气，想通过自定义函数提高效率，编写一个求四叶玫瑰数的程序。

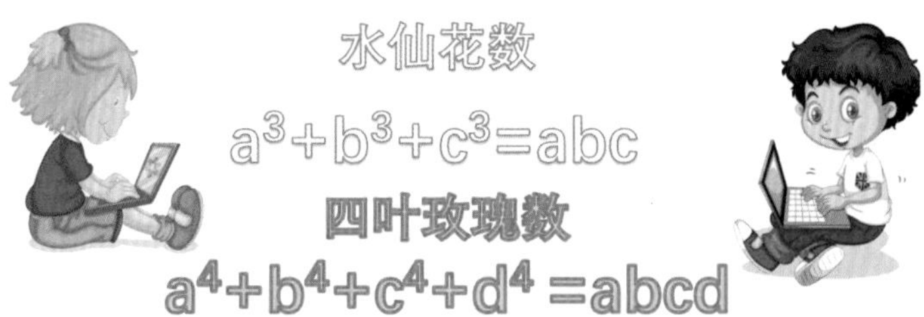

1. 案例分析

要想完成本案例，首先要了解什么是自幂数。例如，153是一个3位自幂数，各个数位的3次幂之和为1^3+5^3+3^3=153，3位自幂数又称为水仙花数。4位自幂数各个数位的4次幂之和为本身，如1^4+6^4+3^4+4^4=1634，这样的4位自幂数又叫作四叶玫瑰数。本案例程序主要使用自定义函数来实现，掌握自定义函数的编写对后续学习有很大帮助。

问题思考

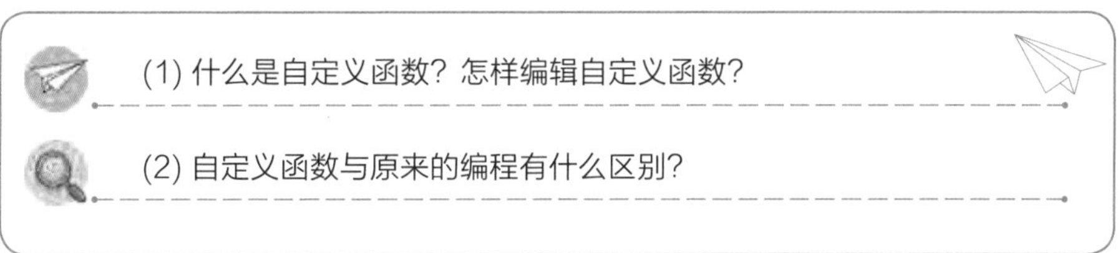

理一理　在Python中，除了有内置函数，用户还可以根据自身需求创建函数。寻找四叶玫瑰数可以用Python的自定义函数来实现，它可以使程序变得更有条理。

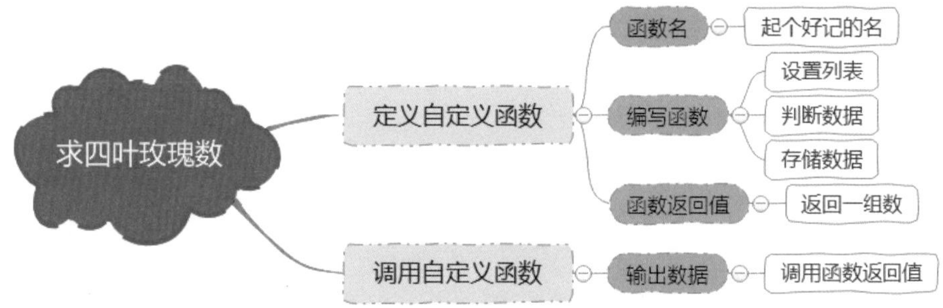

2. 案例准备

函数的定义方法　在Python程序中，使用函数之前必须先定义，才能调用它。通常使用def语句来创建一个函数，其语法格式如下所示。

```
def 函数名(参数):                 如：def fcs(x,y):
    函数体                              z=x*x+2*x*y+y*y
    return 返回值                       return z
```

其中，fcs是函数名，x，y是函数的2个参数，语句z=x*x+2*x*y+y*y是函数体，函数返回的值是z。需要注意的是，函数在使用时，可以没有参数和返回值，但是函数名后面的小括号和冒号不能省略。

自定义函数语法规则　使用def语句定义的函数，包括函数名、参数、函数体和返回值4部分，它在定义时要遵循一定的语法规则。

def开头：函数以def关键词开头，后面紧跟函数名、小括号和冒号。

参数：可以没有参数，如有则必须在括号内，多个参数用逗号隔开。

函数体：即函数的内容，要使用缩进来表示语句。

返回值：可以是任意一种类型的数据，也可是表达式。如果没有返回值，默认返回None。

算法设计　首先自定义rose()函数，函数体中的代码主要是提取1000～10 000的四位数，判断其是否是四叶玫瑰数，然后将符合四叶玫瑰数条件的数字保存在data( )列表中，最后通过自定义函数的返回值返回到主程序。本案例的算法思路如下图所示。

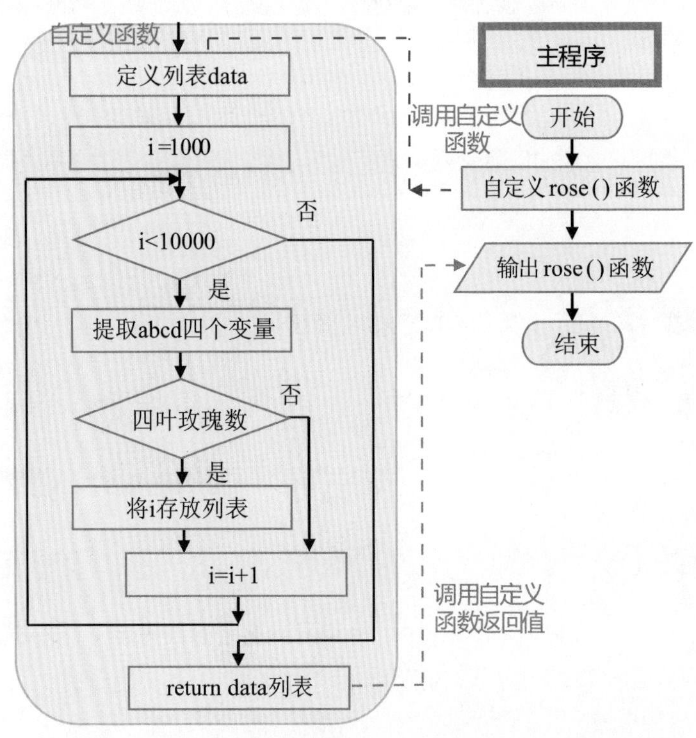

3. 实践应用

编写程序

```
def rose():
    data = []
    for i in range(1000,10000):
        a = i//1000                   # 千位
        b = i//100%10                 # 百位
        c = i//10%10                  # 十位
        d = i%10                      # 个位
        if a*a*a*a + b*b*b*b + c*c*c*c + d*d*d*d==i:
           data.append(str(i))        # 将四叶玫瑰数存储到data()
    return ",".join(data)             # 返回data()

print("10000以内的四叶玫瑰数有:{}".format(rose()))
```

测试程序　运行程序，显现10 000以内的四叶玫瑰数。

```
10000以内的四叶玫瑰数有:1634,8208,9474
```

答疑解惑　d = i%10是求10的余数，即个位数，而c = i//10%10表示先除以10后再求余数，即提取十位数。同理，b = i//100%10求出百位数，a = i//1000求出千位数。再通过自幂数公式a*a*a*a + b*b*b*b + c*c*c*c + d*d*d*d==i，判断是否为四叶玫瑰数。所有符合条件的数据都存放在data()中，最后使用return返回存放到data()中，在主程序中进行调用显示。

拓展应用　参照本案例所学知识，我们还可以自定义3位自幂数的水仙花数函数，也可以自定义5位自幂数的五角星数函数。

```
def sxhs():                              #水仙花数自定义函数
    data3 = []
    for i in range(100,1000):
        a = i//100
        b = i//10%10
        c = i%10
        if a*a*a + b*b*b + c*c*c ==i:
            data3.append(str(i))
    return ",".join(data3)
print("1000 以内的水仙花数有{}".format(sxhs()))

def wjss():                              #五角星数自定义函数
    data5 = []
    for i in range(10000,100000):
        a = i//10000
        b = i//1000%10
        c = i//100%10
        d = i//10%10
        e = i%10
        if a*a*a*a*a+b*b*b*b*b+c*c*c*c*c+d*d*d*d*d+e*e*e*e*e==i:
            data5.append(str(i))
    return ",".join(data5)
print("100000 以内的五角星数有:{}".format(wjss()))
```

```
1000以内的水仙花数有153,370,371,407
100000以内的五角星数有:54748,92727,93084
```

案例76

玩转恺撒密码

知识与技能： 形参与实参

恺撒密码最早是由古罗马军事统帅恺撒在军队中用来传递加密信息的，它通过将字母按顺序推后3位起到加密作用，如将字母A换作字母D，将字母B换作字母E，它是一种最简单且最广为人知的加密技术。小龙与沙沙协作，一个编写恺撒加密函数，一个编写恺撒解密函数，并相互验证是否正确。

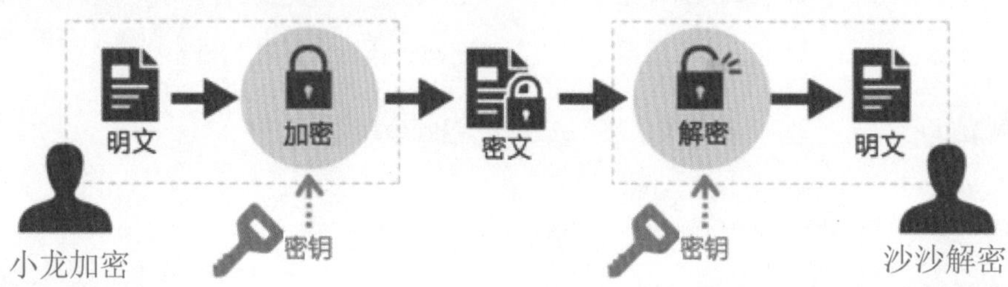

1. 案例分析

如果小龙与沙沙分别用Python编写自定义函数，要先在主程序中接收明文参数，运行小龙的加密函数，返回生成密文。然后用生成的密文为参数，运行沙沙的解密函数，看最终返回的明文是否为输入的内容，即可判断两人协作是否成功。

问题思考

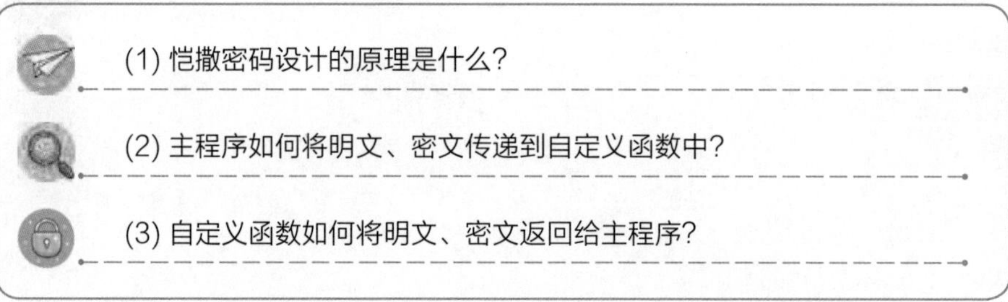

理一理　移位加密是恺撒密码的关键，那么如何实现移位加密呢？这就要根据具体情况合理选用函数，从而实现算法到编程的统一。

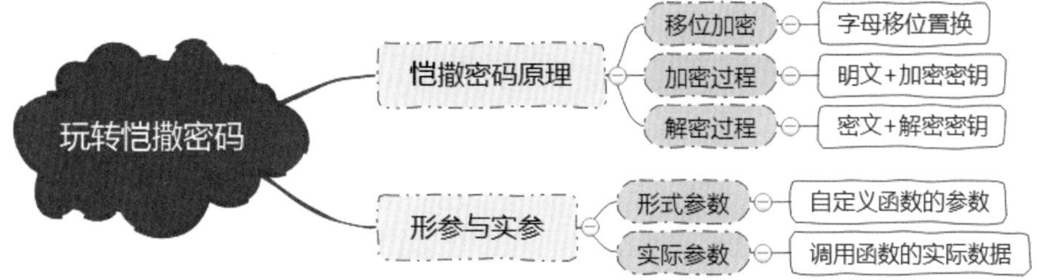

2. 案例准备

恺撒密码　恺撒密码的设置过程非常简单，为便于理解，本案例以26个小写字母为例，设置偏移量3，如下图所示。字母a将被替换成d，b变成e，而x被替换为a，y被替换成b，以此类推。

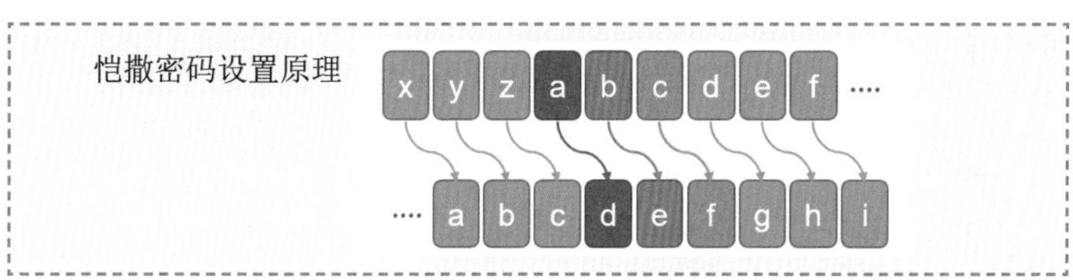

若c为任意一个a~z的字母，代码chr(ord('a')+((ord(c)-ord('a'))+3)%26)就能实现字母的偏移替换，即为加密。反之chr(ord('a')+((ord(c)-ord('a'))-3)%26)就是将密文进行解密。此代码中+3，在加密时即是向右侧移动3个字母，解密时需还原，即使用-3，向左移动3个字母。在恺撒加密过程中，这个+3称为密钥，加密与解密人员都需知道，这样即完成恺撒密码的应用。

形参与实参　形参是指形式上的参数，在未赋值时只是一个变量，没有实际值。实参是调用自定义函数时传递的实际数据。例如，在自定义函数area()中，函数变量width、 height就是形式参数，而在调用求长方形面积自定义函数的area(4,5)中，4与5就是实际数据。

```
Def area ( width, height ):
    s = width * height
    return s
print ( "长方形{ }*{ }的面积是：{ }".format(4,5,area(4,5)))
```

算法设计　本案例中相对复杂的加密与解密过程应该用自定义函数来处理，主程序中输入明文或密文，将这种实际数据的实参传递给自定义函数即可。下图以自定义加密函数为例进行介绍，解密思路与加密思路一致。

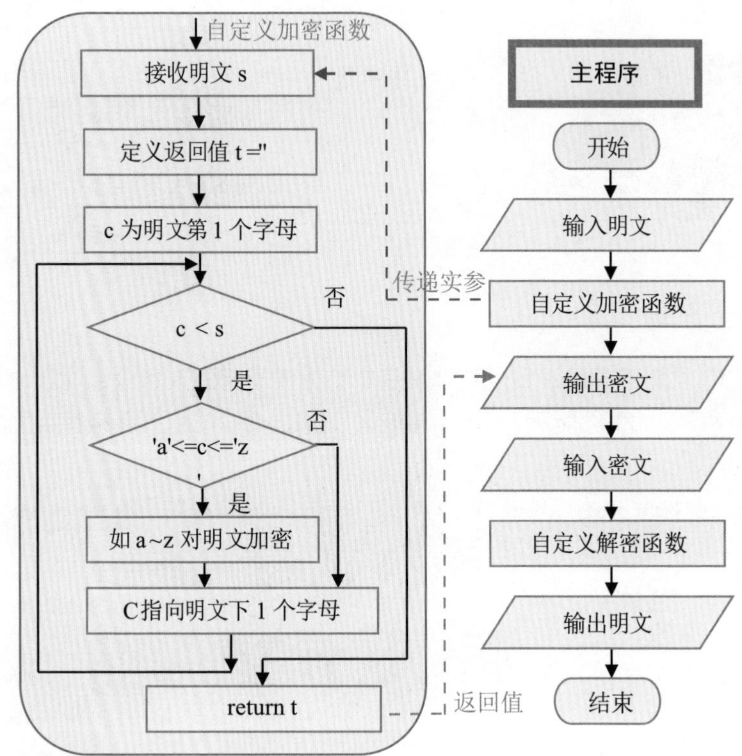

3. 实践应用

编写程序

```
def ksmm(s):                                       # 自定义加密函数
    t = ''
    for c in s:
        if 'a'<=c<='z':
            t+=chr(ord('a')+((ord(c)-ord('a'))+3)%26) # 右移3位加密
        else:
            t+=c                                   # 不是a~z的字母符号不加密
    return t
def ksjm(s):                                       # 自定义解密函数
    t = ''
    for c in s:
        if 'a'<=c<='z':
            t+=chr(ord('a')+((ord(c)-ord('a'))-3)%26) # 左移3位解密
        else:
            t+=c                                   # 不是a~z的字母符号，不解密
    return t
s1 = input("请你输入明文：")                        # 主程序
print("加密后的密文：",ksmm(s1))
s2 = input("请你输入密文：")
print("破解后的明文：",ksjm(s2))
```

测试程序　运行程序，第一次输入明文hello Python!进行测试，再输入密文khoor sbwkrq!进行对比测试；第二次输入abcdefghijklmnopqrstuvwxyz，进一步观察a~z加密后的变化规律，同理，输入加密后的密文，对比解密函数是否能够还原。

```
请你输入明文：hello python!
加密后的密文： khoor sbwkrq!
请你输入密文：khoor sbwkrq!
破解后的明文： hello python!
>>>
请你输入明文：abcdefghijklmnopqrstuvwxyz
加密后的密文： defghijklmnopqrstuvwxyzabc
请你输入密文：defghijklmnopqrstuvwxyzabc
破解后的明文： abcdefghijklmnopqrstuvwxyz
>>>
```

答疑解惑　在本案例的代码中，只需添加elif 'A'<=c<='Z':与t+=chr(ord('A')+((ord(c)-ord('Z'))-3)%26)代码，即可实现对大写A~Z的加密与解密功能。

拓展应用　将本案例中的位移数值3设置为一个变量n，在主程序中，给出一个1~26中的数字，传递到加密解密的函数参数之中，可以改变恺撒密码的位移数值。

案例 77　求多边形面积

知识与技能：局部变量与全局变量

多边形面积的计算有多种方法，如下图所示为一个不规则的五边形，这个五边形可以分解成3个三角形。其中，左侧三角形三边边长为5、6、8，中间三角形三边边长为8、8、7，右侧三角形三边边长为8，10，13。沙沙使用已知三边边长求三角形面积的公式，分别计算出三角形的面积，再将三角形的面积相加得出多边形的面积。

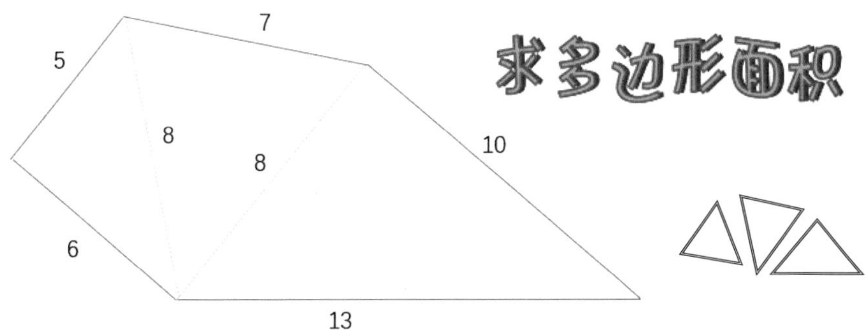

1. 案例分析

本例中的不规则五边形，可以拆分成3个三角形。这个不规则五边形的面积等于3个三角形面积之和。沙沙将三角形面积的计算定义为函数，在主程序调用时只需给出三角形的各边长度即可求解。

问题思考

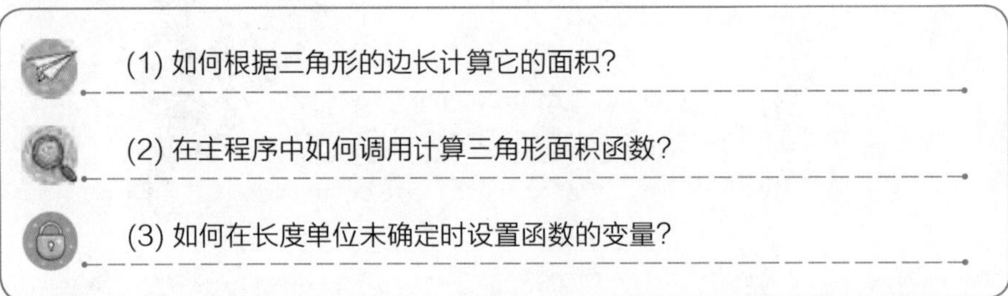

理一理　在Python中可利用海伦公式自定义函数求三角形面积。对于不同的多边形，因拆分的三角形个数不确定，可以利用局部变量与全局变量，分别自定义函数中三角形的面积和多边形总面积，多边形面积随着所拆分的三角形个数变化而变化。

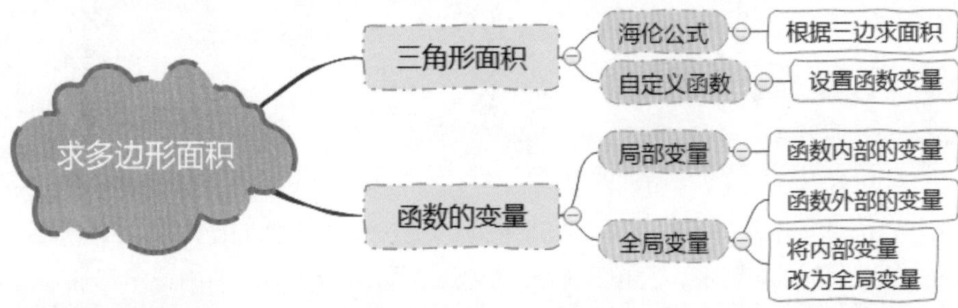

2. 案例准备

海伦公式　它是利用三角形三条边的边长直接求三角形面积的公式。若*a*、*b*、*c*为三角形3条边的边长，*p*为周长的一半，即*p*=(*a*+*b*+*c*)/2，*S*为面积，则表达式为$S=\sqrt{p(p-a)(p-b)(p-c)}$，利用它可以更快、更简便地求出面积和周长。

$S=\sqrt{p(p-a)(p-b)(p-c)}$可以用以下代码来表示

```
S=(p*(p-a)*(p-b)*(p-c))**0.5
```

变量的作用范围 变量能被访问的权限取决于它是在程序中哪个位置被赋值的。按照能被访问的范围，变量分为局部变量和全局变量。

```
def printmul(a,b):
    s=a*b                              # s在函数内部为局部变量
    print('函数内部s=:',s)              # 打印局部变量s的值
p=1                                    # 此处product为全局变量
printmul(2,3)
print('函数外部p=:',p)
```

一般情况下，在函数内部声明的变量，它的作用范围限于函数内部，不能在函数外部访问，我们称这样的变量为局部变量。而定义在函数外部的变量，它的作用范围是整个程序，这样的变量叫作全局变量。

算法设计 为了对比区别全局变量与局部变量，在求三角形面积自定义函数中使用global注明全局变量 i，让函数体中的局部变量 i 成为全局变量，同时在主程序中设置 i=0 的初值，通过3次调用，查看 i 的变化。本案例的算法思路如下图所示。

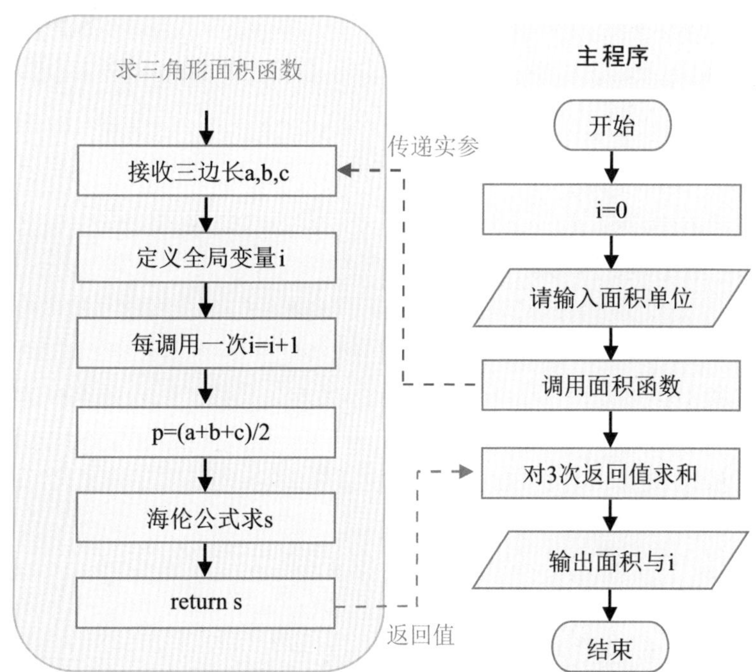

3. 实践应用

编写程序

```
def area(a,b,c):
    global i                                    # 将局部变量i定义为全局变量
    i=i+1
    p=(a+b+c)/2
    s=(p*(p-a)*(p-b)*(p-c))**0.5
    return s                                    # 此s虽可返回，但此处s是局部变量
i=0
dw=input("请输入面积的单位：")
s=area(5,6,8)+area(7,8,8)+area(8,10,13) # 此s在主程序中，是全局变量
print('多边形面积为{:.2f}{}，调用area()函数{}次。'.format(s,dw,i))
```

测试程序　运行程序，第一次输入“平方米”，第二次输入“平方厘米”，最后查看运行结果。

```
请输入面积的单位：平方米
多边形面积为80.1398平方米，调用area()函数3次。
>>>
请输入面积的单位：平方厘米
多边形面积为80.14平方厘米，调用area()函数3次。
>>>
```

答疑解惑　在本例中，利用海伦公式 $S=\sqrt{p(p-a)(p-b)(p-c)}$来计算三角形的面积，转换成Python表达式为s=(p*(p-a)*(p-b)*(p-c))**0.5。这里使用指数运算**来计算平方根，要注意的是，用指数计算的方法只适用于正数。

拓展应用　本案例的重点是全局变量与局部变量的应用，关键是理解变量的作用范围。在Python函数中，内置函数的变量是无法影响主程序的全量的，本案例的i在函数中应为局部变量，但加入了global函数i后，升级为全局变量。所以，就算主程序中i=0，但3次调用area()函数，每调用一次，i+1发生更改，最后在主程序中的i为3。本案例中area()函数s是局部变量，虽然return s返回主程序，但还是改变不了主程序s=area(5,6,8)+area(7,8,8)+area(8,10,13)的值。

案例78 长方体表面积

知识与技能：关键字参数

小雪辅导妹妹小花学习Python编程。小花说：“长方体有6个面，能不能编写一个

程序，只要输入长方体的长、宽、高的数值，就能计算出长方体表面积？”小雪笑着说：“当然可以用编程解决，我还能使用自定义函数，采用函数调用函数的方法来实现。”

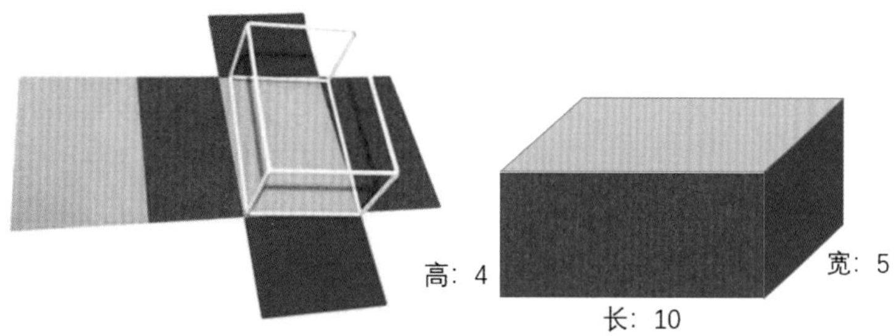

1. 案例分析

长方体表面积共有6个面，两两相对，只要有长方体的长、宽、高数据，就可以编写出表面积计算程序。使用自定义函数的方法，先将求长方体表面积分解成先求一个面积函数，再用求表面积函数调用面积函数，根据长、宽、高的实参，求出总面积。

问题思考

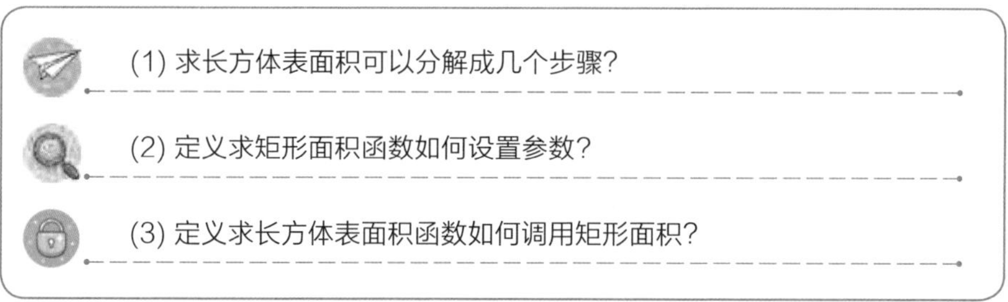

理一理　本案例是将求长方体表面积的问题，分解成求3个矩形侧面积的问题。在Python中需要先自定义一个面积函数，再自定义一个表面积函数，利用表面积函数调用面积函数。

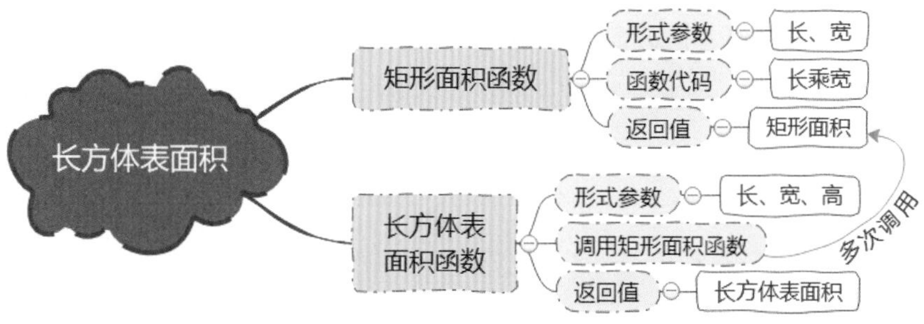

2. 案例准备

使用位置参数调用函数　在调用函数时，传递的实参与定义函数时的形参顺序一致，这是调用函数的基本形式。

```
def rect_area( width , height) :   #形参列表
    area = width * height
    return area
r_area = rect_area(100,80)         #调用函数，实参列表顺序与形参一致
```

使用关键字参数调用函数　在调用函数时，可以采用“关键字=实参”形式，其中，关键字的名称就是定义函数时形参的名称。使用关键字参数调用函数时，调用者能够清晰地看出所传递参数的含义，提高函数调用的可读性。

```
def rect_area( width , height) :                 #形参列表
    area = width * height
    return area
r_area = rect_area(width =100,height=80)         #关键字名称就是形参名称
r_area = rect_area(height=80,width =100)         #实参不再受形参顺序限制
```

算法设计　主程序调用长方体表面积函数，传递长、宽、高3个实参，而长方体表面积函数分3次调用矩形面积函数，使用长、宽，长、高，宽、高三组实参，分别接收3次矩形面积函数，然后乘以2，得到6个面的长方体表面积之和，最后将表面积返回到主程序。本案例的算法思路如下图所示。

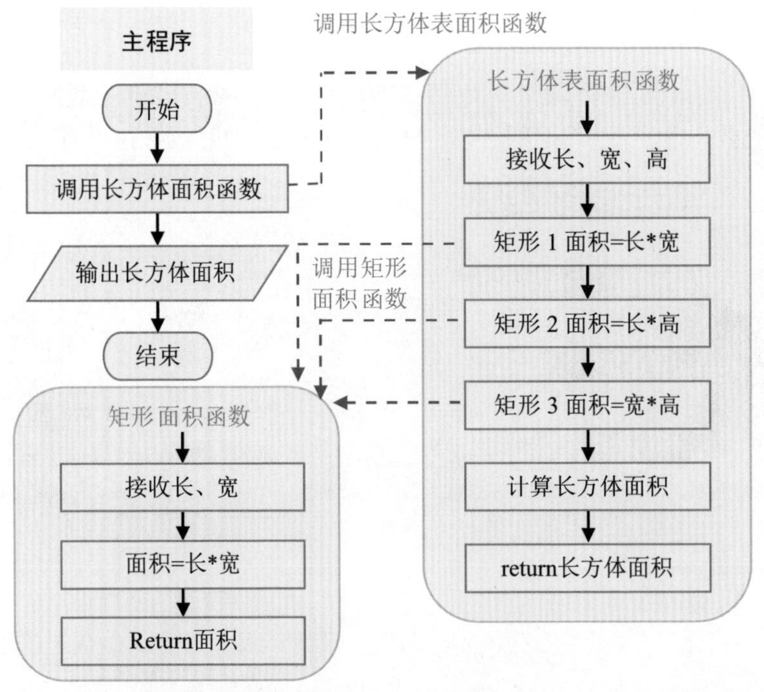

3. 实践应用

编写程序

```
def  rect_area(width, height):          # 长方体表面积有3个面乘2
    area = width * height
    print('长{}宽{}的矩形表面积为{}。'.format(width, height, area))
    return area                         # 返回矩形面积
def cft_area(a, b, c):                  # 自定义矩形表面积函数
    s1=rect_area(width=a, height=b)     # 使用关键词参数调用函数
    s2=rect_area(width=b, height=c)
    s3=rect_area(width=a, height=c)
    cft=(s1+s2+s3)*2                    # 长方体表面积有3个面乘以2
    return cft
print('长方体表面积为{}。'.format(cft_area(4, 5, 10)))
```

测试程序　运行程序，查看运行结果。

```
长4宽5的矩形表面积为20。
长5宽10的矩形表面积为50。
长4宽10的矩形表面积为40。
长方体表面积为220。
>>>
```

答疑解惑　在Python中，自定义函数还可以调用其他自定义函数，但在调用时要注意函数参数的传递。本案例使用关键字参数的方法，目的是使函数代码便于阅读。

案例 79　斐波那契数列

知识与技能：递归函数

斐波那契数列是由意大利数学家列昂纳多·斐波那契以兔子繁殖为例而引入的，故又称为“兔子数列”。斐波那契数列的前两项为0和1，从第3项开始，每一项都等于前两项之和，如0、1、1、2、3、5、8、13、21、34……沙沙研究了斐波那契数列的数学函数，在编写Python程序时，输入n项次，让程序显示所有n项的斐波那契数列值。

$$F_n = \begin{cases} 0 & n = 0 \\ 1 & n = 1 \\ F_{n-1} + F_{n-2} & n > 1 \end{cases}$$

递归法调用函数

n	0	1	2	3	4	5	6	7	8	9	…
Fn	0	1	1	2	3	5	6	13	21	34	

1. 案例分析

“斐波那契数列”使用Fn=Fn-1+Fn-2算式，还要考虑第1次与第2次的情况，再编写自定义函数，使用递归法，即自己调用自己的方式调用自定义函数，最后输出结果。

问题思考

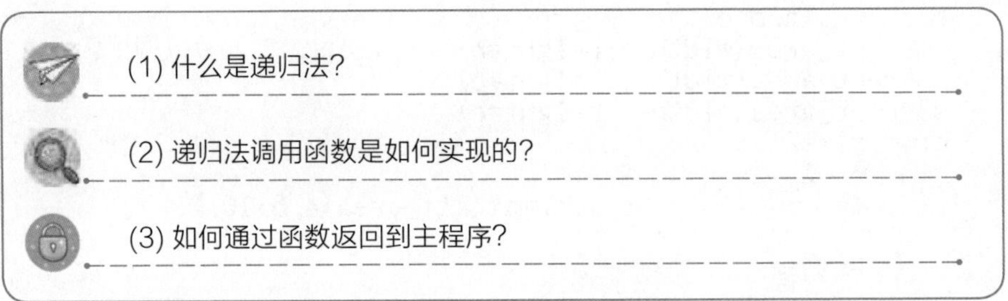

理一理　本案例的难点在于，使用列表将斐波那契各项的值记录在函数中，设置函数时，要考虑前2项的值，以及退出函数的反馈值。

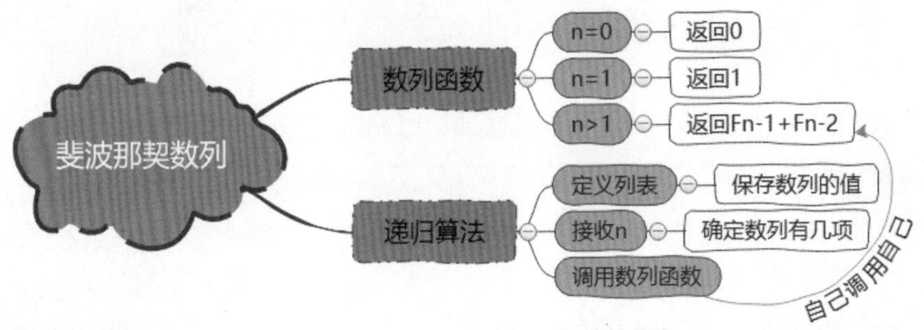

2. 案例准备

递归法　把一个大型复杂的问题层层转化，变成一个与原问题相似的规模较小的问题来求解。递归策略只需少量的程序就可描述出解题过程所需的多次重复计算，大大减少了程序的代码量。递归需要有边界条件、递归前进段和递归返回段。当边界条件不满足时，递归前进；当边界条件满足时，递归返回。

> 递归法三部曲：
> (1) 整个递归的终止条件：递归应该在什么时候结束？
> (2) 找返回值：应该给上一级返回什么信息？
> (3) 本级递归的目标：在这一级递归中，应该完成什么任务？

兔子生兔子 有一对可爱的兔子，从出生后的第3个月开始，每个月都会生一对小兔子。当小兔子长到第3个月后，也会每个月再生一对小小兔子。假设在兔子都不死的情况下，问每个月的兔子总数为多少？以下为自定义函数。

```
def rabbit ( month ) :
    if month <= 2:
        return 2
    else:
        return rabbit ( month-1 ) + rabbit ( month-2 )
```

rabbit()函数的终止条件是month值是否<=2，如是即返回2，如不是将进行自我递归调用rabbit(month-1)+rabbit(month-2)，直至month的值 <=2结束。

算法设计 主程序中先定义一个列表，包含0，1，1初始3项的值，然后要求输入一个大于3的数值。在递归调用过程中，使用函数体内语句的反复调用，每调用一次，就将项数值存放在列表中，再通过函数返回，在主程序中显示。本案例的算法思路如下图所示。

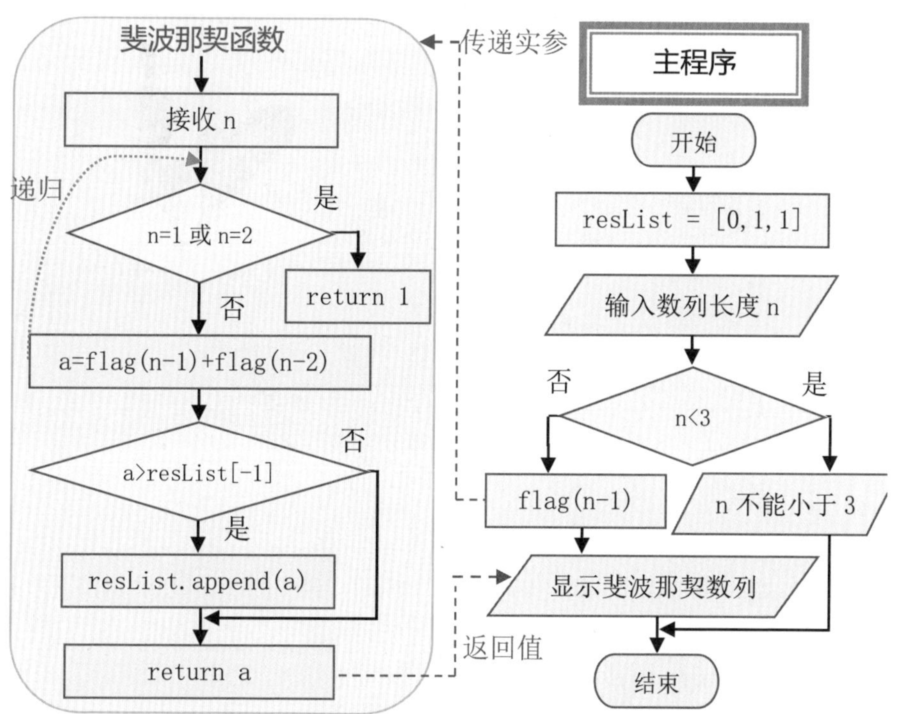

3. 实践应用

编写程序

```
def flag(n):
    if n == 1 or n == 2: # 递归到最后，n的值为1或2，return返回1
        return 1
    a = flag(n-1) + flag(n-2)
    if(a > resList[-1]): #判断如果追加的值小于集合最后一个值时，则不添加值
        resList.append(a)
    return a
resList = [0,1,1]            # 定义列表用于存放最初始3项的值
n=int(input("请输入数列的长度n(n>3)："))
if n < 3:
    print("n不可以小于3") # 只接受大于3的项次，进行调用flag()函数
else:
    flag(n-1)
    print("斐波那契数列：",resList)
```

测试程序　运行程序，第1次输入2，查看显示结果；第2次输入20，查看显示结果；第3次输入40，查看显示结果。

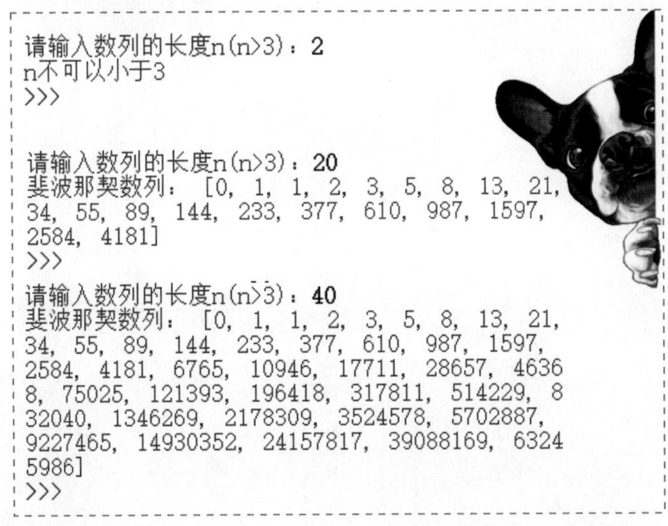

```
请输入数列的长度n(n>3)：2
n不可以小于3
>>>

请输入数列的长度n(n>3)：20
斐波那契数列： [0, 1, 1, 2, 3, 5, 8, 13, 21,
34, 55, 89, 144, 233, 377, 610, 987, 1597,
2584, 4181]
>>>
请输入数列的长度n(n>3)：40
斐波那契数列： [0, 1, 1, 2, 3, 5, 8, 13, 21,
34, 55, 89, 144, 233, 377, 610, 987, 1597,
2584, 4181, 6765, 10946, 17711, 28657, 4636
8, 75025, 121393, 196418, 317811, 514229, 8
32040, 1346269, 2178309, 3524578, 5702887,
9227465, 14930352, 24157817, 39088169, 6324
5986]
>>>
```

答疑解惑　递归调用函数，先“递去”，一直自己调用自己，直到符合n == 1 or n == 2时再返回1；接着“归来”，一层一层完成a = flag(n-1) + flag(n-2)的计算，并将数据resList.append(a)添加到列表中。

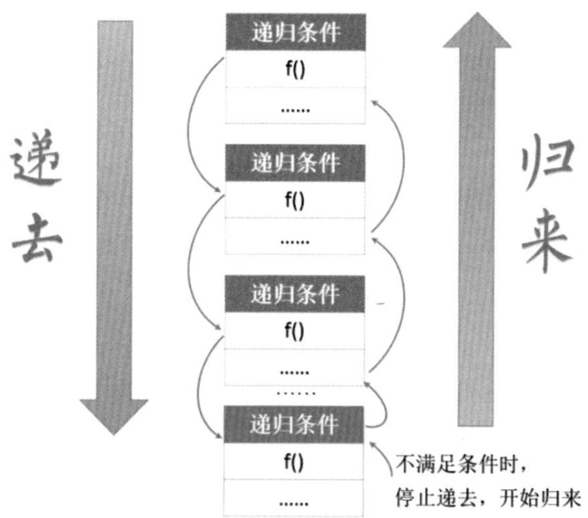

拓展应用　使用本案例的方法，还可以求n!。因为n!=n*(n-1)* (n-2)*…*1(n>0)，请尝试使用递归法编写求n!的程序。

案例 80　祝你生日快乐

知识与技能：无返回值

方芳要过生日了，张龙与赵雪准备使用Python编写一个小程序祝她生日快乐。张龙写音乐部分，即让计算机播放生日歌；赵雪用字符制作生日蛋糕图案并加上祝福语。你知道她俩是如何做的吗?

1. 案例分析

本案例的实现包含2部分内容：一是使用自定义函数编写音乐歌曲，即使用Python代码将音乐简谱表现出来；另一部分是通过输出语句，将符号组合成生日祝福。让生日祝福有“声”有“色”。

问题思考

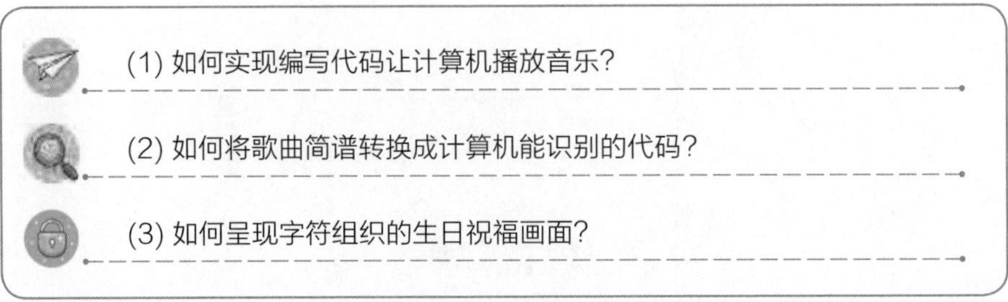

理一理　Python功能强大，可以通过编程实现计算机演奏音乐的效果。在本案例中，可以将《祝你生日快乐》乐曲的简谱转化为频率与时长2个数据，频率大小对应着简谱中的1、2、3、4、5、6、7音节，时长表示简谱中每个音节的时长，从而实现演奏效果。

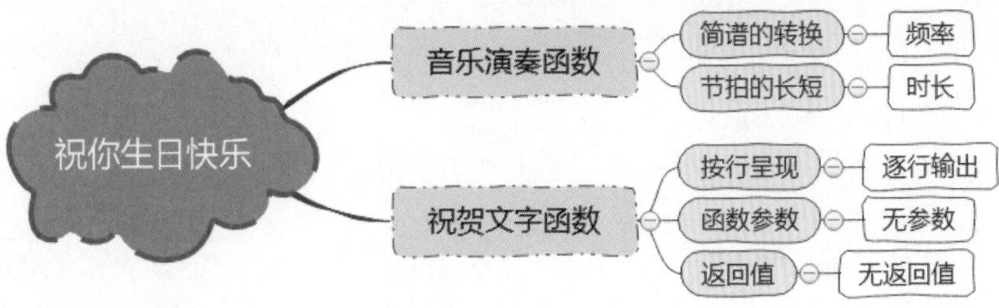

2. 案例准备

蜂鸣器　利用Python可以控制计算机主板上的蜂鸣器，以不同的频率发出声音，从而模拟人哼歌时的效果。对于计算机主板上的蜂鸣器来说，音色和响度基本上是无法修改的，所以只能在频率上动脑筋，从而让蜂鸣器哼出我们想听的歌曲。

Beep( ) 函数　此函数的作用是让蜂鸣器发音，该函数有2个参数，前一个是音节，后一个是节拍时长。下面的代码对应生日歌的第一句。

```
from winsound import Beep
def sound():
    Beep(392,250);Beep(392,250);
Beep(440,500);Beep(392,500);
    Beep(523,500);Beep(494,1000);
```

其中，简谱中5对照可查到频率是392，因是半拍，所以使用Beep(392,250)表示，而6对照可查到频率是440，因是半拍，时长为250毫秒，所以代码为Beep(440,500)。其他内容均可对照简码转换为频率数值，节拍转换为时长数值，完成代码的编写。

算法设计　本案例分别定义sound()与happy()2个函数，算法思路如下图所示。

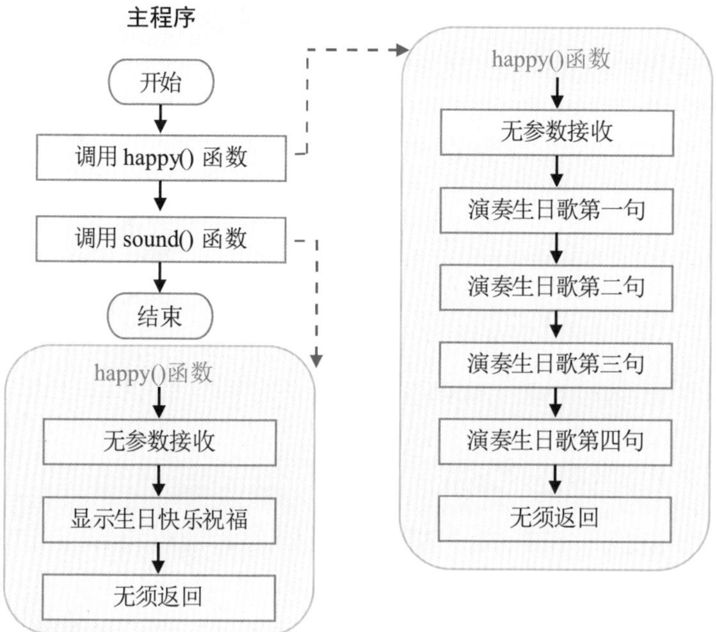

3. 实践应用

编写程序

```
from winsound import Beep                           # 调用Beep函数
def sound():                                        # 无参数无返回值的音乐自定义函数
     Beep(392,250);Beep(392,250);Beep(440,500);Beep(392,500);
     Beep(523,500);Beep(494,1000);                  # 对应生日快乐歌第一句
     Beep(392,250);Beep(392,250);Beep(440,500);Beep(392,500);
     Beep(578,500);Beep(523,1000);
     Beep(392,250);Beep(392,250);Beep(784,500);Beep(659,500);
     Beep(523,500);Beep(494,500);Beep(440,1000);
     Beep(698,250);Beep(698,250);Beep(659,500);Beep(523,500);
     Beep(578,500);Beep(523,1000);
def happy() :                                       # 无参数无返回值的文字祝福函数
     print("Happy birthday to you!"  )
     print("Happy birthday, dear !"  )
     print()
     print("       iiiiiiiiiii"       )
     print("      |:H:a:p:p:y:| "     )
     print("   __|___________|__"     )
     print("    |^^^^^ ^^^^^|"        )
     print("    |\/\/\/\/\/\/\| "     )
     print("   |:B:i:r:t:h:d:a:y:| "  )
     print("| |     生日快乐     | |" )
     print("~~~~~~~~~~~~~~~~~~~~~~~~ ")
     print("♪♬·¨HAPPY BIRTHDAY¨·♬♪")
happy()                                             # 调用音乐演奏函数
sound()                                             # 调用文字祝福函数
```

测试程序　运行程序，查看运行结果。可检查音乐的音节是否准确，节奏是否合适。

答疑解惑　在Python中，利用import可以导入其他模块，也可以从一个模块中导入一个或多个函数或变量，而不必导入整个模块。如果导入的是模块，即可调用模块中的函数。

应用函数参数　自定义函数时，函数中可以提供参数，也可不提供参数而使用默认值，会产生不同的运行效果，如下图所示。

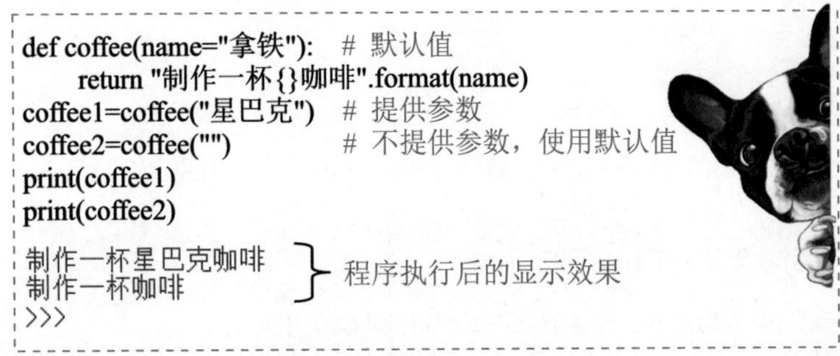

拓展应用　可对照本案例中的Beep( )函数，将自己喜欢的歌曲简谱转换为Python代码，进行演奏。

案例81 有趣的汉诺塔

知识与技能：多个参数

汉诺塔是一款经典休闲益智类游戏，游戏中有a、b、c三根圆柱，a柱上面套着n个大小不一的圆盘，其中最大的圆盘在最底下，其余的依次叠上去，且一个比一个小，移动圆盘时规定一次只能移动一个，且圆盘在放到柱子上时，小的只能放在大的上面。沙沙想使用Python的自定义函数编程，展现将所有圆盘移动到c柱上的移动步骤。

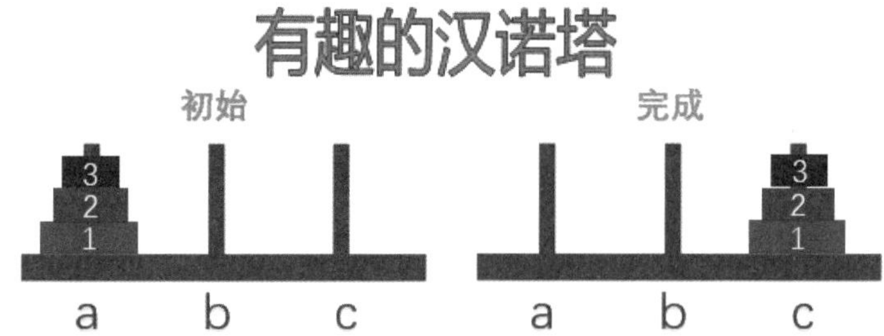

1. 案例分析

我们在解决问题时，可以考虑先将问题的规模减小，直到减小到无法减小为止，然后从小问题开始解决，小问题逐个解决之后，大问题也就迎刃而解了。这个过程就是递归的过程，即减小规模、从小解决、递归回来、解决原问题。本案例可以先假设只有3片圆盘，从简到难。

问题思考

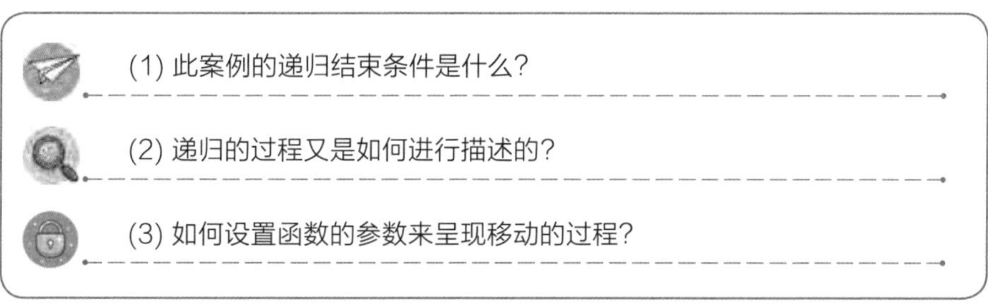

理一理　这个游戏最简单的情况是只有1个圆盘，只要将圆盘从a柱移到c柱即可。当圆盘个数大于n>1时，需要先将上面n-1个圆盘借助c柱移到b柱上，然后将第n个圆盘直接移到c柱上，最后将b柱上的n-1个圆盘，借助a柱移到c柱上。

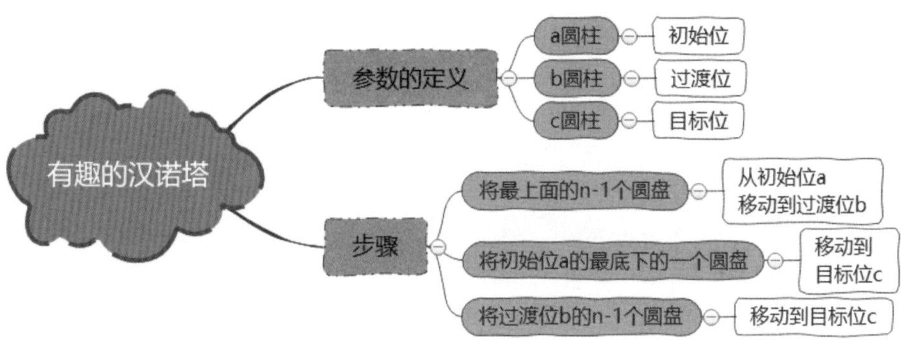

2. 案例准备

分析游戏规则　有3个立柱a、b、c。a柱上穿有大小不等的圆盘n个，较大的圆盘在下，较小的圆盘在上。要求把a柱上的圆盘全部移到c柱上，保持大盘在下、小盘在上的规律(可借助b柱)。每次移动只能把一个柱子最上面的圆盘移到另一个柱子的最上面。若只有3个圆盘，从初始到完成共要移动7次，如下图所示。移动步骤是①a —> c，②a —> b，③c —> b，④a —> c，⑤b —> a，⑥b —> c，⑦a —> c。

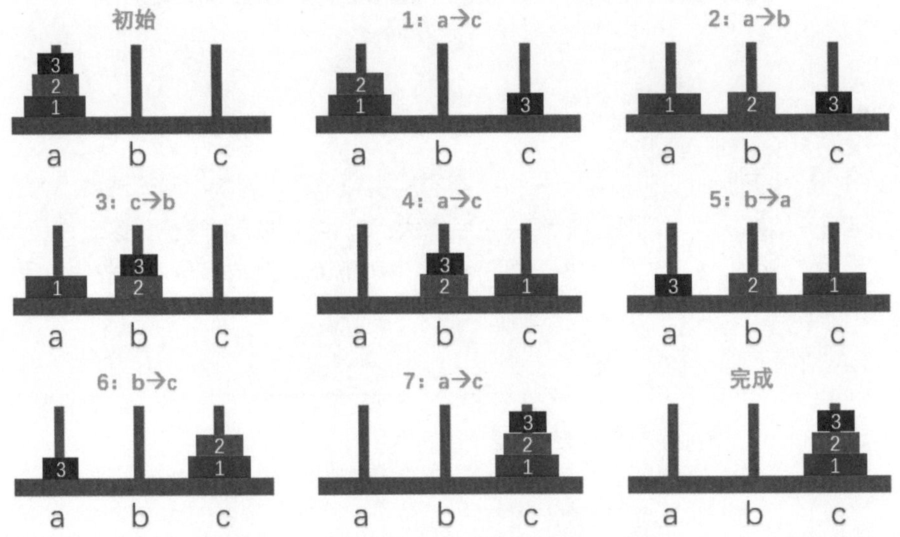

程序代码分析　利用Python语言，开发者可以更容易地将递归算法翻译成程序语句，需要的代码量很小。汉诺塔问题的解决步骤用语言描述很简单，仅如下三步。

a，b，c三个圆柱，分别为初始位，过渡位，目标位。

(1) 将最上面的n-1个圆盘从初始位a移动到过渡位b。

(2) 将初始位a的最底下的一个圆盘移动到目标位c。

(3) 将过渡位b的n-1个圆盘移动到目标位c。

算法设计　在程序中共自定义了2个函数，分别是move( )和f( )。其中，move(n,a,b,c)函数是完成圆盘移动的顺序显示；f(n)函数是完成汉诺塔游戏频数的统计。在主程序中输入圆盘数量后，通过调用这2个函数，即可显示圆盘移动的顺序和完成的频数。本案例的算法思路如下图所示。

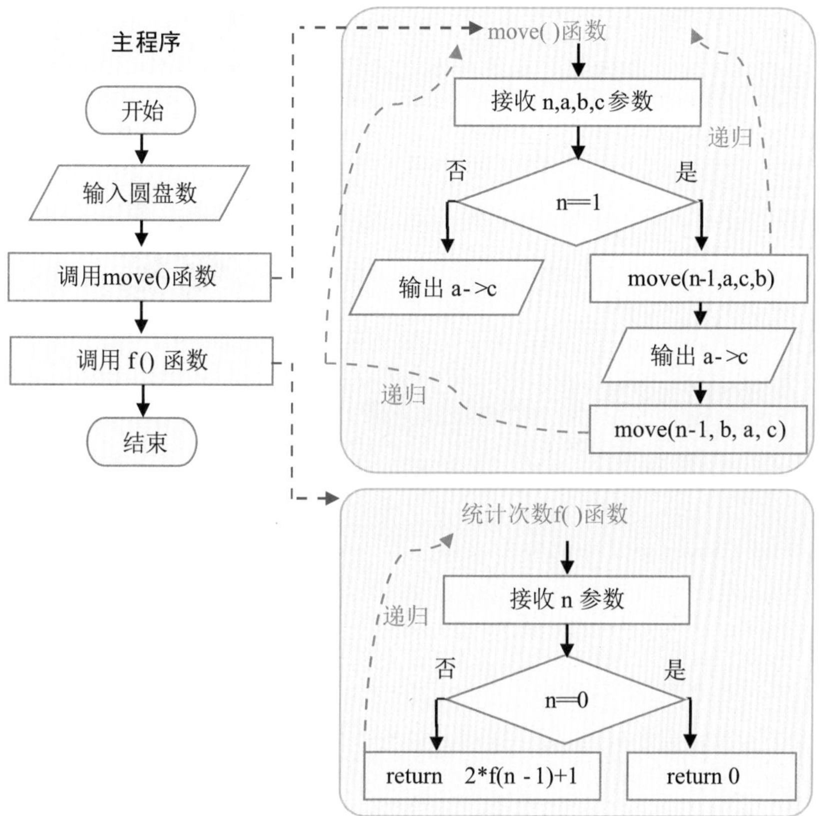

3. 实践应用

编写程序

```
def move(n,a,b,c):                  # 定义汉诺塔游戏参数
    if n==1:
        print(a,"->",c)
    else :
        move(n-1,a,c,b)             # 调整递归调用参数的顺序
        print(a,"->",c)
        move(n-1,b,a,c)             # 调整递归调用参数的顺序
def f(n):                           # 定义汉诺塔游戏次数
    if n==0:
        return 0
    else:
        return 2*f(n-1)+1           # 进行递归调用，统计次数
x=int(input("请输入圆盘数:"))
move(x,"A","B","C")
print("总共完成汉诺塔游戏需要",f(x),"步骤")
```

测试程序　运行程序，第1次运行输入3，第2次运行输入4，计算机显示程序运行结果。

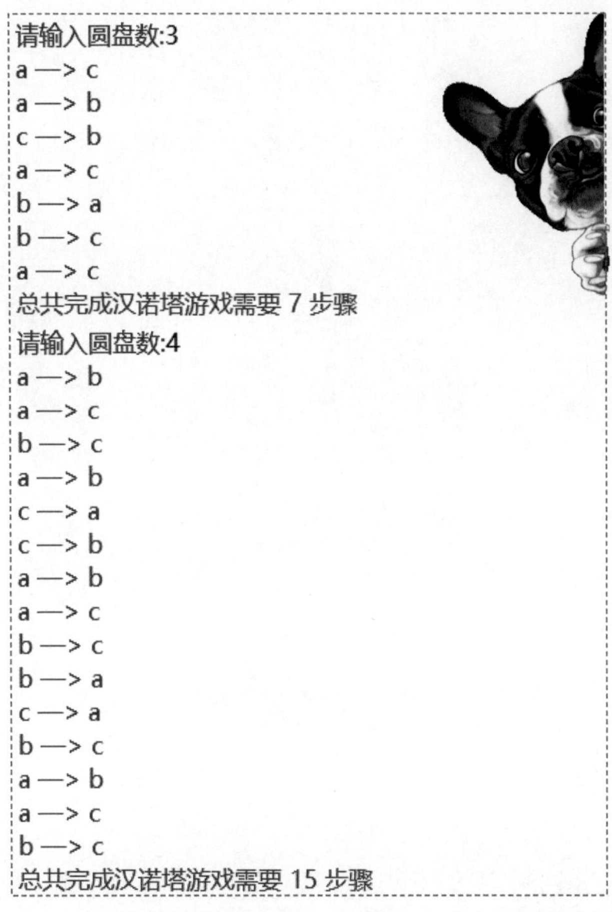

```
请输入圆盘数:3
a —> c
a —> b
c —> b
a —> c
b —> a
b —> c
a —> c
总共完成汉诺塔游戏需要 7 步骤
请输入圆盘数:4
a —> b
a —> c
b —> c
a —> b
c —> a
c —> b
a —> b
a —> c
b —> c
b —> a
c —> a
b —> c
a —> b
a —> c
b —> c
总共完成汉诺塔游戏需要 15 步骤
```

答疑解惑　在Python中，定义 move(n,a,b,c)时，n为初始时a柱上的盘子数， a为起始柱子上的圆盘， b为中转柱子上的圆盘， c为目标柱子上的圆盘。在自定义函数体中，运行move(n-1,a,c,b)表示进行参数移位更换，在执行a—>c过程后，还需再一次移动move(n-1,b,a,c)，并将移动顺序依次进行参数移位更换。

拓展应用　本案例中move(n,a,b,c)函数定义了4个变量，在执行时这些变量根据需求进行顺序更换，从而实现相应功能。在自定义函数时，可以根据需要设置参数，如编写二元二次方程时就可以使用多个变量参数。

第 8 章

惟妙惟肖——turtle 画图应用

Python 语言通过导入不同的库，不仅能编写实现计算功能的程序，还能画出各种美丽的图形。turtle 模块提供了许多绘制图形的函数，可以实现控制光标左右转弯、前进后退的效果；可以设置画笔、背景和填充的颜色，用按键控制画笔画图，显示各种动态图案；还可以结合程序结构，画出各种复杂的图形。

本章将带领大家一起用 turtle 模块绘制风车、彩色的花朵、万花筒、蹦跳的小人、美丽的星空、酷炫的 LED 时钟等图案，通过这些案例，让读者感受到 Python 语言在画图上的功能与魅力。

学习内容

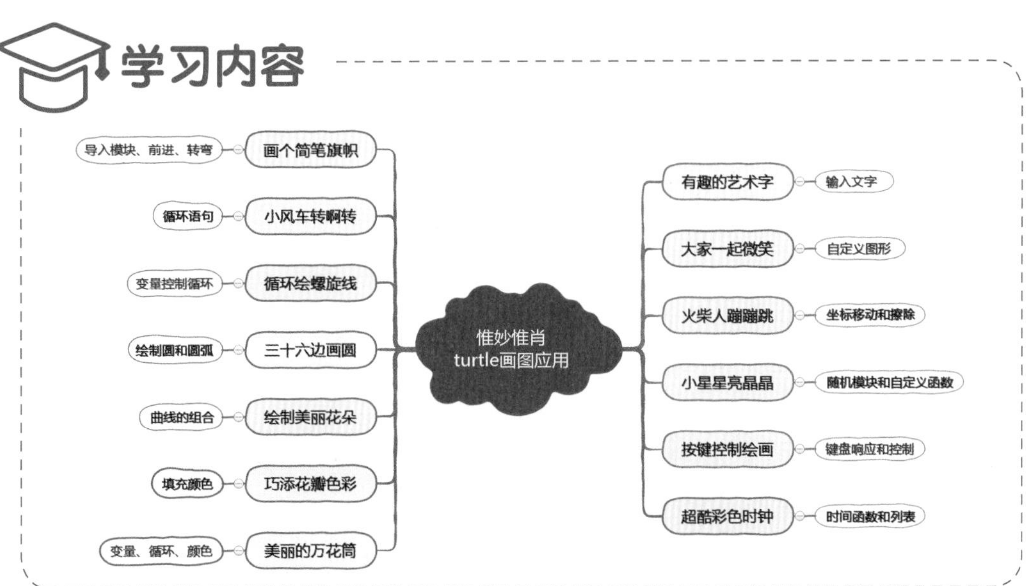

案例82 画个简笔旗帜

知识与技能：导入模块，画直线图形

美术课上，老师布置了画旗帜的作业，张明回忆自己学习的Python知识，心想“既然Python功能这么强大，能不能用它画旗帜呢？”于是他向王老师请教。“当然可以了，我们先来分析一下这幅图形。”王老师边说边在纸上画出了如下图所示的图形，然后他们根据这个图形进行编程，快速画出了这面旗帜。

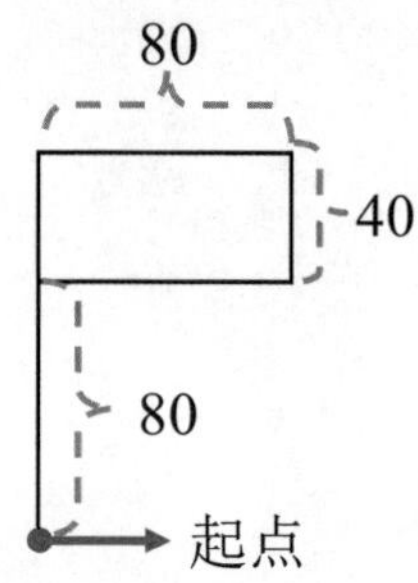

1. 案例分析

本案例要编写一个画旗帜的程序，旗帜图案中包括一个旗杆和一个长方形旗面。要想用Python画图，需要先导入相应的模块，还要分析图形中各部分的组成，知道它们的大小、位置等。在本例中，旗杆长80，旗面是一个长80、宽40的长方形，起点设置为从旗杆底部开始。

问题思考

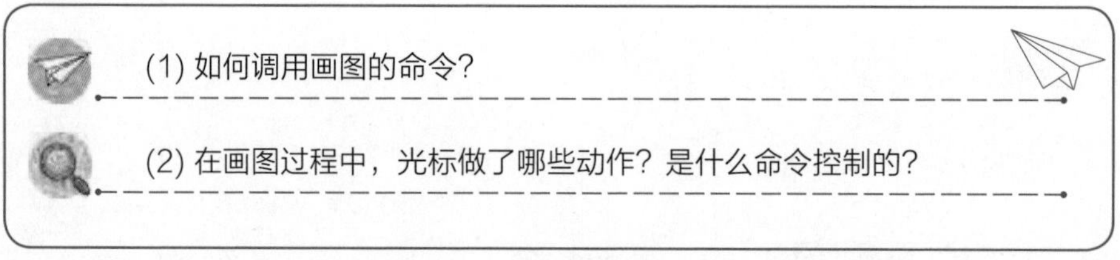

理一理　在本案例中，实现画图功能的模块是turtle，通过import来导入。在画旗帜的过程中，光标转弯再前进，重复这些动作，一直到画出一个长方形后停止。

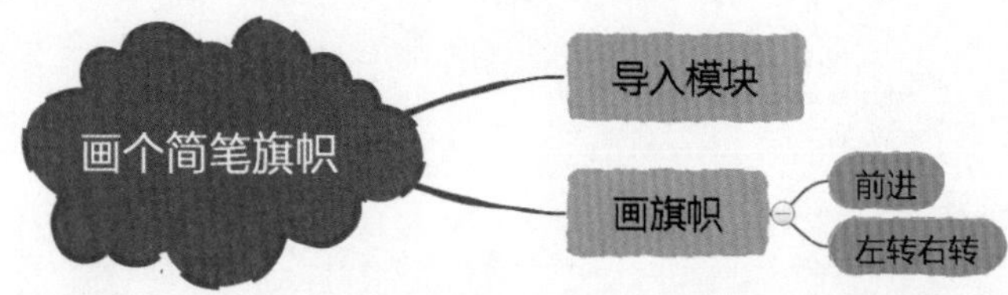

2. 案例准备

模块　模块是集成一些特定功能函数和变量的.py文件。在程序中导入模块，就可以直接使用模块中的函数和变量。

导入模块　Python程序要实现画图功能，需要导入新的模块，命令格式为import模块名，本例中需导入turtle模块，命令为import turtle。

```
import 模块名;
可以为这个模块取个别名，格式为：import 模块名 as 别名
如 import turtle
   import turtle as t
```

调用模块函数　导入模块后，可以用“模块名.函数名()”调用指定模块中的函数。

前进　导入turtle模块后，调用turtle.forward(数值)实现前进动作。前进的幅度由括号内的数值决定，如turtle.forward(50)表示前进50。

右转和左转　导入turtle模块后，调用turtle.right(数值)实现右转动作，右转的角度由括号内的数值决定；调用turtle.left(数值)实现左转动作，左转的角度由括号内的数值决定。

算法设计　本案例的算法思路如下图所示。

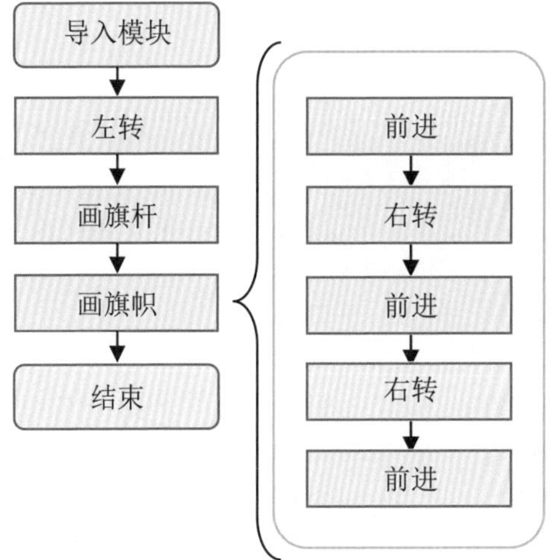

3. 实践应用

编写程序

```
import turtle                 # 导入turtle模块
turtle.left(90)               # 光标转到向上方向，画图起始方向
turtle.forward(120)           # 画旗杆
turtle.right(90)              # 开始画长80、宽40的长方形
turtle.forward(80)
turtle.right(90)
turtle.forward(40)
turtle.right(90)
turtle.forward(80)
```

测试程序　运行程序，程序运行结果如下图所示。

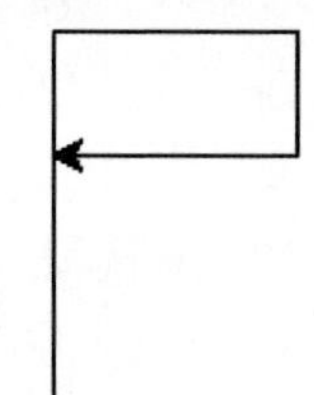

答疑解惑　图中箭头的初始方向是朝右的，如果画向上的小旗需要先改变方向。

案例83 小风车转啊转

知识与技能：循环语句

小小风车随着风在快乐地旋转，它曾为我们的童年带来很多快乐，现在我们一起来用Python画出风车，延续这份欢乐吧。通过控制光标多次前进和转弯，可以画出如下图所示的风车。我们仔细观察一下，其实风车图形是有规律的，你能找出其中的规律吗？有没有更简单的办法来绘制呢？

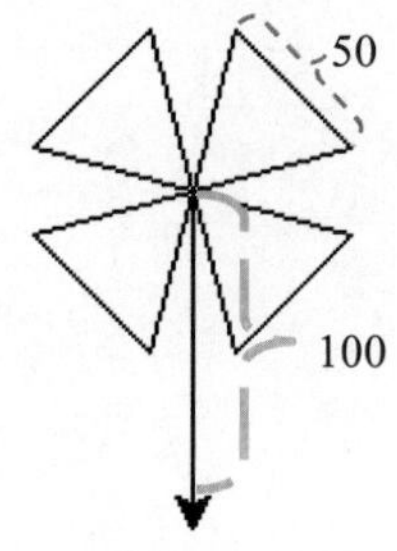

1. 案例分析

风车主体由4个边长为50的等边三角形构成，画完一个三角形后再转个角度画下一个；4个三角形画完再画风车杆，风车杆长度为100。

问题思考

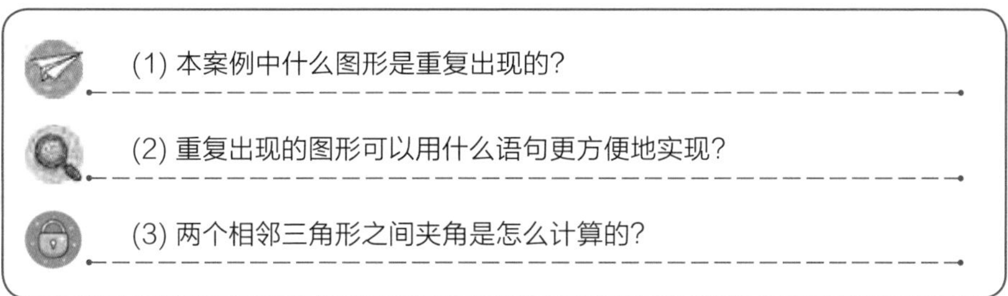

理一理　在画风车的过程中，先画出三角形再转角到下一个三角形起始位置，画下一个三角形，重复这些动作，直到停止。循环语句可以实现这些命令的重复执行。两个相邻三角形之间的夹角=(360-4个三角形的内角之和240)/4=30。

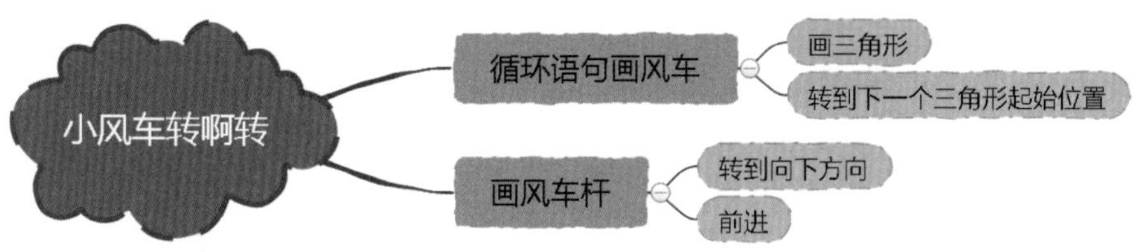

2. 案例准备

算法设计　本案例的算法思路如下图所示。

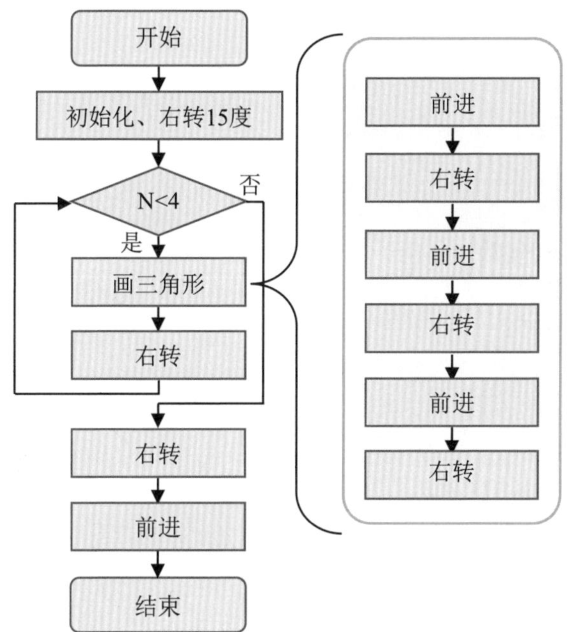

3. 实践应用

编写程序

```
import turtle                    # 导入turtle模块
n=0                              # 变量n初始化
turtle.right(15)                 # 转到画图起始方向
while n<4:                       # 循环画四个三角形
    turtle.forward(50)           # 画三角形一边
    turtle.right(120)            # 转角准备画下一条边
    turtle.forward(50)           # 画三角形第二条边
    turtle.right(120)            # 转角准备画下一条边
    turtle.forward(50)           # 画三角形第三条边
    turtle.right(120)            # 回到三角形起始位置
    turtle.right(90)             # 转到下一个三角形起始位置，90=60+30
    n=n+1                        # 循环次数加一
turtle.right(75)                 # 转到向下方向，准备画风车杆
turtle.forward(100)              # 风车杆
```

测试程序　运行程序，程序运行结果如右图所示。

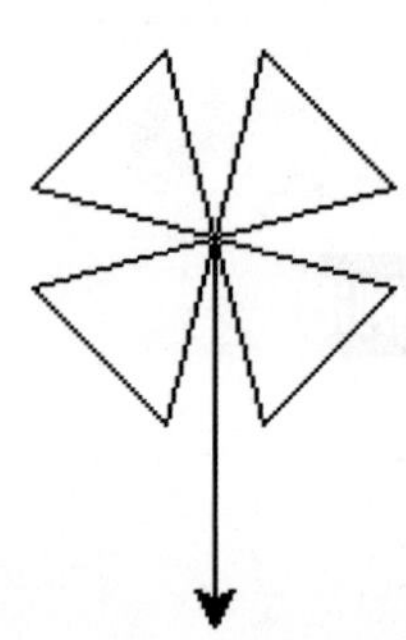

答疑解惑　在本案例程序的编写中，要注意在下一个循环之前，光标的位置和方向要正确。还要注意角度的计算，起始位置是先向右转15度，画完风车主体后为保证风车杆垂直，需要向右转75度；每个三角形画完后，光标最好回到起始方向，然后再转一个三角形的内角和两个三角形的夹角，到下一个三角形的起始位置。

案例84　循环绘螺旋线

知识与技能：变量控制循环

李明在纸上无聊地用铅笔画圈圈，看着笔下的螺旋线在一圈一圈地转，他发现螺旋线在转动的过程中，每次转的边长在不断增加，但是每次转的动作是一样的，如右图所示。他突发奇想，能不能用Python画出螺旋线呢？我们一起来试试吧。

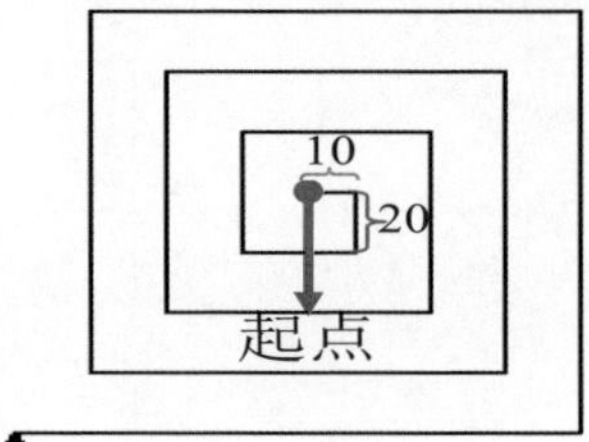

1. 案例分析

本例中的螺旋线，运行时光标只做了两个动作，一是前进，二是右转。

问题思考

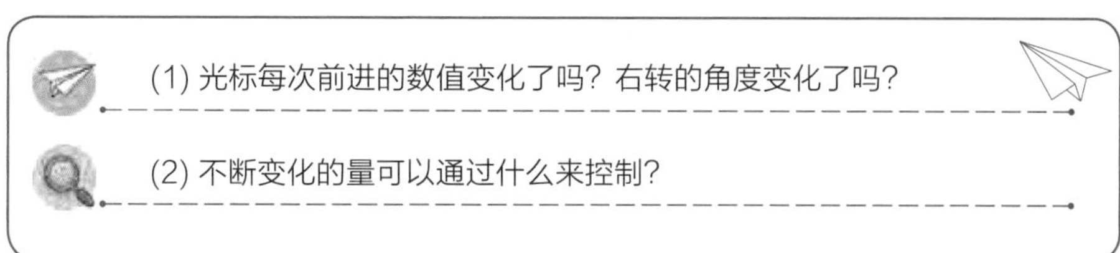

理一理　在绘制螺旋线时，前进的幅度每次都在增加，右转的角度始终不变，因此我们可以将前进的幅度设置为变量，通过循环语句重复执行这两个动作就可以画出螺旋线。

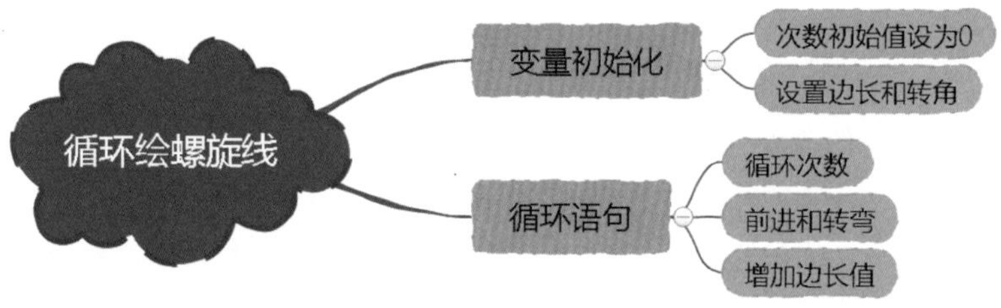

2. 案例准备

算法设计　本案例的算法思路如下图所示。

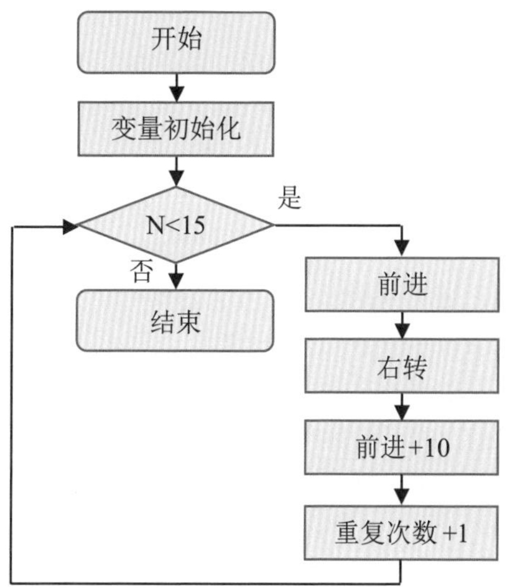

3. 实践应用

编写程序

```
import turtle                  # 导入turtle模块
n=0                            # 变量n初始化
jd=90                          # 设置转角为90度
cd=10                          # 设置初始边长为10
while n<15:                    # 设置循环次数为15次
    turtle.forward(cd)         # 前进边长
    turtle.right(jd)           # 转角度
    cd=cd+10                   # 改变边长参数值
    n=n+1                      # 循环次数加一
```

测试程序　运行程序，程序运行结果如下图所示。

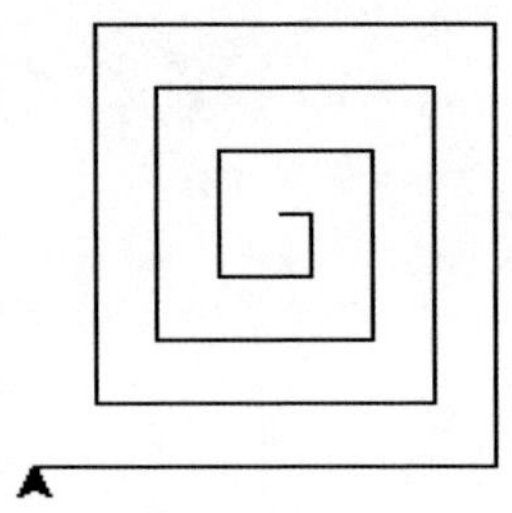

答疑解惑　本例中循环次数是从0到14，一共15次，也可以将while语句改为for语句。改变jd的值可以画出更多形状的螺旋线，大家可以多尝试。

案例 85 三十六边画圆

知识与技能： 用画正多边形的方法画近似圆和圆弧

图案中不仅包含直线，还需要圆和圆弧才能使画面更加柔和、多变。在中国古代，数学家刘微是通过计算圆的内接正多边形来推导圆的相关性质的，当正多边形边数越多，越接近圆。圆在图形中的应用非常广泛，如各种花边、窗花、装饰画等。圆弧则是圆的一部分，多种圆弧能组合成丰富多样的图形。

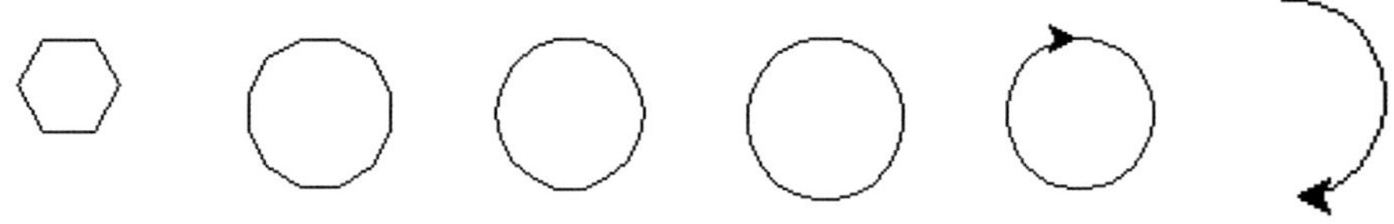

正六边形　正十二边形　正十八边形　正二十四边形　正三十六边形　半圆

1. 案例分析

本例是编写一个画圆和圆弧的程序，将圆近似看作一个正36边形，因为多边形边数越多越接近圆；圆弧则可以看作正多边形边的一部分。

问题思考

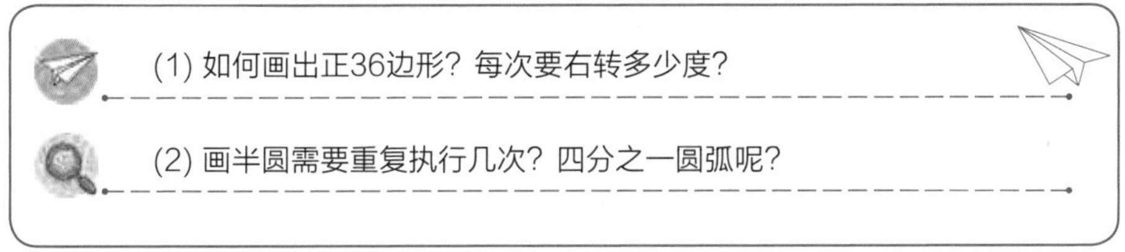

理一理　重复执行36次“前进边长，右转360/36”语句，可以画出正36边形。如果是半圆则执行18次这样的语句，四分之一圆则执行9次。

2. 案例准备

算法设计　本案例的算法思路如下图所示。

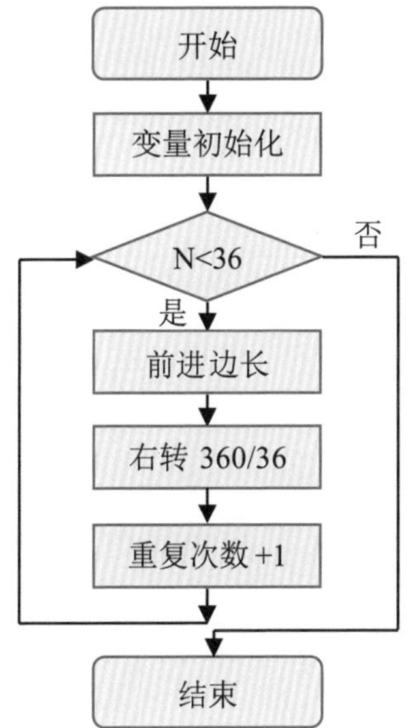

3. 实践应用

编写程序

```
import turtle                    # 导入turtle模块
n=0                              # 变量n初始化
while n<36:                      # 设置循环次数
    turtle.forward(5)            # 设置边长为5
    turtle.right(10)             # 右转10度
    n=n+1                        # 循环次数加一
```

测试程序　运行程序，程序运行结果如下图所示。

答疑解惑　在本例中，如果画圆弧，只要将循环次数改成小于36的数字即可；画的圆和圆弧是位于光标的右边，如果要画光标左边的圆需将右转改为左转；通过改变边长数值，可以调整圆的大小。

案例86 绘制美丽花朵

知识与技能：曲线的组合

春暖花开，王铭和父母到公园去玩，公园里的花朵姹紫嫣红。仔细观察，会发现花朵是弧形的，花杆是笔直的，花朵中还有许多花瓣，花瓣的形状也基本相同。那么，我们能不能用Python编写程序画出花朵呢?

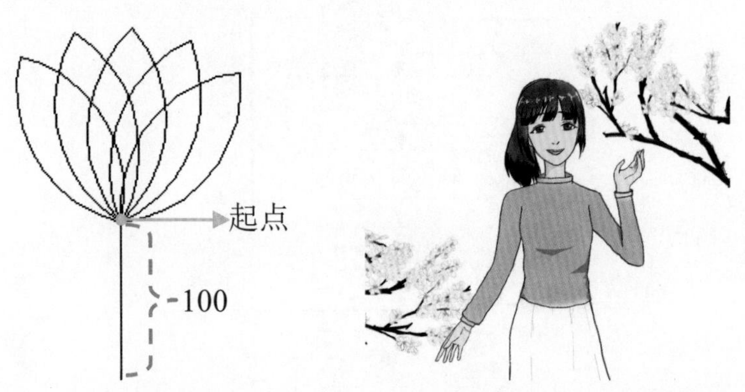

1. 案例分析

本案例中花朵的花蕊是由5个花瓣组成，每个花瓣则是由两个1/4圆弧合在一起。起点是花瓣与花杆的连接处，起始方向应该是向上。

问题思考

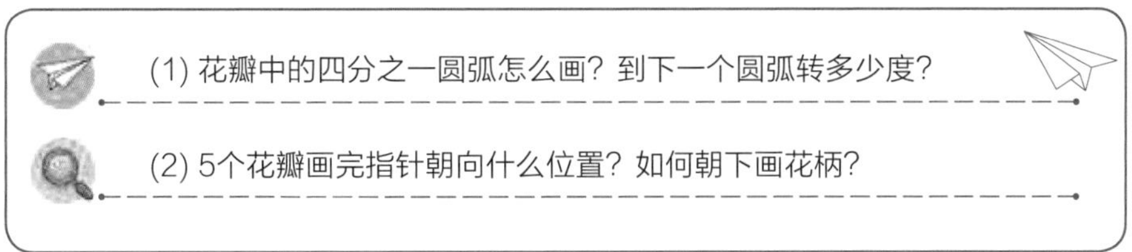

理一理　花瓣中画完四分之一圆弧后再转90°，接着画第2个1/4圆弧就可以合成一个花瓣；5个花瓣画完后，让光标方向朝下，以便画出花柄。

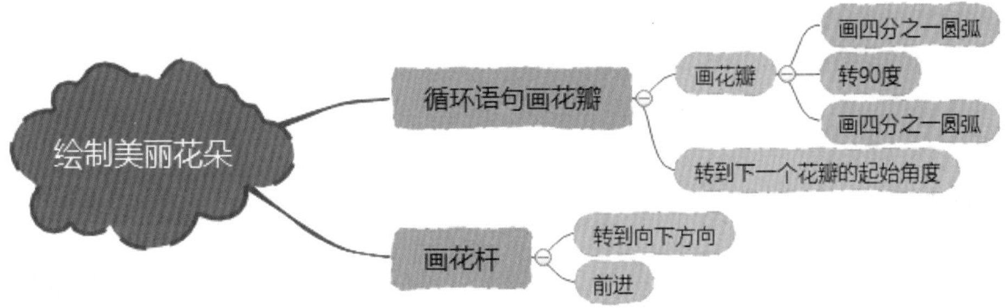

2. 案例准备

设置角度　函数turtle.seth(角度)，让光标转到指定的角度，初始角度是向右为0，向上为90°，向下为270°。

```
turtle.seth(角度)
如 turtle.seth(0) 光标指向右边
   turtle.seth(90) 光标指向上方
   turtle.seth(270) 光标指向下方
```

算法设计　本案例的算法思路如下图所示。

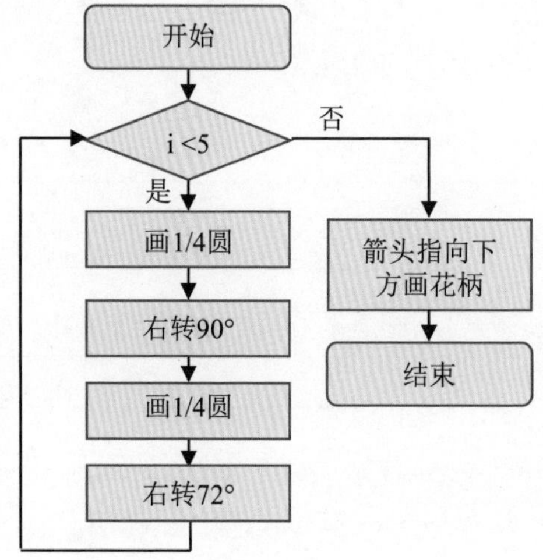

3. 实践应用

编写程序

```
import turtle                          # 导入turtle模块
turtle.left(90)                        # 光标向上
for i in range(5):                     # 画5个花瓣
    for j in range(9):                 # 画1/4圆弧
        turtle.forward(15)
        turtle.right(10)
    turtle.right(90)                   # 右转90°，准备画另一条圆弧
    for j in range(9):                 # 画另一个1/4圆弧
        turtle.forward(15)
        turtle.right(10)
    turtle.right(72)                   # 转到下一个花瓣起始方向
turtle.seth(270)                       # 光标指向下方
turtle.forward(100)                    # 画花杆
```

测试程序　运行程序，针对有问题的地方进行修改。

答疑解惑　本例中可以将花瓣定义为子函数，在执行过程中调用绘制出花朵，也可以通过改变循环次数和每次转向的角度画出各种不同的美丽花朵。

案例 87　巧添花瓣色彩

知识与技能：为花朵填充颜色

在上一个案例中，我们画了含苞待放的花朵，但只有造型，没有颜色的花朵好像失去了灵魂。在turtle模块中提供了填充颜色和改变画笔颜色的函数，可以帮助我们画出绚丽多彩的图案。

1. 案例分析

在本例中画出蓝色的花朵，其中包含5个花瓣。

问题思考

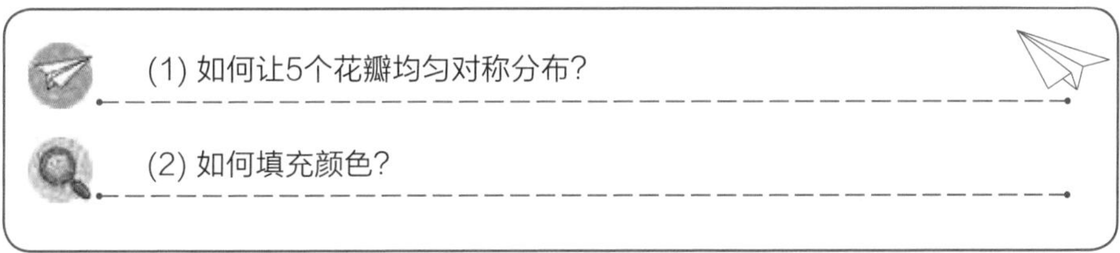

理一理　光标画完一个花瓣结束时，已经转了3个90°，共270°，如果要使5个花瓣均匀对称分布，需要再转90° 回到初始位置，再转360/5=72° 到下一个花瓣的起始位置。也就是从一个花瓣结束到下一个花瓣起始需要转90° +72° =162° 。

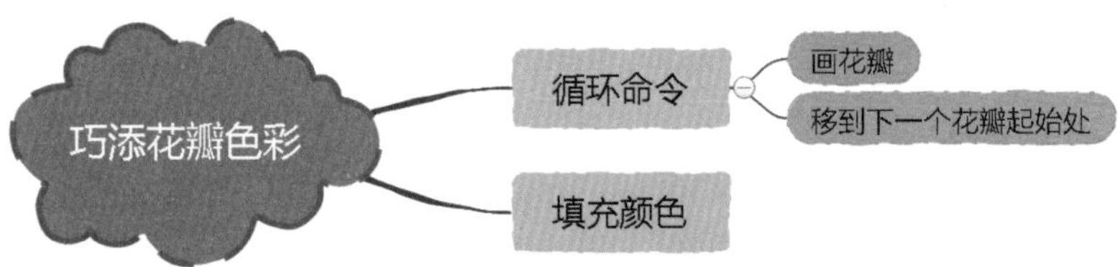

2. 案例准备

填充颜色　调用turtle模块填充颜色需要3个函数配合完成，函数turtle.fillcolor(“颜色字符串”)设置填充颜色，函数turtle.begin_fill()为该语句后的图形填充，函数turtle.end_fill()结束填充。

turtle.fillcolor("red")　　设置填充颜色为红色
turtle.begin_fill()　　开始填充
画正方形
turtle.end_fill()　　结束填充
以上四个语句合在一起，能够实现将正方形中间填充为红色

算法设计　本案例的算法思路如下图所示。

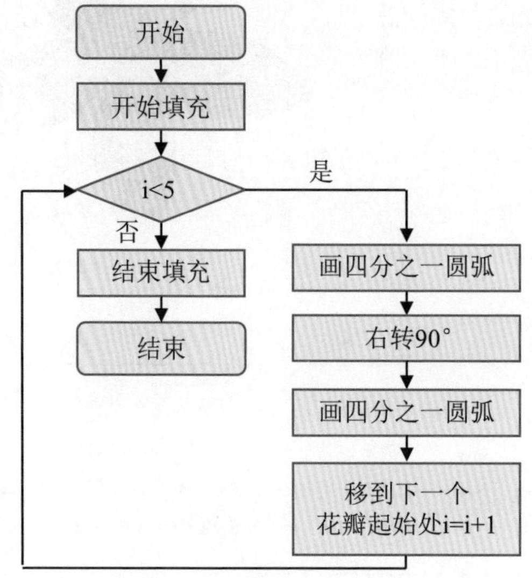

3. 实践应用

编写程序

```
import turtle                          # 导入turtle模块
turtle.left(90)                        # 光标向上
turtle.fillcolor("blue")               # 设置填充颜色为蓝色
turtle.begin_fill()                    # 为以下图形填充颜色
for i in range(5):                     # 画5个花瓣，循环5次
    for j in range(9):
        turtle.forward(15)
        turtle.right(10)
    turtle.right(90)
    for j in range(9):
        turtle.forward(15)
        turtle.right(10)
    turtle.right(162)                  # 指向下一个花瓣的起始方向
turtle.end_fill()                      # 结束填充
```

答疑解惑　程序中花瓣也可以定义为子函数直接调用；填充命令是两两成对出现的，turtle.begin_fill()在所画图形语句之前，turtle.end_fill()在所画图形语句之后，图形如果是不封闭的，会自动将起点和终点连成直线封闭，再填充其中的图形。

案例 88　美丽的万花筒

知识与技能：利用变量和列表画出不同色彩的螺旋线

前面的案例中画过单色的螺旋线，看起来有些单调，我们可以利用Python将色彩进行变换，画出更加美丽的螺旋线。看看下面的图案，像不像漂亮的万花筒，让我们一起来试试把它画出来吧！

1. 案例分析

本例的图案中，从中间起点出发，会发现每次前进的边长在逐渐增加，颜色也在变化，线条的宽度也在不断变粗，但是动作始终是前进和左转。

问题思考

(1) 如何改变画笔的颜色？

(2) 怎样让颜色循环变化？

理一理　为了改变画笔的颜色，需要学习新的设置画笔的命令。图中颜色始终在6种颜色之间变换，可以将这6种颜色建立一个列表，通过调用列表项完成。

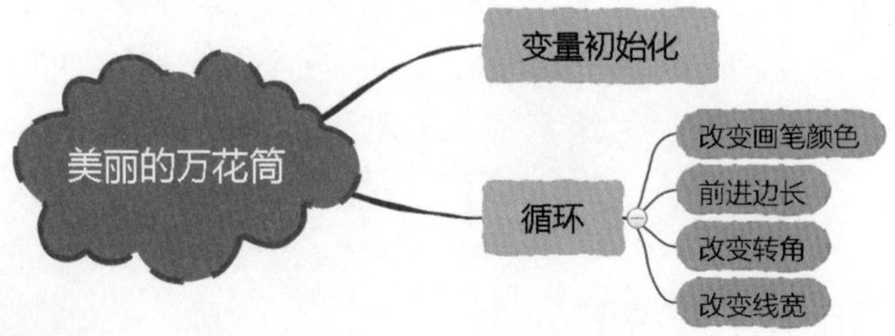

2. 案例准备

设置背景颜色　使用函数turtle.bgcolor(“颜色字符串”)设置屏幕背景颜色。

```
turtle.bgcolor("颜色字符串")
如  turtle.bgcolor("black")          设置背景颜色为黑色
```

设置画笔颜色　使用函数turtle.pencolor("颜色字符串")设置画笔颜色。本例中颜色字符串数值从列表项中获取。

```
turtle.pencolor("颜色字符串")
如  turtle.pencolor("red")          设置画笔颜色为红色
```

设置画笔宽度　使用函数turtle.width(数值)设置画笔的粗细，数值越大，画出的线条越粗。

```
turtle.width(数值)
如  turtle.width(20)          设置画笔的宽度为20
```

算法设计　本案例的算法思路如下图所示。

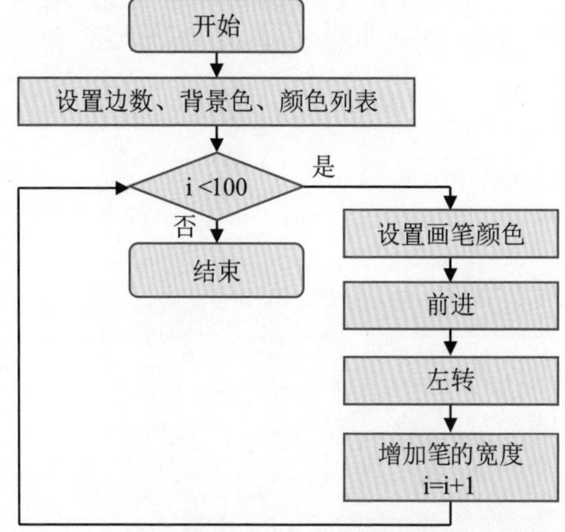

3. 实践应用

编写程序

```
import turtle as t                                    # 导入turtle模块
t.bgcolor('black')                                    # 设置背景为黑色
sides=6                                               # 设置初始变量
colors=["red","yellow","green","blue","orange","white"] # 设置颜色列表
for i in range(100):                                  # 循环100次
    t.pencolor(colors[i%sides])                       # 将画笔颜色设置为列表对应项
    t.forward(i*3/sides+i)                            # 改变边长
    t.left(360/sides+1)                               # 改变转角
    t.width(i*sides/200)                              # 改变线宽
```

答疑解惑　在程序中，通过 i 值的改变，i%sides的值在1~6循环，colors([i%sides])所代表的字符串也在列表中六项颜色间循环，从而改变了画笔颜色。想一想，如果列表项增加到8项，sides应该设置为多少合适，这时的图形又是几边形？

案例 89　有趣的艺术字

知识与技能：输入文字

在Word等文字处理软件中，能将文字排列成多种形状，组合成各种艺术字形式。在Python中能不能做到呢？利用turtle模块不仅能画出美丽的图案，还能做出有趣的艺术字效果，如下图所示。

1. 案例分析

上图中文字排列成各种形状，如六边形、半圆、圆等。本例以第一种排列方式为例，输入6个文字排列成六边形，且文字之间不能相连。

问题思考

(1) 如何调用turtle模块输入文字？

(2) 如何将文字排列成六边形？文字之间如何实现不相连的效果？

理一理　本例中输入文字要用到turtle.write()函数，将要输入的文字存放到字符串变量中，然后写第1个字符，将光标移到相应的位置写第2个字符，以此类推。如果最后字符串围成一圈，那每次转动的角度就是360/字符串长度。每个字移动时要提笔，保证字与字之间没有线条相连，到了下一字的位置要落笔。

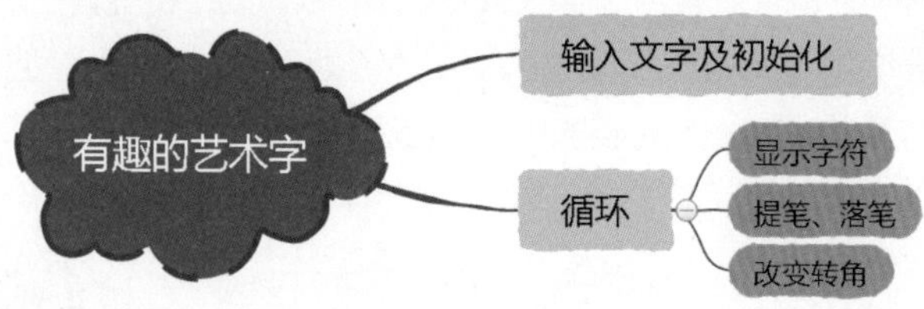

2. 案例准备

输入文字　使用turtle.write()函数，可以在屏幕光标位置输入字符串。

> turtle.write("字符串",font=("字体名称",字体大小,"字体类型"))
>
> font是可选参数，可以设置字体、字号、粗体、斜体或者正常
>
> 如　turtle.write("你好",font=("宋体",20,"bold"))，在绘图屏幕上显示“你好”，字体是宋体，20号字，粗体。
>
> turtle.write("Hello！",font=("Arial",30,"italic"))，在绘图屏幕上显示“Hello!”，字体是Arial，30号字，斜体。

提笔和落笔　turtle提供了提笔函数和落笔函数，提笔时光标前进、后退、移动等都不会画出痕迹；落笔后移动会有线条出现。

```
turtle.penup()          进入提笔状态
turtle.pendown()        进入落笔状态
如 turtle.forward(30)   前进30
   turtle.penup()       提笔
   turtle.forward(30)   前进30
   turtle.pendown()     落笔
   turtle.forward(30)   前进30
```

> 绘制两条不相连的线段，中间相距30

算法设计　本案例的算法思路如下图所示。

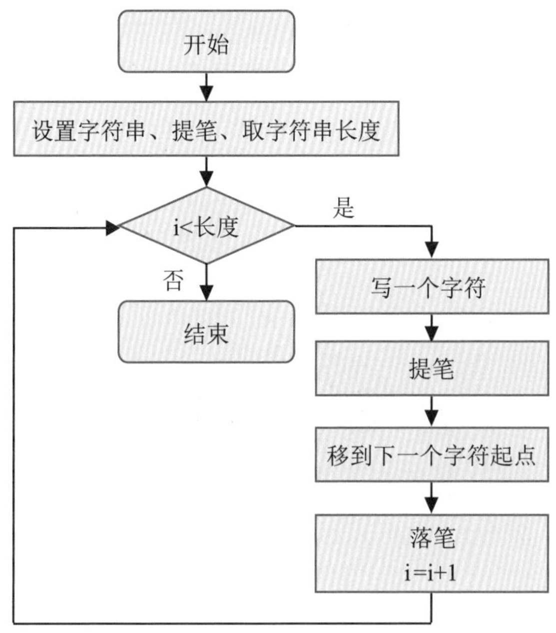

3. 实践应用

编写程序

```
import turtle                           # 导入turtle模块
text="有趣的艺术字"                       # 输入要显示的字符串
turtle.penup()                          # 进入提笔状态
length=len(text)                        # 获取字符串长度
for i in text:                          # 判断字符串是否全部显示
    turtle.write(i,font='微软雅黑')        # 显示对应的字符
    turtle.right(360/length)            # 转角
    turtle.penup()                      # 进入提笔状态
    turtle.forward(30)                  # 移到下一个字符起始位置
    turtle.pendown()                    # 进入落笔状态
```

测试程序　运行程序，并针对有问题的部分进行修改。

答疑解惑　如果排列成半圆形，每次右转的角度应该是180/length。通过不同的旋转方式可以得到不同的艺术字排列。同样，在写每个字之前改变画笔颜色、粗细等，则可以写出更加丰富多彩的艺术字，还能够用字符组成各种图形。

案例 90

大家一起微笑

知识与技能：利用自定义函数画笑脸并填充颜色

李明和刘芳闹矛盾，心情很是不好，于是他烦闷地登录QQ，突然小企鹅在不停地闪动，点开一看，原来是刘芳发来一个笑脸😀，顿时他觉得一点点的不愉快都烟消云散了。可爱的笑脸会让我们心情愉悦，一起用Python来表达微笑吧。

1. 案例分析

本例的笑脸以圆形为主，包含了圆弧形的嘴巴和两个圆圆的大眼睛，中间还有黑眼珠。此外，还要在圆形中涂上颜色。

问题思考

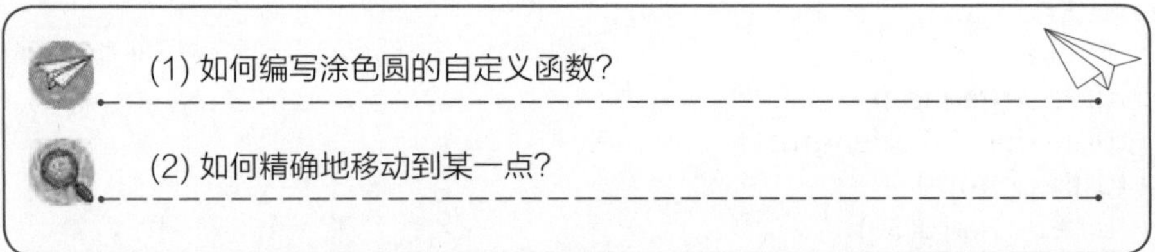

理一理　本案例中绘制的图案以涂色的圆形为主，可以自定义涂色圆为函数，以颜色字符串和半径为参数。通过前进转弯等方式较难实现准确定位，如果定位不好看会影响画面整体效果。此时可以借助坐标系的方式，移到某个坐标点来实现准确定位。在画各个部位的时候，要注意笔的状态是提笔还是落笔。

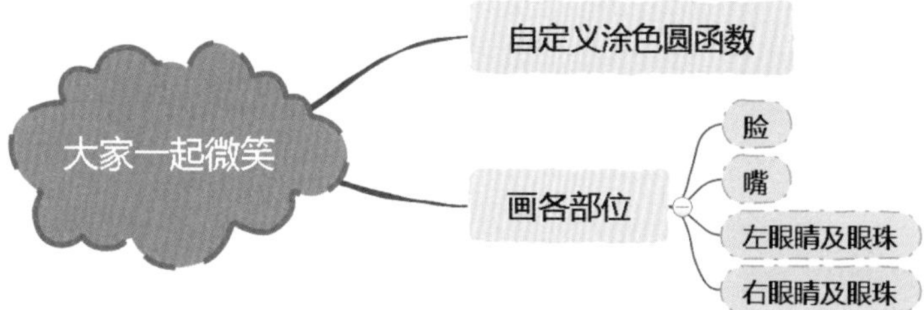

2. 案例准备

隐藏光标　函数turtle.hideturtle()可以隐藏光标。

画圆函数　函数turtle.circle(半径，圆心角)可以画出圆和圆弧；如果没有圆心角则是画圆，圆弧的度数由圆心角数值决定。

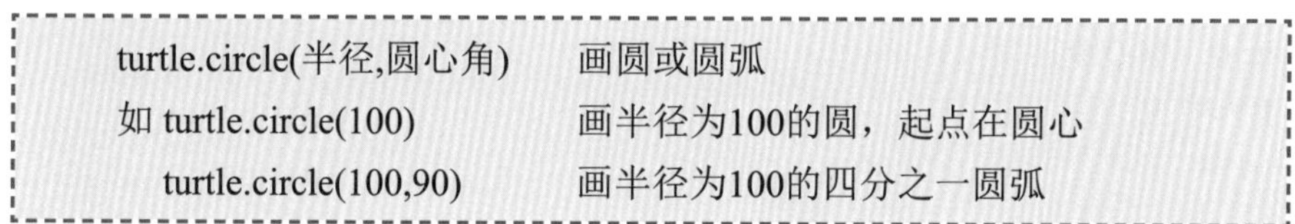

turtle.circle(半径,圆心角)	画圆或圆弧
如 turtle.circle(100)	画半径为100的圆，起点在圆心
turtle.circle(100,90)	画半径为100的四分之一圆弧

移到某一点　函数turtle.goto(x,y)让光标从当前点移到(x,y)坐标点位置。在当前屏幕上以最中心为原点，坐标为(0,0)，分别向左右和上下直线延伸，将屏幕分成4个象限，每个点都有坐标值。

算法设计　本案例的算法思路如下图所示。

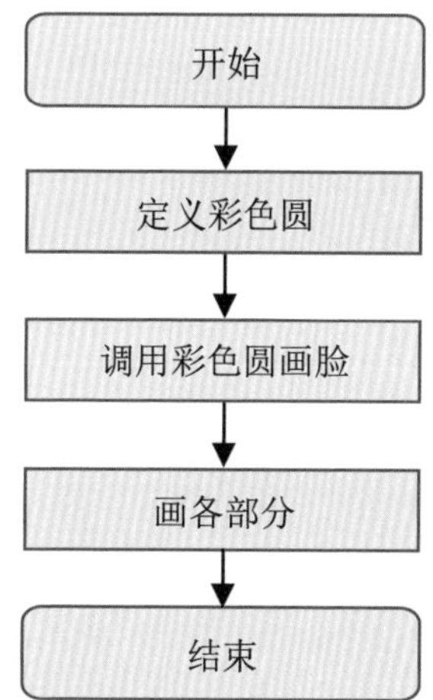

3. 实践应用

编写程序

```
import turtle as t                    # 导入turtle模块，设置别名为t
def caiseyuan(text,x):                # 定义画彩色圆函数
    t.fillcolor(text)                 # 设置填充色
    t.begin_fill()                    # 开始填充
    t.circle(x)                       # 画半径为x的圆
    t.end_fill()                      # 结束填充
caiseyuan('yellow',100)               # 画半径100的黄色圆
t.penup()                             # 提笔移到嘴的起始位置
t.goto(55,55)
t.seth(210)
t.pendown()
t.circle(-100,60)                     # 画嘴部
t.penup()                             # 提笔移到左眼睛的起始位置
t.goto(-45,120)
t.seth(0)
t.pendown()
t.circle(20)                          # 画左眼睛
caiseyuan('black',13)                 # 画左眼睛里的黑眼珠
t.penup()                             # 提笔移到右眼睛的起始位置
t.goto(45,120)
t.seth(0)
t.pendown()
t.circle(20)                          # 画右眼睛
caiseyuan('black',13)                 # 画右眼睛里的黑眼珠
t.hideturtle()                        # 隐藏光标
```

测试程序　运行程序，查看绘制的图形是否准确。

答疑解惑　自定义的函数caiseyuan(text，x)，第一个参数表示圆要涂的颜色，第2个参数表示圆的半径。如果半径为正则在光标的左边画圆，为负则在右边画圆。试试看能不能画出其他表情吧。坐标系的原点在屏幕中心，要注意象限的符号。

案例 91　火柴人蹦蹦跳

知识与技能：坐标移动和擦除

今天我们来设计一个小人，给它命名为“小小”，如下图所示。圆圆的脑袋，简单的线条，就组成了这个可爱的“小小”。我们可以用程序控制“小小”蹦蹦跳跳，也可以让它做出各种动作。

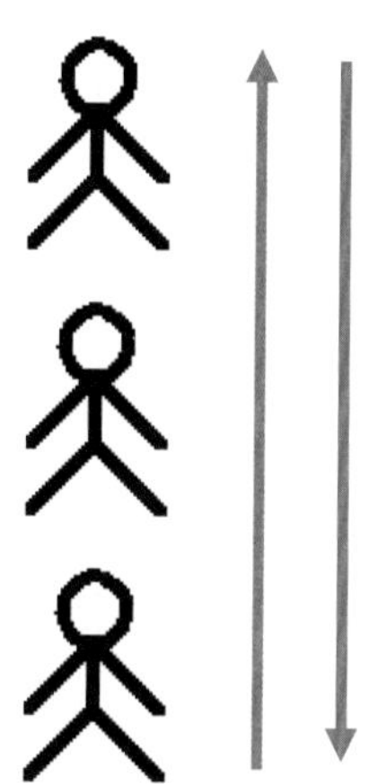

1. 案例分析

本案例要实现“小小”蹦蹦跳跳的效果，我们先分析一下它的组成，小人的脑袋是圆形，身体由直线组成，为了更精确地画出手脚，可以利用坐标定位。小人的动画一般采取先画、再擦除、再画的方法制作。

问题思考

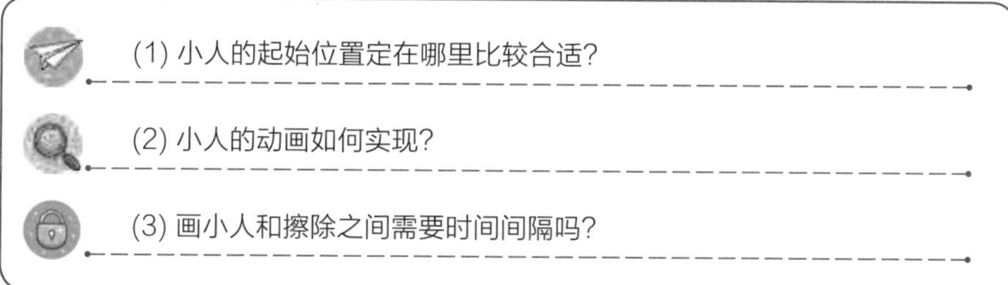

(1) 小人的起始位置定在哪里比较合适?

(2) 小人的动画如何实现?

(3) 画小人和擦除之间需要时间间隔吗?

理一理　画小人的动画，起点可以从头和身体的结合部位出发，先向左画圆，再向两边和向下画手、身体和脚。画完一个小人回到起始位置后，停留很短暂的时间再擦除，提笔向上移动一点，再画下一个小人，连在一起就是向上蹦的动画，向下跳也是如此。

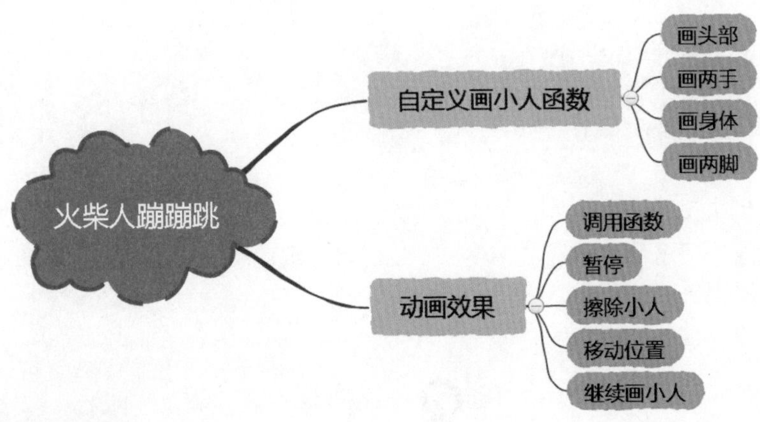

2. 案例准备

导入时间模块　使用import time语句，time模块包含了与时间有关的函数，可以获取当前时间、操作时间和日期、从字符串中读取日期、将日期格式转换为字符串函数。

sleep　time 模块的sleep方法表示暂停一定的时间。例如，time.sleep(1)表示程序暂停1秒。

clear　turtle模块的clear方法将屏幕图形清除。

tracer　turtle模块的tracer方法是启用或禁用屏幕画图轨迹。

```
如：turtle.tracer(False)        关闭屏幕画图轨迹
    turtle.tracer(1)            以正常速度绘制
```

update　使用turtle模块的update方法刷新屏幕。例如，tultre.tracer(false)，代表用turtle.update()手动刷新屏幕，显示图形。

```
turtle.tracer(False) 关闭屏幕动画轨迹，将图形保存在内存中，等待更新
turtle.pendown()   进入落笔状态
如 import turtle as t
   import time
   t.tracer(False)
   t.hideturtle()
   for i in range(10):
       t.fd(20)
       time.sleep(0.1)
       t.update()
       t.clear()
```

绘制一条长20的线段向左不停移动的动画

算法设计　本案例的算法思路如下所示。

⌘ 主程序

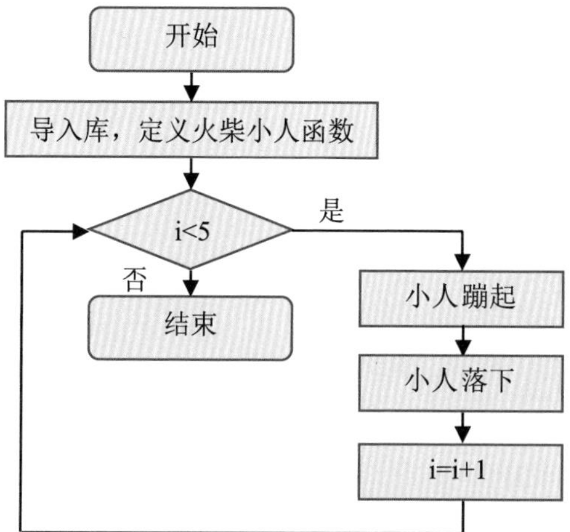

⌘ “小小”蹦起

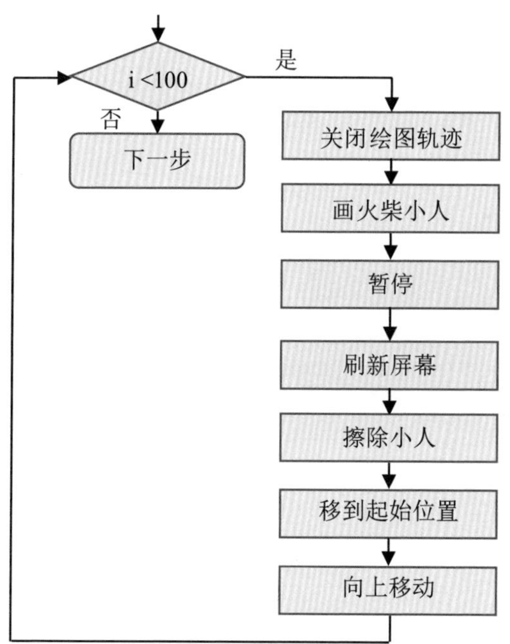

⌘ “小小”落下

基本思路和“小小蹦起”是一样的，只是将最后的向上移动改为向下移动。

3. 实践应用

编写程序

```
import turtle as t                          # 导入turtle模块，设置别名为t
import time                                 # 导入time模块
def hcxr(x,y):                              # 定义画小人的函数
    t.pensize(4)                            # 设置画笔粗细
    t.circle(10)                            # 画半径为10的圆
    t.goto(x-20,y-20)                       # 画左手
    t.penup()                               # 提笔移到起始位置
    t.goto(x,y)
    t.pendown()
    t.goto(x+20,y-20)                       # 画右手
    t.penup()                               # 提笔移到起始位置
    t.goto(x,y)
    t.pendown()
    t.goto(x,y-20)                          # 画身体
    t.goto(x-20,y-40)                       # 画左腿
    t.goto(x,y-20)
    t.goto(x+20,y-40)                       # 画右腿
    t.goto(x,y-20)
    t.goto(x,y)                             # 回到起始位置
t.hideturtle()                              # 隐藏光标
i=0                                         # 设置初始变量
for j in range(1,5):                        # 上下蹦跳4次
    while i<100:                            # 设置跳起的高度
        t.tracer(False)                     # 关闭绘图轨迹
        hcxr(0,i)                           # 调用画火柴小人自定义函数
        time.sleep(0.02)                    # 暂停0.02秒
        t.update()                          # 刷新屏幕，显示所画图形
        t.clear()                           # 擦除小人
        i=i+5                               # 改变变量值
        t.penup()                           # 移到下一个小人的起始位置
        t.goto(0,i)
        t.pendown()
    while i>0:                              # 设置小人下落的距离
        t.tracer(False)
        hcxr(0,i)
        time.sleep(0.02)
        t.update()
        t.clear()
        i=i-5
        t.penup()
        t.goto(0,i)
        t.pendown()
```

测试程序　运行程序，查看动画小人的绘制效果。

答疑解惑　画完左上肢和右上肢后要回到初始位置，以方便进行下一步；同样在画完一个小人后，也要提笔回到初始位置后再落笔。注意4个象限的x和y值符号是不一样的。定义不同状态的小人函数，可以运用这种方法画出各种小人动画。

案例 92 小星星亮晶晶

知识与技能：随机模块和自定义函数

放暑假了，李明和父母一起到乡村外婆家玩。晚上李明躺在小院里，看着天上的星星在闪烁，觉得这夜色真是太美了。李明想，我要是能把这满天繁星保存下来该多好啊！让我们一起来试着画满天繁星吧。

1. 案例分析

本案例为绘制夜晚的星空，图片背景是黑色的，在星空中随机出现白色的、大小不一的小星星。

问题思考

(1) 如何编写涂色五角星的自定义函数？

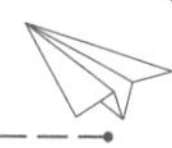

(2) 如何让星星随机出现？如何让出现的星星大小不一样？

理一理　五角星可以用自定义函数编写，前进边长，再右转重复5次即可得到；画完五角星光标刚好转了两圈720°，所以每次转720/5=144°。让星星随机出现在某个点上，需要随机设置坐标的x、y值，用到新的模块。同理，星星边长也可以用随机产生的整数，让出现的星星大小不一。

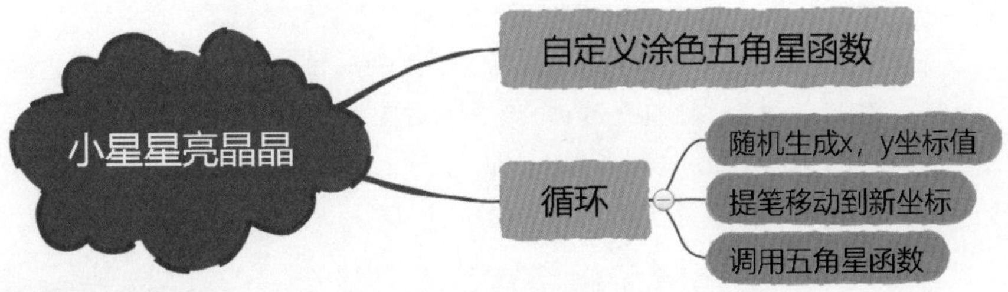

2. 案例准备

随机函数 调用随机函数需先导入random模块。

> random.randrange(a,b，step)
>
> 返回a和b之间的随机整数，包括a但是不包括b，step表示步长，可以省略。如 random.randrange(0,100) 返回0~100的随机整数，包括0，不含100

设置动画速度 turtle.speed(n)函数用于更改光标的速度，n介于0和10之间，数字越小速度越快。

算法设计 本案例的算法思路如下图所示。

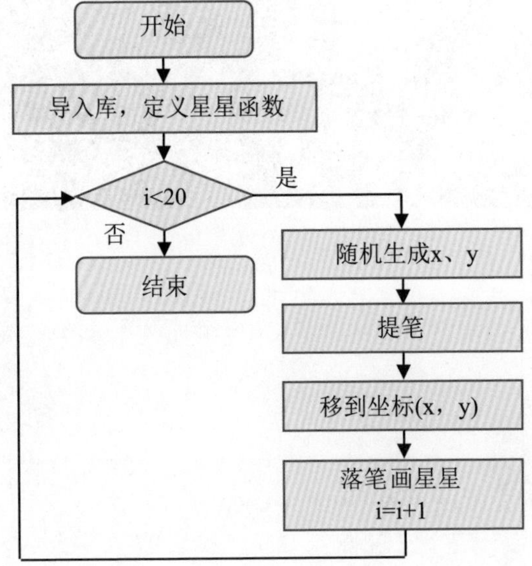

3. 实践应用

编写程序

```
import turtle as t                          # 导入turtle模块，设置别名为t
import random                               # 导入随机模块
def xingxing(x):                            # 自定义涂色五角星函数
    t.fillcolor("white")                    # 设置填充色为白色
    t.begin_fill()                          # 开始填充
    for j in range(5):                      # 画五角星
        t.forward(x)
        t.right(144)
    t.end_fill()                            # 结束填充
t.bgcolor('black')                          # 设置背景色为黑色
t.pencolor('white')                         # 设置画笔颜色为白色
t.speed(0)                                  # 设置画笔速度为0
for i in range(40):                         # 循环40次
    x=random.randrange(-320,320)            # x在-320和320之间取随机整数
    y=random.randrange(-240,240)            # y在-240和240之间取随机整数
    t.penup()                               # 提笔移到画星星起始位置
    t.goto(x,y)
    t.pendown()
    xingxing(random.randrange(0,20))        # 调用画涂色五角星函数，边长为0和20之间
t.hideturtle()                              # 的随机整数
```

测试程序　运行程序，结果如下图所示。

答疑解惑　通过定义不同的自定义函数和颜色，可以画出更多随机出现、大小不一、各种色彩的图形，如各种花朵、草地等。

案例 93 按键控制绘画

知识与技能：键盘响应和控制

李明在完成老师布置的Python练习后，发现自己编写的程序都是运行后直接显示图形的。他想能不能用键盘控制随意画出各种图形呢？用键盘控制前进、转弯，碰到边界会给出提示等，那该有多棒啊！

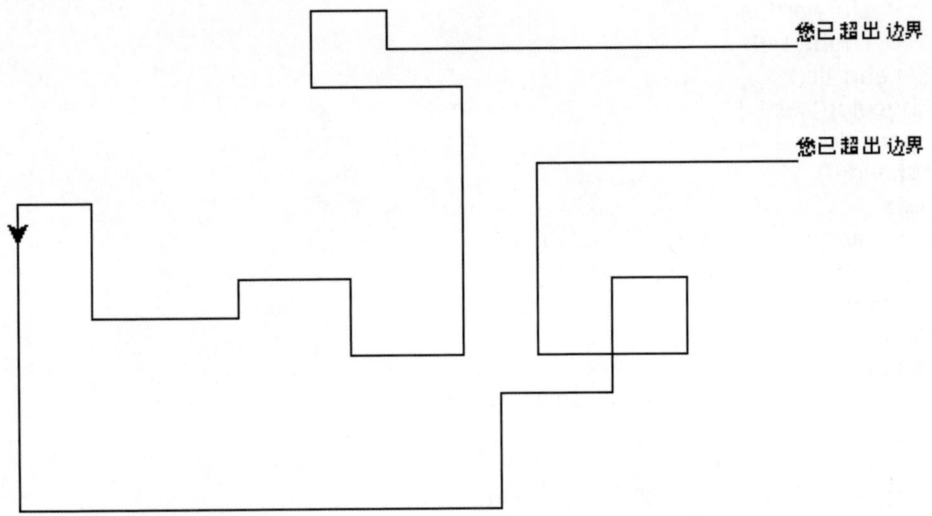

1. 案例分析

本例要编写一个键盘控制光标运动的程序，通过键盘的上下左右键来控制光标前进和转弯并画出路线，碰到画布边界就回到屏幕中心，重新开始画。

问题思考

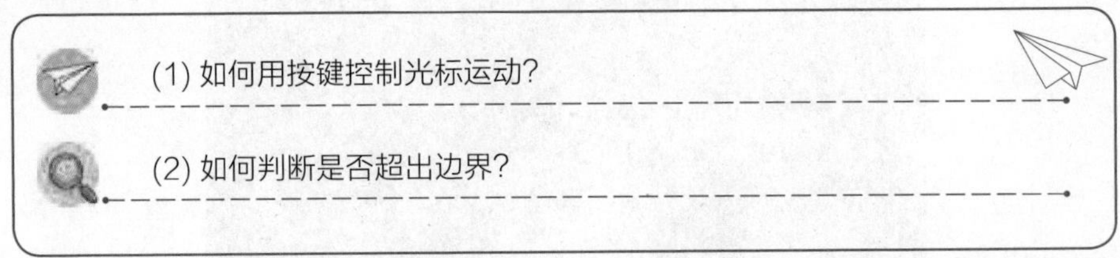

理一理　turtle模块提供了键盘控制函数，可以设定按某个键执行某个自定义函数，以完成指定动作。Turtle模块还提供了检测光标当前位置坐标的函数，通过该函数返回值与边界的坐标值比较，判断是否超出边界。

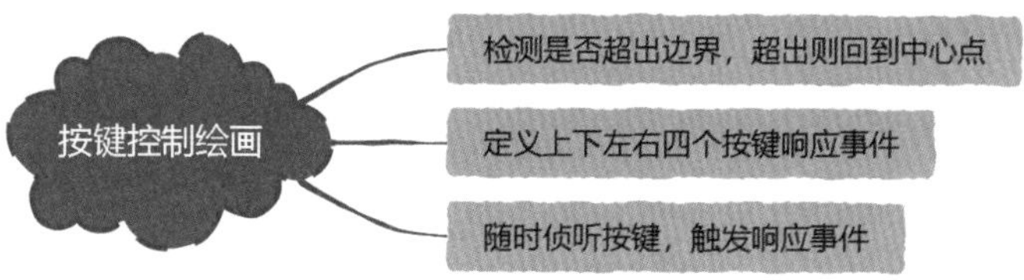

2. 案例准备

键盘响应函数　turtle模块中提供了按对应的按键执行相应函数的语句。

> turtle.onkey(函数名,'按键字符串')表示按对应的按键执行括号内的函数语句，该函数可以是系统函数或者自定义函数，'up' 'down' 'left' 'right' 'space' 分别代表上下左右和空格键。
>
> 如 turtle.onkey(turtle.forward(80),"up") 按向上光标键前进80
>
> turtle.onkey(turtle.left(120),"left") 按向左光标键左转120度

键盘侦测函数　使用turtle.Listen()函数可侦测是否有事件发生，与turtle.onkey函数配对使用时，能监测是否有对应的按键按下。

返回当前坐标值　使用turtle.xcor()函数和turtle.ycor()函数，表示分别返回当前光标所在位置的x坐标值和y坐标值。

设置画布大小　使用turtle.screensize(x,y)函数，设置画布大小为x像素*y像素。

计时器函数　使用turtle.ontimer(函数名,t)函数，表示每过t毫秒运行一次参数中的函数。一般用在定时刷新程序中。

算法设计　本案例的算法思路如下图所示。

- 检测是否超出边界

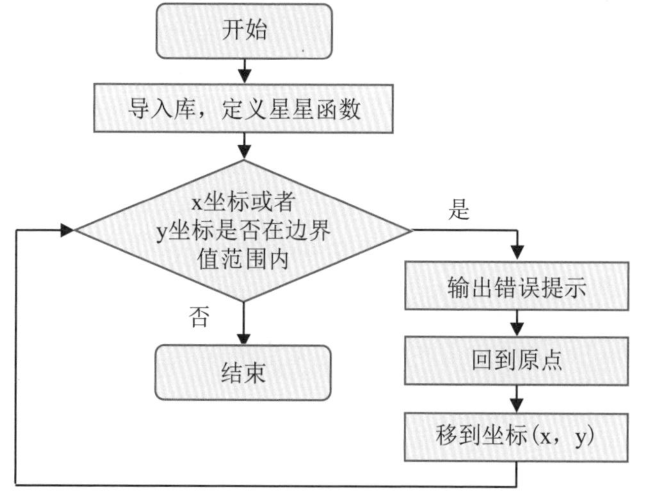

- 按键控制移动程序

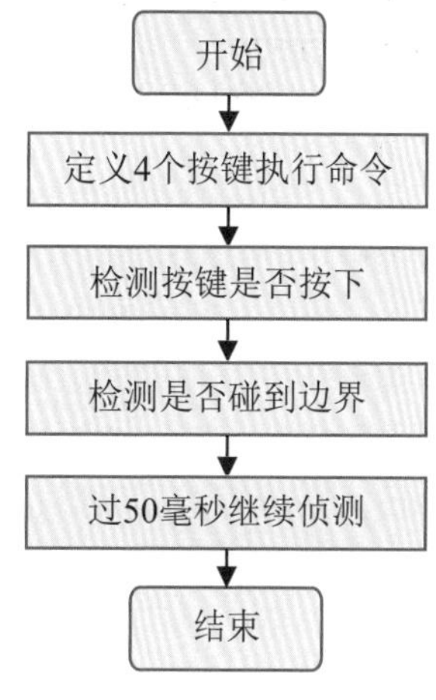

3. 实践应用

编写程序

```
import turtle as t
def bianjie():                                      # 定义检测是否超出边界函数
    if (t.xcor()<-400)or(t.xcor()>400)or(t.ycor()<-300)or(t.ycor()>300):
        t.write("您已超出边界")                      # 如果超出边界给出提示
        t.penup()                                   # 提笔回到中心点
        t.goto(0,0)
        t.pendown()
def q_right():                                      # 定义按向右光标键执行的动作
    t.seth(0)
    t.fd(20)
def q_left():                                       # 定义按向左光标键执行的动作
    t.seth(180)
    t.fd(20)
def q_up():                                         # 定义按向上光标键执行的动作
    t.seth(90)
    t.fd(20)
def q_down():                                       # 定义按向下光标键执行的动作
    t.seth(-90)
    t.fd(20)
def q_move():                                       # 定义检测按键响应并画线的函数
    t.onkey(q_up,'Up')                              # 检测向上光标键是否按下
    t.onkey(q_down,'Down')                          # 检测向下光标键是否按下
    t.onkey(q_right,'Right')                        # 检测向右光标键是否按下
    t.onkey(q_left,'Left')                          # 检测向左光标键是否按下
    bianjie()                                       # 调用检测是否出边界的函数
    t.listen()                                      # 侦测是否有按键事件发生
    t.ontimer(q_move,50)                            # 每隔50毫秒递归调用自己
sc=t.Screen()                                       # 设置画布大小为800*600
sc.setup(800,600)
q_move()
```

测试程序　运行程序，检测运行结果，对不正确的地方进行修改。

答疑解惑　程序中t.onkey(函数名,'按键字符串')中第一个参数是函数名，不能加括号，同样t.ontimer(函数名,t)中的函数名也不能加括号。判断超出边界条件应该是x的坐标大于400或者小于-400，或者y的坐标大于300或小于-300，4个条件有一个满足就认为是超出边界，应该用or连接。

案例 94 超酷彩色时钟

知识与技能：时间函数和列表

时间在一分一秒地流逝，永不回头。黎明想利用Python程序画出一个不停跳跃的LED数字时钟，用来提醒自己珍惜时间。

1. 案例分析

本案例要编写一个显示当前时间的程序，时钟上要显示从0~9的十个数字，显示当前时间，中间还要有“时、分、秒”的文字。

问题思考

(1) 0~9十个数字怎么显示？如果用直线应该怎么绘制？

(2) 如何调用系统时间并显示出来？

理一理　将0～9的数字用LED显示，实际上是在下面图案的基础上有选择地显示。

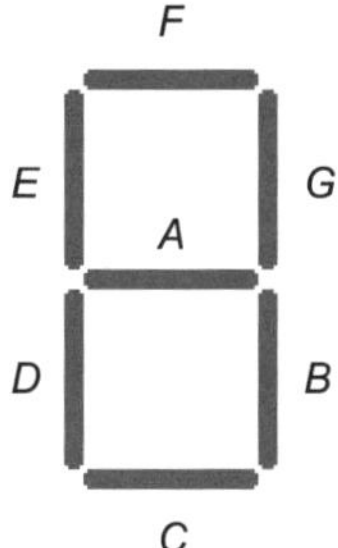

如上图所示，这10个数字都可以用7条线段中的几条来组成，具体组成见下表。

数字	线段编号	图形
0	B,C,D,E,F,G	

（续表）

数字	线段编号	图形
1	B,G	
2	A,C,D,F,G	
3	A,B,C,F,G	
4	A,B,E,G	
5	A,B,C,E,F	
6	A,B,C,D,E,F	
7	B,F,G	
8	A,B,C,D,E,F,G	
9	A,B,C,E,F,G	

通过上表可以发现，数字2,3,4,5,6,8,9中线段A都是显示的，数字0,1,3,4,5,6,7,8,9中线段B是显示的，数字0,2,3,5,6,8,9中线段C是显示的，数字0,2,6,8中线段D是显示的，数字0,4,5,6,8,9中线段E是显示的，数字0,2,3,5,6,7,8,9中线段F是显示的，数字0,1,2,3,4,7,8,9中线段G是显示的。因此，我们要定义一个函数，通过参数控制是否显示A-G号线段，调用此函数就可以画出不同的数字。通过导入时间模块显示当前系统时间。

2. 案例准备

strftime　time 模块的strftime方法可以显示格式化日期，time.strftime(format[, t])，第一个参数是格式化字符串，第2个参数是时间元组。本例中用到了%H 表示十进制数当前的小时数(24小时制)，%M 表示十进制数当前的分钟数，%S表示十进制数当前的秒数。

算法设计　本案例的算法思路如下所示。

- 显示线段A—D　因篇幅有限，下面流程图只列出画线段A的流程图，线段B、

C、D和线段A类似。

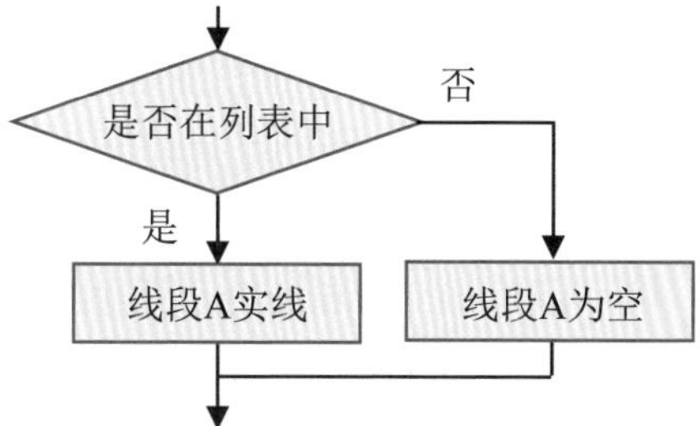

- 显示线段E—G　线段D转到线段E需要先左转90°，其余和线段A的画法类似。

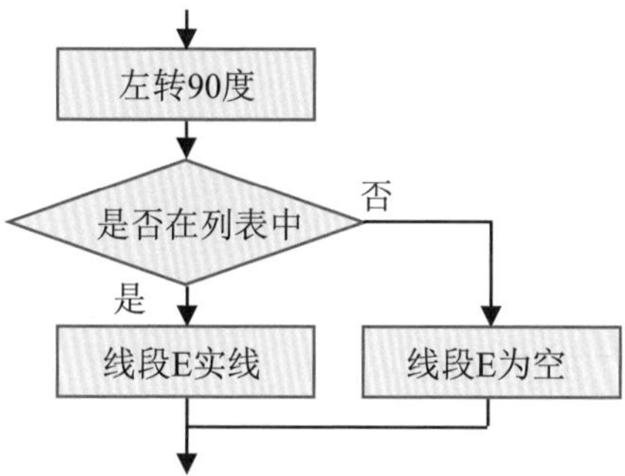

- 主程序

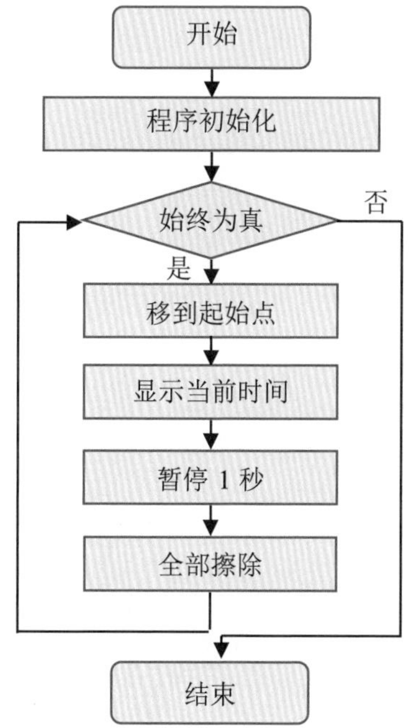

3. 实践应用

编写程序

⌘ 显示数字程序

```
def drawdigit(digit):
    if digit in [2,3,4,5,6,8,9]: drawline(True)        # digit值在列表中，画实线；否则不画线
    else: drawline(False)
    if digit in [0,1,3,4,5,6,7,8,9]: drawline(True)
    else: drawline(False)
    if digit in [0,2,3,5,6,8,9]:drawline(True)
    else: drawline(False)
    if digit in [0,2,6,8]:drawline(True)
    else: drawline(False)
    t.left(90)                                         # 左转90°
    if digit in [0,4,5,6,8,9]:drawline(True)
    else: drawline(False)
    if digit in [0,2,3,5,6,7,8,9]:drawline(True)
    else: drawline(False)
    if digit in [0,1,2,3,4,7,8,9]:drawline(True)
    else: drawline(False)
    t.right(180)                                       # 移到画下个数字的起点
    t.pu()
    t.fd(20)
```

⌘ 显示时间程序

```
def drawdate(date):
    for i in date:                                     # 取date字符串的每个字符
        if i =='-':                                    # 如果i值是“-”，输出蓝色的“时”
            t.write("时",font=("Arial",18,"normal"))
            t.pencolor("blue")
            t.fd(40)                                   # 前进到下一个字符的起始位置
        elif i=="=":                                   # 如果i值是“=”，输出红色的“分”
            t.write("分",font=("Arial",18,"normal"))
            t.pencolor("red")
            t.fd(40)
        elif i==" ":                                   # 如果i值是“ ”，输出绿色的“秒”
                t.write("秒",font=("Arial",18,"normal"))
                t.pencolor("green")
                t.fd(40)
        else:
            drawdigit(eval(i))                         # 显示数字
```

⌘ 显示主程序

```
import turtle as t
import time
def drawgap():                                  # 画线与线之间的空格
    t.pu()
    t.fd(5)
def drawline(draw):                             # 当draw参数值为“True”时画长度为40的线段，当值为“False”时画长度为40的空线；再画空格，转90°；准备画下一个线段
    drawgap()
    t.pd() if draw else t.pu()
    t.fd(40)
    drawgap()
    t.right(90)
t.setup(800,350)                                # 设置画布大小为800*350
t.speed(0)                                      # 设置动画速度为0
t.pu()                                          # 移到起始位置并设置笔粗为5
t.fd(-300)
t.pensize(5)
while True:                                     # 始终循环
    t.pu()
    t.goto(-300,0)
    t.pd()
    t.tracer(0)                                 # 在内存中画出下面图形
    drawdate(time.strftime('%H-%M=%S '))        # 获取当前时间并画出来
    t.update()                                  # 刷新屏幕，显示内存中的图画
    t.hideturtle()
    time.sleep(1)                               # 暂停1秒
    t.clear()                                   # 擦除屏幕
```

测试程序　运行程序，程序运行结果如下图所示。

答疑解惑　程序中可以调用系统时间中的年月日，按照设定的格式显示出来。读者可以用其他的图形代替直线，画出更多花式时间显示。注意在显示时间时，要暂停1秒再擦除，显示新的时间。

第 9 章

百尺竿头——Python 综合应用

通过前面 8 章的学习，我们探索了 Python 编程的控制结构、函数，以及绘图等方面的知识。本章将融合前面所学，通过制作类似 Windows 系统中的图形用户界面 (GUI) 程序，实现用编程解决实际问题，探究 Python 的综合应用。

tkinter 是 Python 的内置标准 GUI 库，它可以根据用户选择生成相应界面，利用它能够实现快速开发，非常适合初学者学习。本章我们通过制作“口算训练小助手”程序，进一步体会 Python 强大的功能吧！

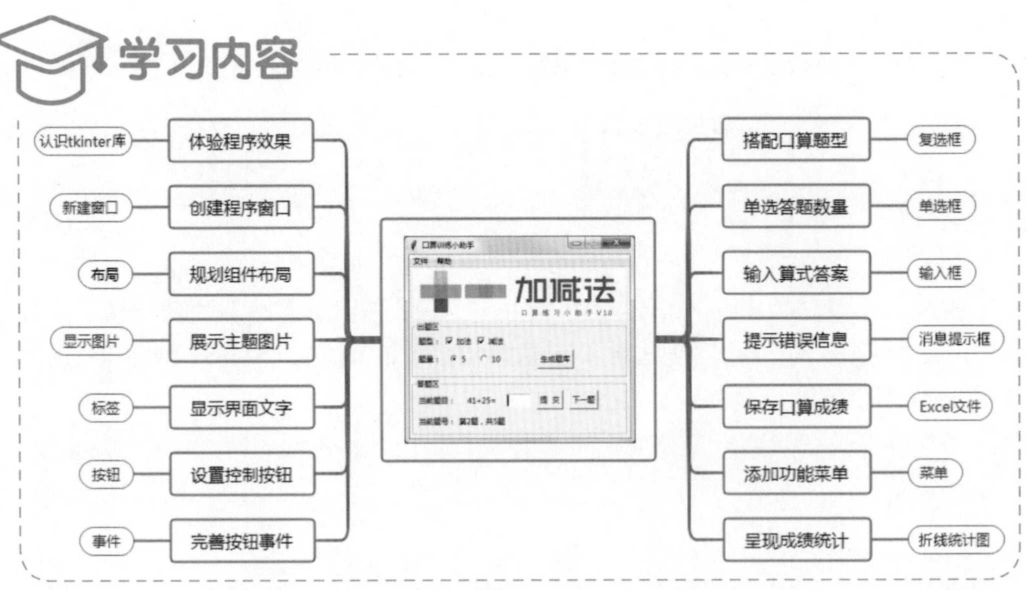

案例 95 体验程序效果

知识与技能： 认识tkinter库

程雪为了让弟弟提高口算能力，用Python制作了“口算训练小助手”程序，帮助弟弟练习口算。程序能够根据选择自动生成100以内的加法、减法或既有加法又有减法的口算题。答题后，程序能够自动汇总并保存成绩，还可以显示出历史成绩统计图。我们一起来体验程序的运行效果吧！

1. 案例分析

使用tkinter库创建“口算训练小助手”GUI程序，要先了解使用tkinter库创建图形用户界面程序的步骤，明确tkinter库中有哪些可供程序使用的组件，再规划“口算训练小助手”程序的制作流程，最后设计算法实现应用程序功能。

问题思考

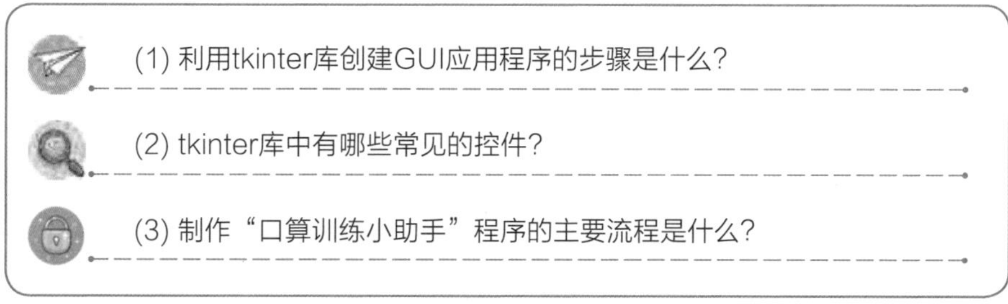

(1) 利用tkinter库创建GUI应用程序的步骤是什么？

(2) tkinter库中有哪些常见的控件？

(3) 制作“口算训练小助手”程序的主要流程是什么？

理一理　在Python中，利用tkinter库创建一个GUI应用程序，具体步骤如下。

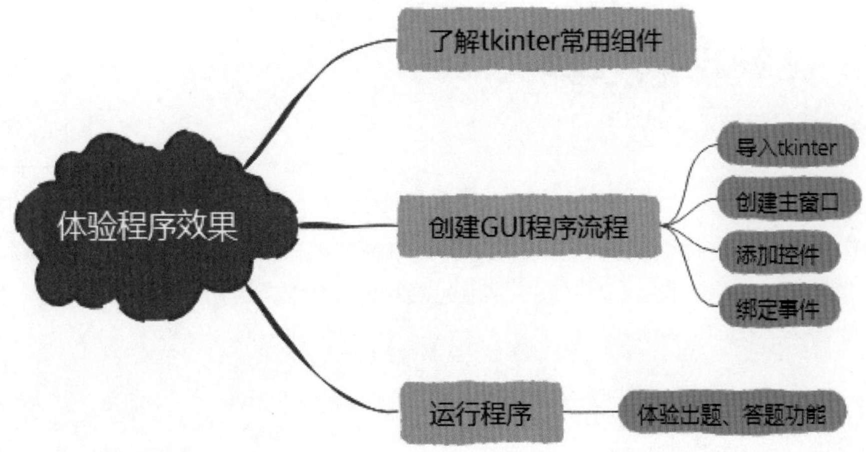

2. 案例准备

tkinter常用组件　tkinter库提供了如Windows窗口中的诸多元素，如文本、按钮、单选框、复选框等。tkinter库常用组件可用于创建图形用户界面，如下表所示。

组件类型	组件名称	组件作用
Lable	标签	显示文本或者图片
Button	按钮	显示按钮
Checkbutton	复选框	多项选择按钮
Radiobutton	单选框	单项选择按钮
Entry	输入框	用于接收单行文本输入
Frame	框架	显示一个矩形区域，多用来作为容器
LableFrame	标签框架	相当于带标签的Frame
messageBox	消息框	显示用户交互的消息对话框
Menu	菜单	显示菜单(下拉菜单和弹出菜单)
Menubutton	菜单按钮	用于显示菜单项
Listbox	列表框	以列表的形式显示文本
Scrollbar	滚动条	当内容超过可视区域后添加，默认垂直方向
Text	多行文本框	显示多行文本内容
Canvas	画布	显示图形，比如直线、矩形、多边形等

算法设计　“口算训练小助手”GUI应用程序的主要流程如下。

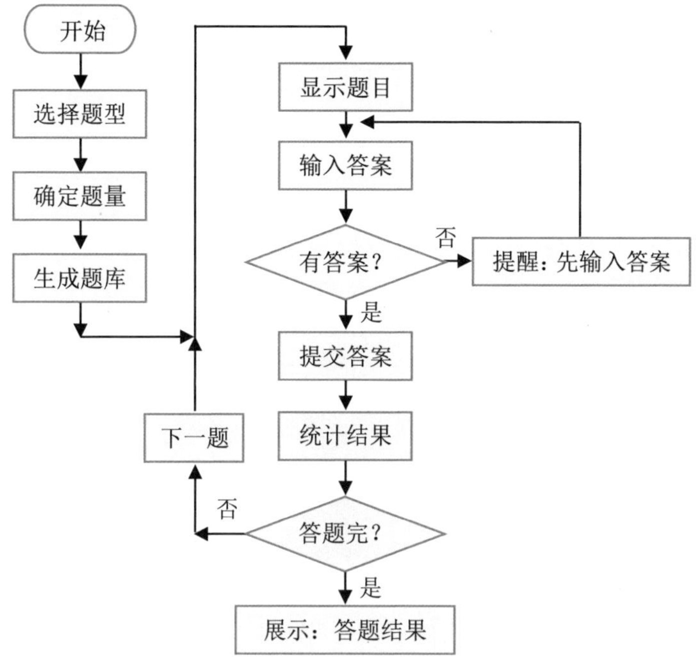

3. 实践应用

体验出题功能　在“口算训练小程序”中选择口算题型，有加法、减法或既有加法又有减法的口算题，程序默认题量选择为5题。若没有选择题型，单击“生成题库”按钮后，会弹出消息对话框，提示“请先选择题型”。在未“生成题库”时，答题区的“提交”“下一题”按钮禁用。

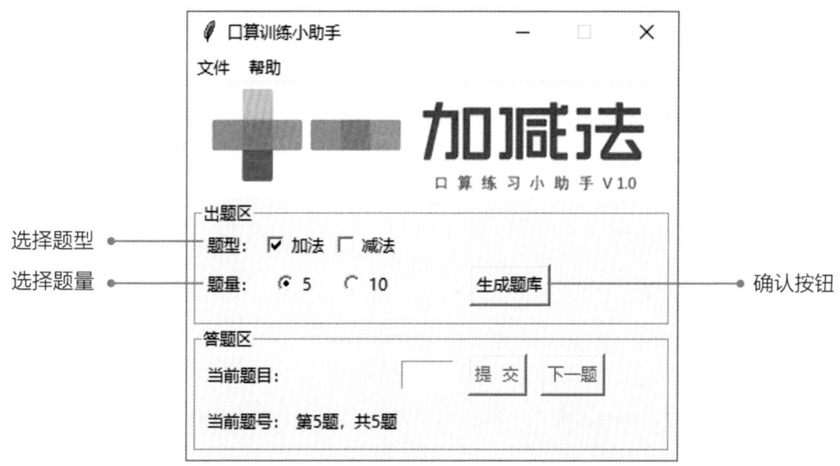

体验答题功能　按用户的选择生成题库后，可以在答题区答题。“答案”输入框中只能输入数字，输入其他类型字符时不显示。输入答案后，单击“提交”按钮，完成当前题目的回答。单击“下一题”按钮，更新当前题目，重置“答案”输入框，并同步更新当前题号。若用户没有输入答案就“提交”，界面中会弹出消息提示框，提醒“请输入答案！”。

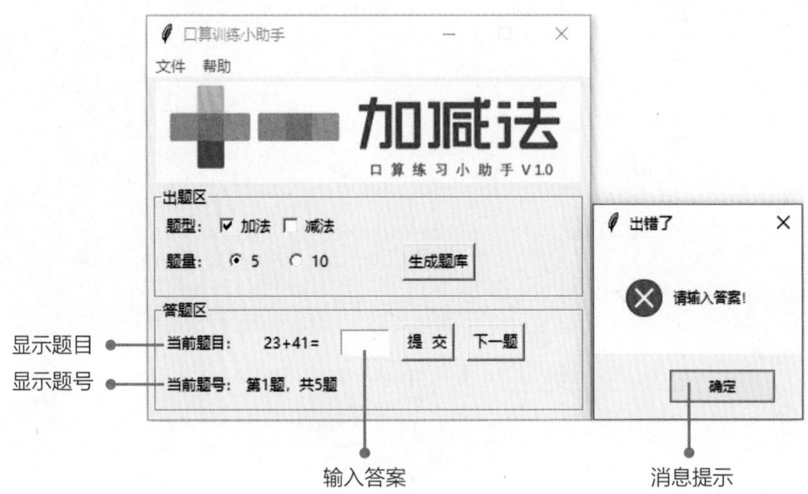

答题结束状态　当答完所有题目后，当前题号显示为“答题完毕”，弹出“成绩”消息对话框，展示回答题目正确和错误的数量。此时“提交”和“下一题”按钮处于禁用状态。通过单击“文件”选择“查看成绩”功能，程序会用折线统计图展示历次成绩的统计结果。

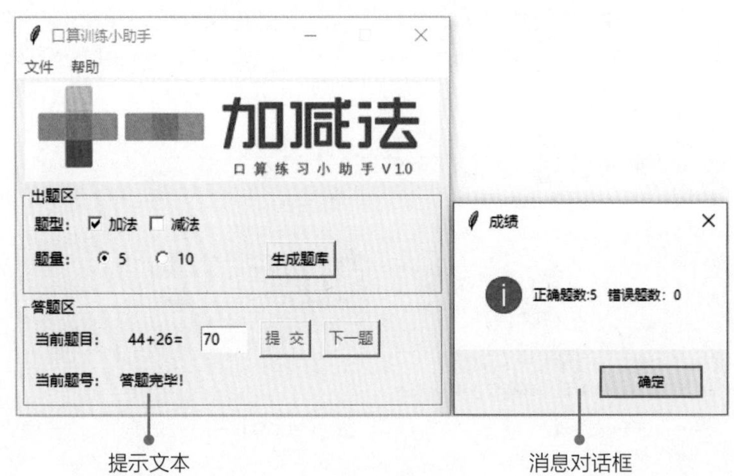

答疑解惑　“口算训练小助手”应用程序界面上涉及多种tkinter库组件，有标签、按钮、复选框、单选框、输入框、消息提示框，还有菜单等，这么多组件如何添加并联系在一起呢？使用tkinter创建GUI应用程序，要先规划界面，设计好布局方式，然后添加组件，并对应编写触发事件响应程序。程序实现的功能，如生成题库功能，可以先在IDEL中输出结果，然后通过设置组件参数，显示在程序界面上。

拓展应用 请通过书籍或网络等渠道了解tkinter库中常用的组件，及其在GUI应用程序界面上的布局、使用方法等，为后续的学习打下良好的基础。

案例 96 创建程序窗口

知识与技能： 新建窗口

使用tkinter库制作用户界面时，文本、按钮、单选框等组件相当于一块块积木，而界面相当于一个大的容器。有了界面这个容器，组件才能显示出来。因此，要创建“口算训练小助手”GUI程序，首先要规划程序界面，设置界面属性。

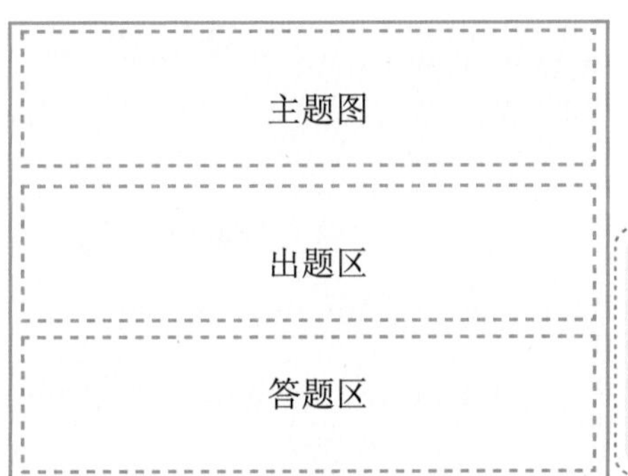

窗口大小：360x270

固定宽和高

提醒：
清晰的布局设计很重要，可以让界面一目了然！

1. 案例分析

创建“口算训练小助手”程序，规划程序界面，需要先制作一个新的窗口作为基础。创建一个宽360x高270像素的窗口，固定窗口的大小，根据规划设置窗口属性和位置。

问题思考

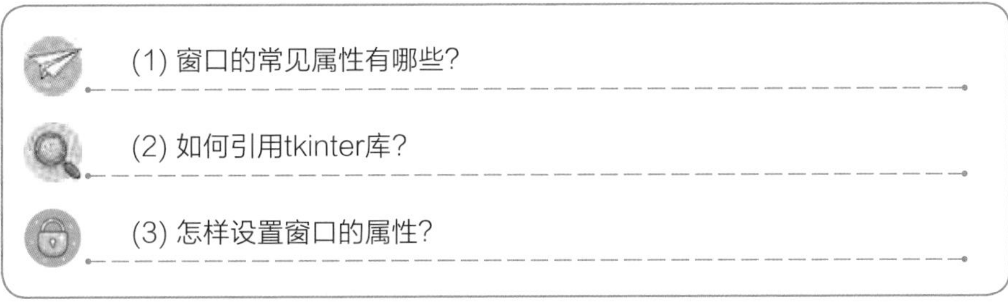

(1) 窗口的常见属性有哪些?

(2) 如何引用tkinter库?

(3) 怎样设置窗口的属性?

理一理　设计好图形用户界面，确定窗口属性后，要先导入tkinter库，然后调用内部函数来设置窗口属性。

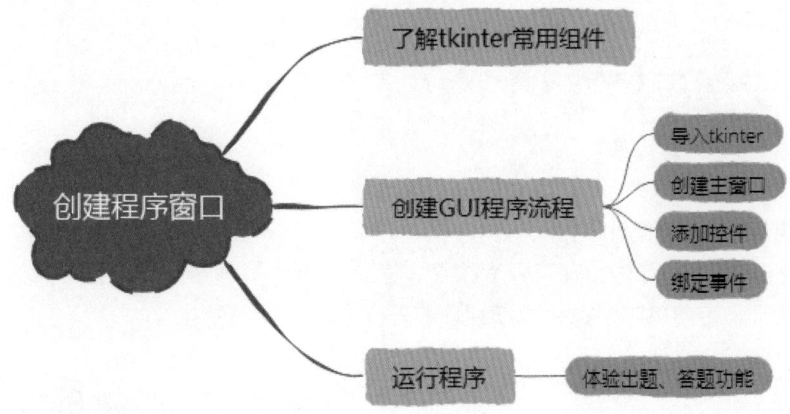

2. 案例准备

窗口属性设置　窗口常见的属性有标题、尺寸、图标、背景颜色、是否允许改变窗口大小、窗口透明度等。窗口常见属性设置方法如下表所示。

窗口属性设置（示例）	设置说明
title('GUI程序')	设置窗口的标题为：GUI程序
geometry('300x200+100+50')	设定窗口尺寸(300x200)及位置(100,50)，x为英文
iconbitmap('图标.ico')	设置窗口的图标为：图标.ico(图标文件在当前目录下)
resizable(False,False)	固定窗口大小，不能改变窗口大小，也可以resizable(0,0)表示
minsize(100,100)	窗口缩放的最小尺寸
maxsize(600,400)	窗口缩放的最大尺寸
attirbutes('-alpha',0.9)	设置窗口的透明度，1为不透明，0为完全透明
config(bg ='blue')	设置窗口背景颜色为：blue
overrideredirect(True)	去掉窗口的标题栏

了解from tkinter import *　它是Python内置库，用于导入tkinter，可以直接引用。import*的意思是导入库中所有的函数、变量等信息，这样在调用tkinter中的相关函数或者变量时，就不用加tkinter作为前缀。

算法设计　本案例搭建的图形界面流程如下。

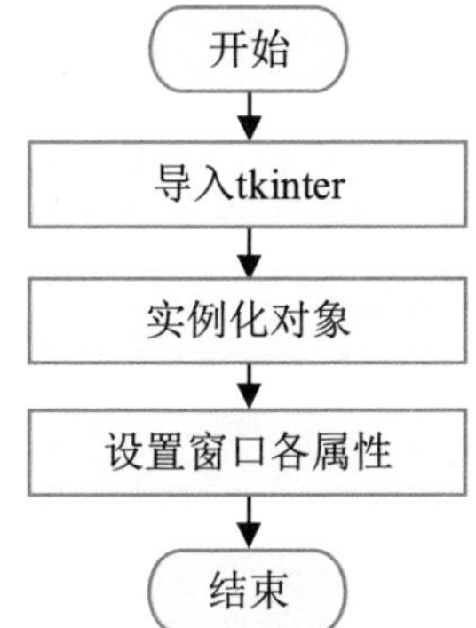

3. 实践应用

编写程序

```
from tkinter import *                # 导入tkinter
root = Tk()                          # 实例化对象
root.title('口算训练小助手')           # 设置窗口标题
root.resizable(0,0)                  # 固定窗口大小
root.geometry("360x270")             # 设置窗口大小，代码中间为英文x
```

测试程序　保存程序后，运行程序，查看运行效果。

答疑解惑　在Python中，import、import...as或者from...import用于导入相应的库，在实际使用中要注意几种用法的区别：

```
Import datetime                    #输出系统当前时间，引入整个datetime
print(datetime.datetime.now())     #库中datetime类的now()函数
```

```
Import datetime as dt              #若库名称太长，可以取个别名代替
print(dt.datetime.now())           #用别名调用now()函数
```

```
Import datetime import datetime    #从datetime库中只导入datetime类
print(datetime.now())              #调用now()函数
```

拓展应用　程序运行时，可以使用geometry()方法指定窗口显示位置，如geometry('360x270+100+100')，表示在坐标(100，100)处显示360x270大小的窗口。窗口显示位置，还可以通过读取屏幕尺寸，计算屏幕中心位置后，使窗口显示在屏幕中央。

```
from tkinter import *                                    # 导入tkinter
root = Tk()
root.title('口算训练小助手 ')
root.resizable(0,0)
width=360                                                # 设置窗口宽度
height=270                                               # 设置窗口高度
screen_width=root.winfo_screenwidth()                    # 取得屏幕宽度尺寸
screen_height=root.winfo_screenheight()                  # 设置屏幕高度尺寸
x=int(screen_width/2-width/2)
y=int(screen_height/2-height/2)
root.geometry("{}x{}+{}+{}".format(width,height,x,y) )   # 设置窗口大小及显示位置
```

案例97　规划组件布局

知识与技能：布局

创建了"口算训练小助手"程序窗口后，就可以像搭积木一样把组件放在需要的位置。在添加组件前，要规划好各组件的位置，通过tkinter库的布局管理，可实现窗口中各组件的布局。在规划组件布局前，我们需要先了解tkinter库的布局管理方式。

1. 案例分析

tkinter库的布局管理主要有三种方法，分别是pack()方法、grid()方法、place()方法。在设计GUI程序时，可以使用这三种方法包装和定位各组件在窗口的位置。

问题思考

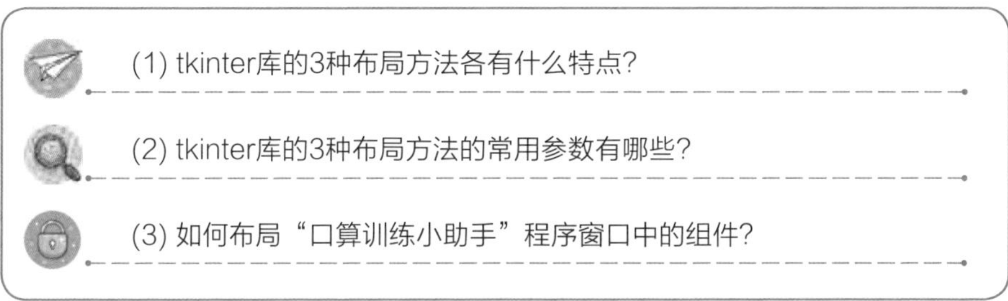

理一理　制作“口算训练小助手”程序窗口要用到多个组件，需要先了解tkinter库的布局管理方式，规划好各个组件的布局，确定布局方式后，先对主题图、出题区和答题区三大区域进行布局，为后续组件布局打下基础。

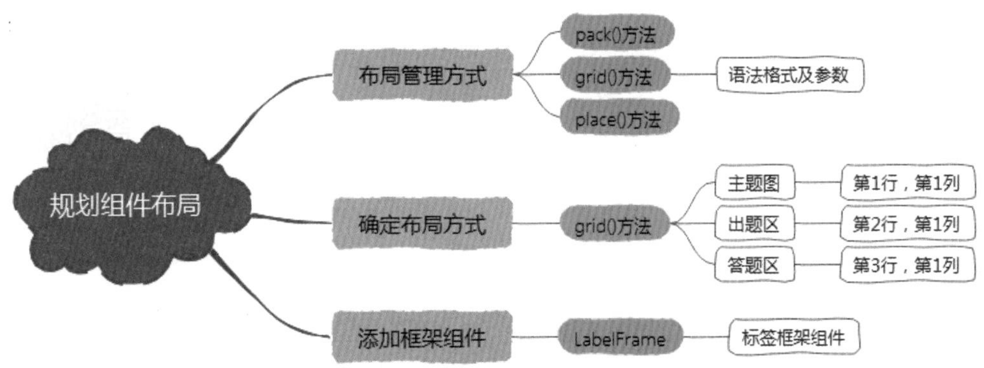

2. 案例准备

布局管理方式　tkinter库提供了三种常用的布局管理器，分别是pack()方法、grid()方法、place()方法。pack()方法主要按照组件添加的顺序排列组件，grid()方法以行和列的形式对组件进行排列组件，place()方法可以指定组件的大小及摆放位置。

grid()方法　grid()是基于网格式的布局方法，相当于把窗口看成一张由行和列组成的表格。当使用grid()方法布局的时候，表格内的每个单元格都可以放置一个组件，从而实现对界面的布局管理。grid()方法常用参数如下表所示。

属性	说明
row	组件所在行，窗体最上面为起始行，默认为第0行
column	组件所在列，窗体最左边为起始列，默认为第0列

（续表）

属性	说明
rowspan	组件横向合并的行数
columnspan	组件纵向合并的列数
sticky	设置组件位于单元格的哪个方位，参数值同anchor，默认单元格居中
padx, pady	组件距离窗口边界的水平方向及垂直方向的距离

框架组件　Frame是tkinter库中的框架组件。如果窗口中的组件比较多，管理起来就会比较麻烦，可以使用Frame框架组件将组件进行分类管理。LabelFrame是一个标签框架组件，可以理解为带标题的框架组件。

```
from tkinter import *
root = Tk()
root.title('容器组件示例')
root.geometry("300x200")
fm1=Frame(root,height=90,width=150,bg='green')               #框架组件
fm1.grid(row=0,column=0)
fm2=LabelFrame(root,text='出题区',height=90,width=150)     #标签框架
fm2.grid(row=1,column=0)
```

框架组件常用属性　Frame框架组件、LabelFrame标签框架组件的常用属性如下表所示。

属性	说明
bg	背景颜色
bd	组件边界宽度，默认是2
height/width	组件的高度和宽度
padx/pady	距离主窗口的水平/垂直方向上的外边距
relief	指定边框样式，参数值 sunken，raised，groove或 ridge，flat(默认值)
text	标签中显示的文本 (LabelFrame)
font	标签字体(LabelFrame)
labelanchor	设置放置标签的位置，有12个位置：e, en, es, n, ne, nw, s, se, sw, w, wn, 和 ws，是按照东南西北的方位组合

3. 实践应用

编写程序

```
#主题图区
fm_zhuti=Frame(root,height=75,width=350,bg='light gray')          # 框架组件
fm_zhuti.grid(row=0,column=0,padx=5,pady=5)                       # 第1行，第1列
#出题区
fm_chuti=LabelFrame(root,text='出题区',height=90,width=350)       # 标签框架
fm_chuti.grid(row=1,column=0,padx=5)                              # 第2行，第1列
#答题区
fm_dati=LabelFrame(root,text='答题区',height=90,width=350)        # 标签框架
fm_dati.grid(row=2,column=0,padx=5)                               # 第3行，第1列
```

测试程序　保存并运行程序，查看运行效果，并尝试修改参数，观察程序运行结果。

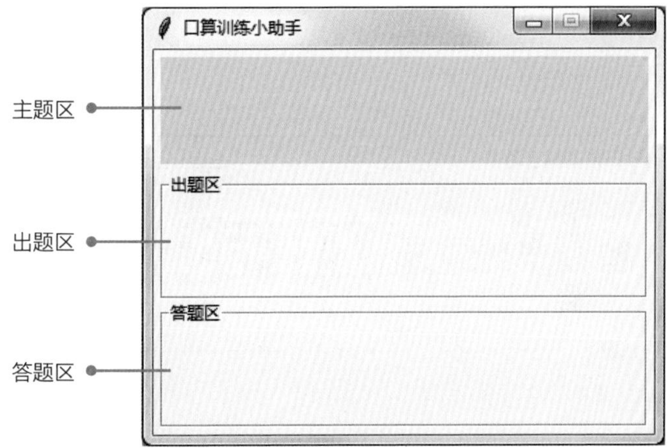

答疑解惑　根据“口算训练小助手”程序的规划，选用了grid()方法布局窗口，在规划程序界面布局的时候，还可以尝试使用pack()方法和place()方法。在使用三种布局方式的时候要防止冲突，不能在一个框架内使用两种布局方式。实际开发中，推荐框架组件使用pack()方法布局，内部组件使用grid方法布局。规划布局的时候，一般都要用框架作为“容器”来放置组件，这样容易排版布局。

拓展应用　界面上的所有组件都有各自的尺寸，它们会根据内容进行调整。在实际开发中，有时需要固定一个组件的尺寸，可以调用grid_propagate(0)方法。

```
#出题区
fm_chuti=LabelFrame(root,text='出题区',height=90,width=350)
fm_chuti.grid_propagate(0)                        # 固定框架大小
fm_chuti.grid(row=1,column=0,padx=5)
#答题区
fm_dati=LabelFrame(root,text='答题区',height=90,width=350)
fm_dati.grid_propagate(0)                         # 固定框架大小
fm_dati.grid(row=2,column=0,padx=5)
```

案例98 展示主题图片

知识与技能：显示图片

在图形用户界面程序开发过程中，为了增加程序的可视性和用户体验，经常使用图片作为背景图片、按钮图标、菜单图标等，这不仅使程序的界面更加美观、大气，且具有特色和视觉识别度。如何使用tkinter库，为“口算训练小助手”程序添加主题图片呢？

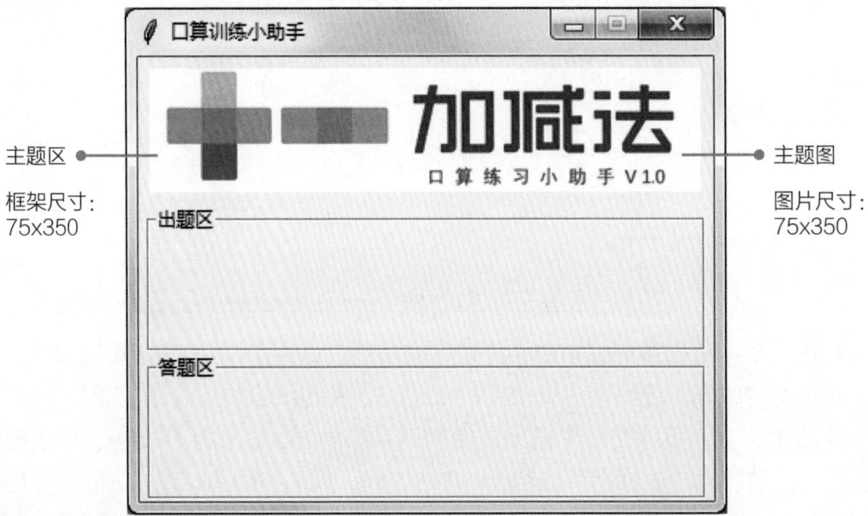

1. 案例分析

利用tkinter库制作“口算训练小助手”程序时，需要添加主题图来修饰界面，增强视觉识别度。使用tkinter库时，图片可以在多处使用，如Label组件、Button按钮，以及text文字区域组件等。

问题思考

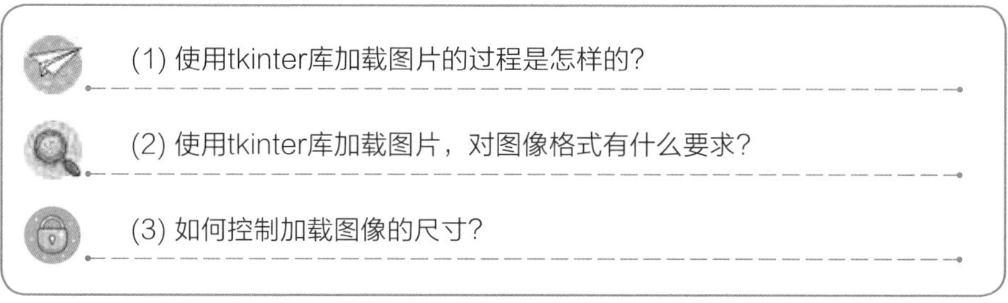

理一理　准备好图片素材，使用tkinter库加载图像前，可以用PhotoImage()方法建立图像对象，然后将此对象应用在其他窗口组件上，如Label组件。

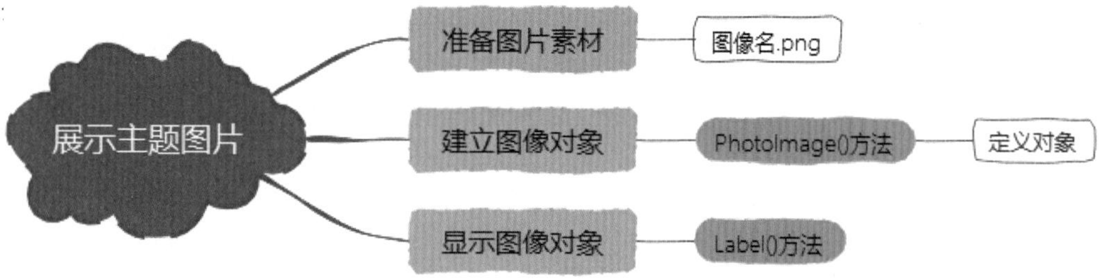

2. 案例准备

建立图像对象　使用PhotoImage()方法建立图像，支持GIF和PNG两种文件格式。为了使用方便，一般将图片文件放在程序所在的文件夹中。使用PhotoImage()方法建立图像对象的语法如下。

```
img1 = PhotoImage(file='xxx.gif')       #扩展名为gif，传回图像对象
img2 = PhotoImage(file='xxx.png')       #扩展名为png
```

使用Label()方法加载图像　使用PhotoImage()方法建立图像对象后，可以在Label()方法内使用image参数设置此图像对象。

```
from tkinter import *
root = Tk()
root.title('Label()方法加载图像')
img = PhotoImage(file='logo_ks.png')      #建立图像对象
lb1=Label(root,image=img).pack()          #使用Label()方法加载图像对象
```

3. 实践应用

编写程序

```
#主题图区
fm_zhuti=Frame(root,height=75,width=350,bg='light gray')      # 主题区框架
fm_zhuti.grid(row=0,column=0,padx=5,pady=5)
img = PhotoImage(file='logo_ks.png')                           # 建立图像对象
back=Label(fm_zhuti,image=img,height=75,width=350).pack()  # 加载图像
```

Label在主题区框架内布局　　加载图像对象

测试程序　保存并运行程序，查看运行效果，并尝试控制加载的图片尺寸，观察程序运行效果。

答疑解惑　使用PhotoImage()方法建立图像对象时，图像文件格式为GIF和PNG，加载常见的图像文件格式JPG时，程序运行时会提示错误。如果想要在Label内显示JPG文件，需要借助下载和引用第三方模块PIL的Image和ImageTk。安装该模块的命令为pip install pillow。

拓展应用　参考“加载JPG图像.py”代码，尝试给“口算训练小助手”程序加载JPG格式的主题图像。

```
from tkinter import *
from PIL import Image,ImageTk               # 导入PIL模块
root = Tk()
root.title('加载JPG图像文件示例')
root.geometry("400x300")                    # 创建窗口
img=Image.open('logo.jpg')                  # 读取图片文件
zhuti=ImageTk.PhotoImage(img)               # 建立图像对象
lb1=Label(root,image=zhuti).pack()          # 将图像添加到Label中
```

案例 99 显示界面文字

知识与技能：标签

在GUI程序界面设计中，文字是一种重要的交互元素，应注重文字的设计，选用合适的字体、大小、颜色和排版，使得文字信息表达精准，易读易懂，并且与整个界面的设计风格相统一。文字不仅能够传递信息，还能够提高用户体验、增强可访问性。那么，如何在“口算训练小助手”程序界面的“出题区”和“答题区”中显示文字呢？

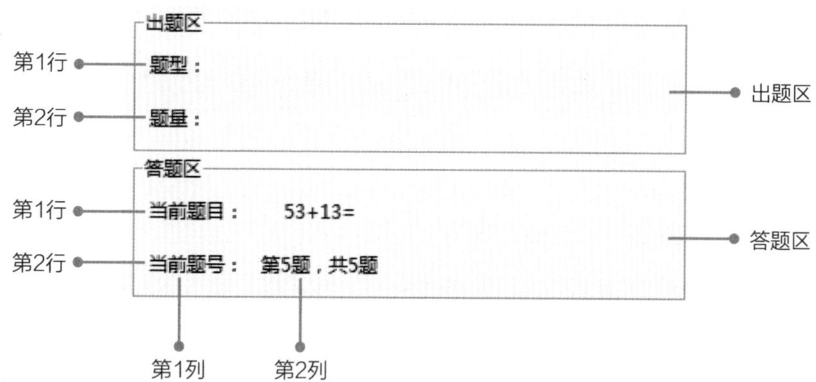

1. 案例分析

根据“口算训练小助手”程序的图形用户界面设计，需要在“出题区”“答题区”两个框架内分别添加文字信息，如题型、题量、当前题目、当前题号等。tkinter库可以使用Label标签组件来显示文字，还可以根据需求设置文字字体、字号、颜色等属性。

问题思考

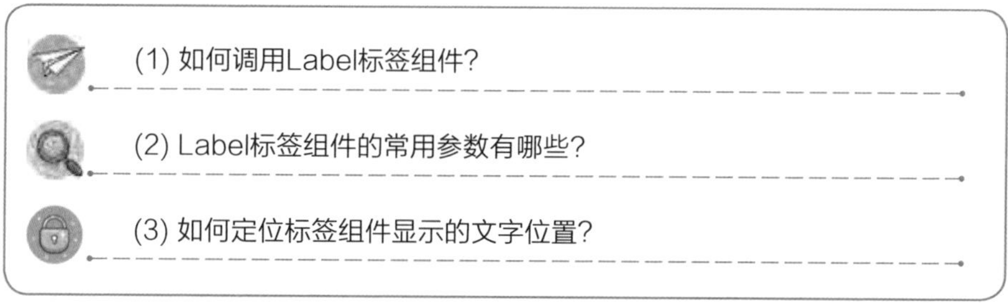

理一理　Label标签组件可用于在窗口中显示文字信息，使用时先调用组件，再添加文本，最后确定显示方式和位置等参数。

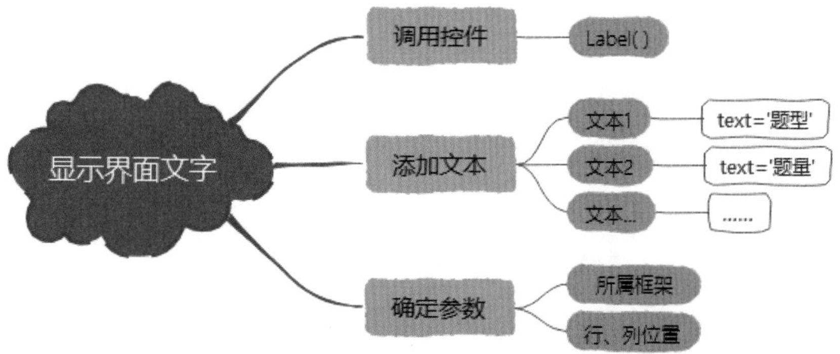

2. 案例准备

标签组件Label　Label组件在窗口中显示文字信息，使用示例如下。

```
from tkinter import *
root = Tk()
root.title('显示文字示例')
label1 = Label(root,text=' Hello World! ')   #建立标签label1
label1.pack()                                #显示标签方法：pack方法
```

Label组件属性　Label组件比较常用的属性，如下表所示。

属性	说明及示例
text	标签内容，如果有/n，可显示多行文本 示例：label1=Label(root,text = 'Hello World!')
font	文本字体及字号设置 示例：label1=Label(root,text = 'Hello World!', font=('楷体',15))
bg/fg	文字背景/前景颜色，dg='背景颜色'，fg='前景颜色' 示例：label1=Label(root,text = 'Hello World!', bg='yellow')
justify	多行文本的对齐方式，可选项包括LEFT, RIGHT, CENTER 示例：label1=Label(root,text = 'Hello World!', justify=RIGHT)

文本显示位置　Label()方法默认显示在主窗口对象root中。布局方式可以根据规划的需要，在pack()、grid()和place()三个方法中选择其中一种。

```
from tkinter import *
root = Tk()
root.title('显示文字示例')
label1 = Label(root,text='Hello World!')          #建立标签label1
label1. grid(row=0,column=0)                       #grid()方法，第1行第1列
label2 = Label(root,text='Hello World!'). grid(row=0,column=1)   #标签2
```

3. 实践应用

编写程序

```
#出题区
fm_chuti=LabelFrame(root,text='出题区',height=90,width=350)
fm_chuti.grid_propagate(0)
fm_chuti.grid(row=1,column=0,padx=5)
  #题型
label_tixing = Label(fm_chuti,text="题型：")          # 在“出题区”显示“题型：”
label_tixing.grid(row=0,column=0,padx=5,pady=5)        # “出题区”第1行第1列
  #题量
label_tiliang = Label(fm_chuti,text="题量：")          # 在“出题区”显示“题量：”
label_tiliang.grid(row=1,column=0,padx=5,pady=5)       # “出题区”第2行第1列
#答题区
fm_dati=LabelFrame(root,text='答题区',height=90,width=350)
fm_dati.grid_propagate(0)
fm_dati.grid(row=2,column=0,padx=5)
  #当前题目
label_tm = Label(fm_dati,text="当前题目：")            # 在“答题区”显示“当前题目：”
label_tm.grid(row=0,column=0,padx=5,pady=5)            # “答题区”第1行第1列
label_timu = Label(fm_dati,text="53+13=",width=10)     # 显示示范算式
label_timu.grid(row=0,column=1)                        # “答题区”第1行第2列
  #当前题号
label_th = Label(fm_dati,text="当前题号：")            # 在“答题区”显示“当前题号：”
label_th.grid(row=1,column=0,padx=5,pady=5)            # “答题区”第2行第1列
label_tihao = Label(fm_dati,text="第5题，共5题")        # 显示示范题号
label_tihao.grid(row=1,column=1)                       # “答题区”第2行第2列
```

测试程序　保存并运行程序，查看运行效果。

答疑解惑　“口算训练小助手”程序界面中需要显示动态的文本内容，如显示当前的题目、当前的题号等，这些文本信息该如何显示呢？可以先预留好位置，text属性可以先暂时举例，如先预置当前题目为text='53+13='，当前题号为text='第5题，共5题'，用于测试文本的显示效果。

拓展应用　案例中Label标签组件的text属性，其所设置的均为默认字体、字号和颜色，如图所示。我们可以根据自己的设计来确定文本的字体、字号、颜色等属性，动手试一试吧！

```
#提示区
label_bq = Label(root,text="制作：TELLEI  版本号：V1.0.0",fg='light gray')
label_bq.place(x=100,y=175)                  # 字体颜色为：light gray浅灰
```

案例100 设置控制按钮

知识与技能：按钮

图形用户界面程序中，按钮是最常见的，也是必不可少的。按钮可以使用户和应用程序进行交互，单击时执行特定的操作或跳转到其他界面，可以说按钮是用户和程序间沟通的桥梁。按钮可以定制成各种颜色、形状、大小和位置，以适应不同的应用程序和用户的需要。如何在“口算训练小助手”程序的界面上添加按钮呢？

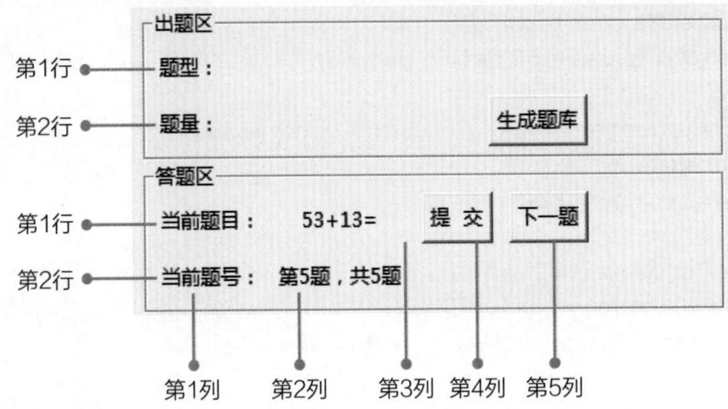

1. 案例分析

按钮是图形用户界面中常见的组件，使用tkinter库编写图形用户界面程序时，可以使用Button组件添加按钮。根据“口算训练小助手”程序规划，需要添加“生成题库”“提交”“下一题”等3个按钮来实现对应的功能。本案例主要探究如何添加按钮并设置其常见的属性，进一步完善程序界面的搭建。

问题思考

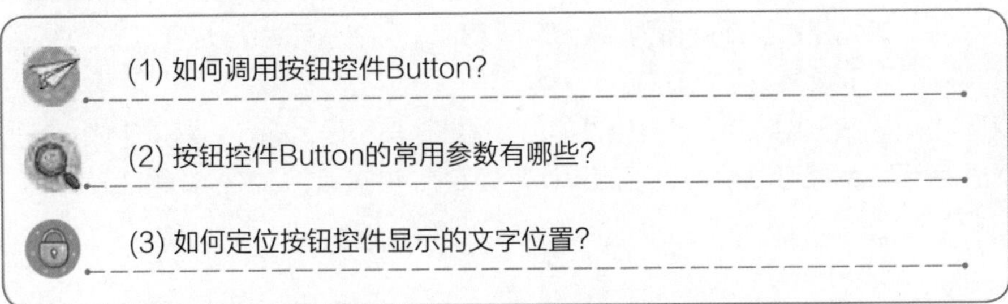

理一理　使用tkinter库在图形用户界面程序中添加按钮的方法，如同添加Label标签组件的流程，先要调用组件，设置属性后，显示在指定位置。

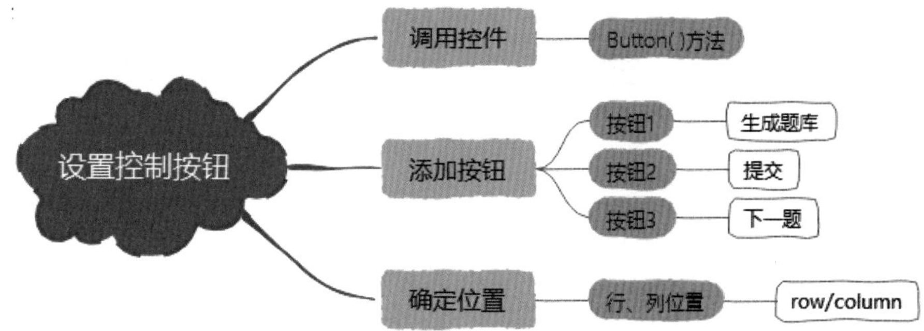

2. 案例准备

按钮组件Button　按钮组件使用起来和Label组件类似，它也包含文本等属性的设置，并通过command参数回调函数，如示例所示。

```
from tkinter import *
root = Tk()
root.title('按钮示例')
def hello():                                        #自定义函数
    print(‘按钮被点击！’)
btn1 = Button(root,text='点我',command=hello)    #建立按钮btn1
btn1.place(x=20,y=10)                              #显示按钮：place方法
```

Button组件常用属性　按钮组件Button常用属性如下表所示。

属性	说明	用法示例
text	按钮的文本内容	text="单击"
font	设置字体与字体大小	font=("黑体", 20)
fg与bg	fg为字体颜色/bg为背景颜色	fg="red", fg="#121234"
width与height	宽度与高度	width = 5, height=2
cursor	鼠标样式，有pencil笔形, circle圆形, hand1手型1, hand2手型2	cursor="pencil"
command	绑定事件	Button(win, text="确定", command=功能函数)
state	按钮状态，有NORMAL、ACTIVE、DISABLED。默认NORMAL	state= ACTIVE

（续表）

属性	说明	用法示例
image	按钮上要显示的图片	img1=PhotoImage(file="01.png") b1=Button(root, text="单击", image=img1).pack()

3. 实践应用

编写程序

```
#生成题库函数
def tiku():                                                    # 定义函数tiku
    print('生成题库功能函数')
#出题区
fm_chuti=LabelFrame(root,text='出题区',height=90,width=350)
fm_chuti.grid_propagate(0)
fm_chuti.grid(row=1,column=0,padx=5)                           # 单击时调用tiku函数
  #生成题库
btn1 = Button(fm_chuti,text='生成题库',command=tiku)           # 在“出题区”创建按钮
btn1.grid(row=1,column=4,padx=(155,10))                        # 按钮位置
```

测试程序　按照同样的方法，在“答题区”添加“提交”和“下一题”按钮，保存并运行程序，单击“提交”按钮查看运行效果。在IDEL中能够显示“生成题库功能函数”文字，说明按钮添加成功，后面完善按钮事件即可。

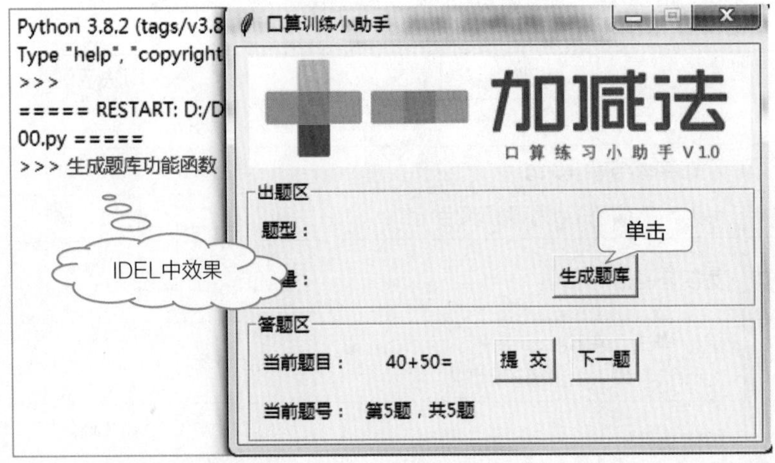

答疑解惑　通过测试程序，单击“生成题库”按钮，在IDEL中显示了“生成题库功能函数”文字内容。如何在建立的图形用户界面窗口中，用按钮控制显示出算式呢？可以使用config方法设置当前题目的text属性来实现。

```
#生成题库函数
def tiku():
    print('生成题库功能函数')
    label_timu.config(text='40+50=')                    # config方法设置text属性
    #生成题库
btn1 = Button(fm_chuti,text='生成题库',command=tiku)
btn1.grid(row=1,column=4,padx=(155,10))
    #当前题目
label_tm = Label(fm_dati,text="当前题目：")
label_tm.grid(row=0,column=0,padx=5,pady=5)
label_timu = Label(fm_dati,text="53+13=",width=10)      # 占位示例
label_timu.grid(row=0,column=1)
```

拓展应用　按钮组件一般用文字作为按钮名称，也可以使用图像当作按钮。若使用图像当作按钮，设置组件参数的时候可以不用设置text属性，如图所示，增加image参数，设置图像对象即可。引用的图像格式一般为gif或png格式。

```
img=PhotoImage(file='图形按钮.gif')                # image图像，当前路径下
btn1 = Button(root,image=img,command=tiku)       # 图像按钮
btn1.place(x=250,y=25)
```

案例 101　完善按钮事件

知识与技能：事件

事件处理，是GUI应用程序必不可少的部分，是人机交互的关键所在，如“口算训练小助手”应用程序中，当按下“出题”按钮后，实现出题的功能，就是“出题”按钮相关联的事件处理。如何通过完善按钮事件，实现出题的功能呢？

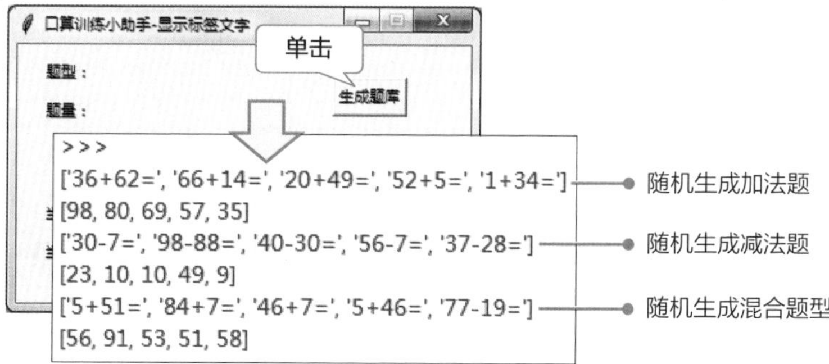

1. 案例分析

通过完善按钮事件，可实现随机出一定数量题目的功能。根据“口算训练小助手”程序的规划，要实现三种组合，分别是出加法题、出减法题、出既有加法又有减法的题，每种组合对应一个函数，根据用户的选择调用对应的函数即可。本案例主要是实现在IDEL中展示出题效果，下面以随机生成一定数量的加法题为例来分析其实现过程。

问题思考

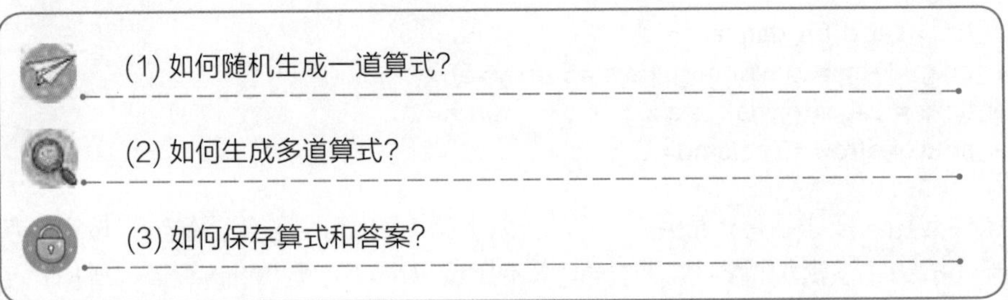

理一理　生成一道加法算式，可以先使用随机数来产生2个加数(使用随机数产生加数前，要先用import random方法导入random库)。产生2个加数后，算式可以通过字符串连接的方式保存在suanshi列表。通过算术运算得出的答案，保存在daan列表。

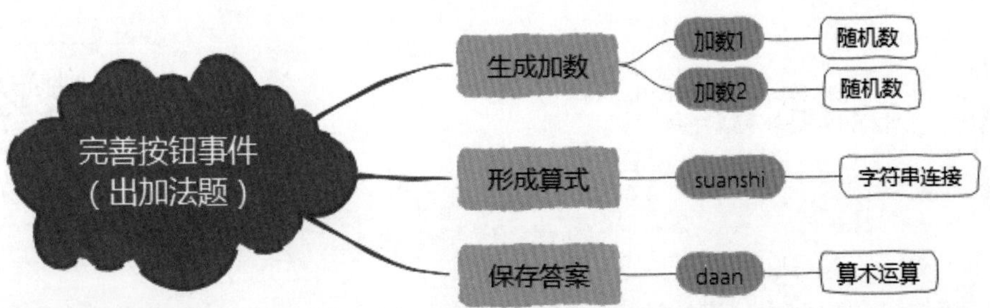

2. 案例准备

随机数的生成方法　使用随机数，要先导入random库，再通过调用函数产生随机数。

```
import random                    #导入random库
print(random.randint(1,5))       #生成1～5的随机数，包含上下限
print(random.randrange(1,5))     #生成1～5的随机数，不包含上限
```

算法设计　随机生成2个加数(条件是2个加数的和不大于100，如果大于100，则重新生成)。确定好加数后，保存算式和结果。生成下一题，直至所有题目生成。本案例的算法思路如下图所示。

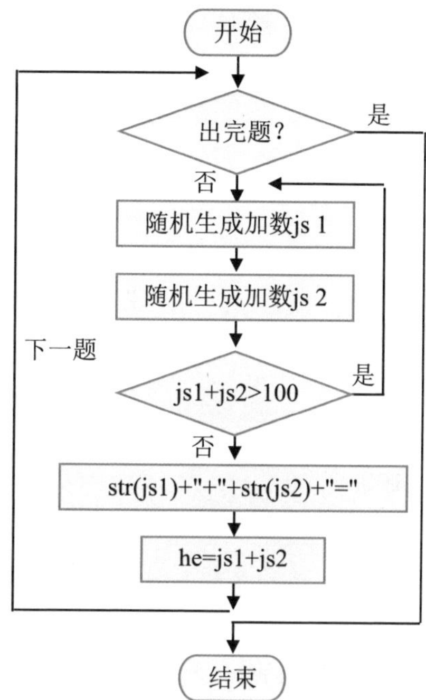

3. 实践应用

编写程序

```
import random
#加法题
def jiafa(num):                                        #生成加法函数，参数为题量
    for n in range(1,num+1):
        js1=random.randint(1,100)
        js2=random.randint(1,100)                      #随机生成两个加数
        while(js1+js2>100):                            #判断两个加数的和是否大于100
            js1=random.randint(1,100)
            js2=random.randint(1,100)
        he=js1+js2                                     #计算“和”
        suanshi.append(str(js1)+"+"+str(js2)+"=")      #字符串连接，形成算式并添加到列表
        daan.append(he)                                #保存“和”，添加到列表
    print(suanshi)
    print(daan)                                        #print查看结果
#生成题库函数
def tiku():                                            #tiku函数
    global suanshi,daan                                #定义全局变量
    suanshi=[]
    daan=[]                                            #初始化列表
    jiafa(5)                                           #调用jiafa函数，暂固定为5题
```

测试程序　运行程序，多次单击“出题按钮”，在IDEL中查看出题效果，确定是否符合出题要求。

答疑解惑　通过完善按钮事件，实现了出加法题的功能。那么出减法题该如何实现呢？出减法题和出加法题的算法是基本相同的，只是出减法题的时候，被减数要大于等于减数。

```
#减法题
def jianfa(num):                                    #定义减法函数，参数为题量
    for n in range(1,num+1):
        bjs=0
        js=0
        while(bjs<=js):                             #生成符合条件的被减数和减数
            bjs=random.randint(1,100)
            js=random.randint(1,100)
        cha=bjs-js                                  #计算“差”
        suanshi.append(str(bjs)+"-"+str(js)+"=")    #字符串连接，形成算式并添加到列表
        daan.append(cha)                            #保存“差”，添加到列表
    print(suanshi)
    print(daan)                                     #print查看结果
```

拓展应用　完善了出加法题和减法题的按钮事件，如何实现既有加法又有减法的效果呢？补充流程图后，尝试完善按钮事件，实现既有加法又有减法的混合出题效果。

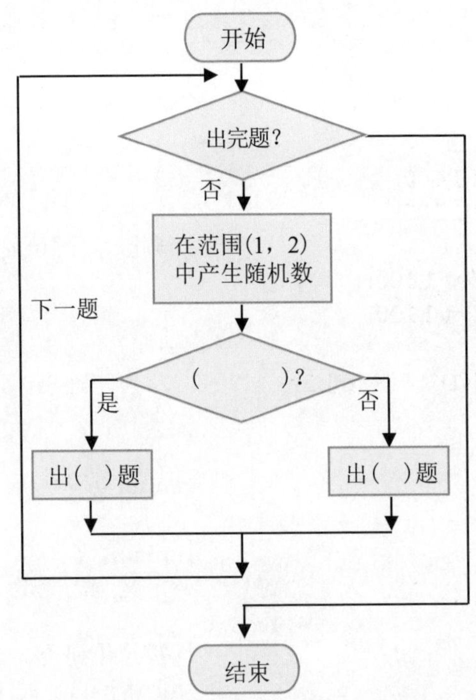

案例 102

搭配口算题型

知识与技能： 复选框

在图形用户界面程序中，复选框是一种常见的GUI元素，通常供用户在几个选项中进行选择。用户可以选中一个或多个选项，增加了程序的灵活性。前面的案例中，完善了按钮事件，实现了出题的功能。根据“口算训练小助手”程序规划，出题功能要根据用户的选择来对应调用函数，可以使用复选框来实现用户的不同选择。怎样在图形用户界面添加复选框，实现下图所示的不同功能呢？

题型：☑ 加法 ☐ 减法 —— 选择“加法”，调用jiafa函数

题型：☐ 加法 ☑ 减法 —— 选择“减法”，调用jianfa函数

题型：☑ 加法 ☑ 减法 —— 选择“加法”和“减法”，调用hunhe函数

题型：☐ 加法 ☐ 减法 —— 没有选择

1. 案例分析

“口算训练小助手”程序设计了“加法”和“减法”两种题型供选择。要实现不同题型的搭配，可以使用复选框，用户可以选择“加法”或“减法”，也可以同时选择“加法”和“减法”等不同的方式。

问题思考

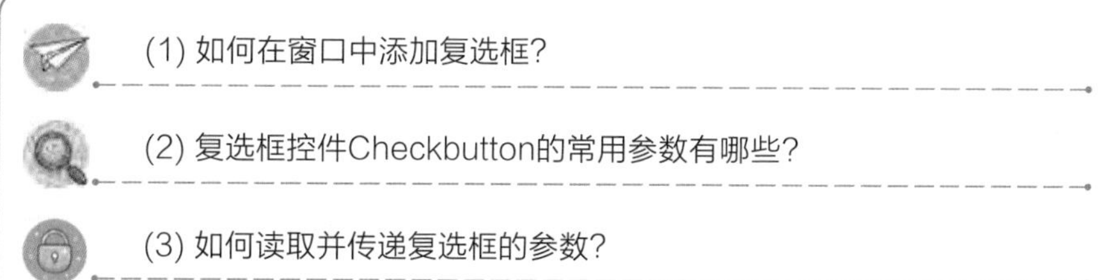

理一理　在图形用户界面上添加复选框，先要调用组件，然后根据“口算训练小助手”程序的规划，在相应位置添加“加法”和“减法”2个复选框。

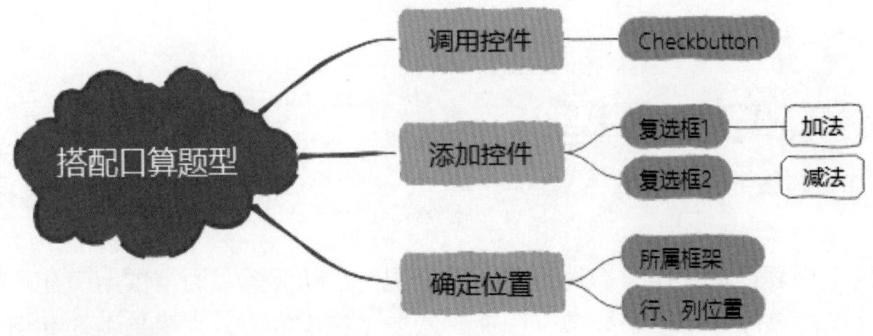

2. 案例准备

复选框组件Checkbutton　复选框组件，也叫多选按钮组件，是用于实现ON-OFF选择的标准组件。每个复选框都可以设置独立的响应函数，也可以多个复选框共同使用一个响应函数。提示信息可以是文字，也可以是图像。

```
from tkinter import *
root = Tk()
root.title('复选框示例')                              #新建窗口
b1 = Checkbutton(root,text='绿色').pack()            #添加复选框b1
b2 = Checkbutton(root,text='蓝色').pack()            #添加复选框b2
```

复选框组件常用属性　复选框组件常用的属性如下表所示。

属性	说明
activebackground	当鼠标放上去时的背景色
activeforeground	当鼠标放上去时的前景色
command	关联的函数，当按钮被点击时，执行该函数
state	状态，默认为 state=NORMAL
text	显示的文本，使用 \n 来对文本进行换行
variable	变量，variable 的值为 1 或 0，代表着选中或不选中
onvalue	不仅是 1 或 0，可以是其他类型的数值，可以通过该属性设置 Checkbutton 的状态值
offvalue	不仅是 1 或 0，可以是其他类型的数值，可以通过该属性设置 Checkbutton 的状态值

3. 实践应用

编写程序

```
#生成题库函数
def tiku():
    global suanshi,daan,tihao,total                         # 定义全局变量
    if(tx_Var1.get()==0 and tx_Var2.get()==0):              # “加法”和“减法”都没选
        print('请先选择题型！')                                # 暂时print文字题型，后面完善
    else:
        suanshi=[]                                          # suanshi列表初始值为空
        daan=[]                                             # daan 列表初始值为空
        tihao=1                                             # 题号初始值为1
        total=5                                             # 题量暂定为5题
        if (tx_Var1.get()==1 and tx_Var2.get()==0):         # 选择“加法”
            jiafa(total)                                    # 出“加法”题
        if (tx_Var1.get()==0 and tx_Var2.get()==1):         # 选择“减法”
            jianfa(total)                                   # 出“减法”题
        if (tx_Var1.get()==1 and tx_Var2.get()==1):         # “加法”和“减法”都选
            hunhe(total)                                    # 出既有“加法”又有“减法”题
        label_timu.config(text=suanshi[tihao-1])            # 显示题目
        label_tihao.config(text='第%d题，'%tihao+'共%d题'%int(total))
  #题型                                                      # 显示当前题号
label_tixing = Label(fm_chuti,text="题型：")
label_tixing.grid(row=0,column=0,padx=5,pady=5)
tx_Var1 = IntVar()                                          # 定义选项关联变量
tx_Var2 = IntVar()
tx_1 = Checkbutton(fm_chuti,text='加法',variable=tx_Var1,onvalue=1,offvalue=0)
tx_1.grid(row=0,column=1)                                   # “加法”选项
tx_2 = Checkbutton(fm_chuti,text='减法',variable=tx_Var2,onvalue=1,offvalue=0)
tx_2.grid(row=0,column=2)                                   # “减法”选项
```

测试程序　单击“生成题库”按钮，调用tiku函数，分别测试各种搭配，运行程序观察执行结果。

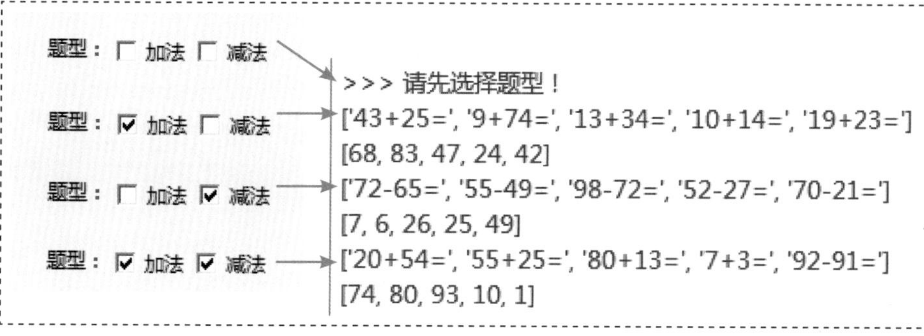

答疑解惑　题量暂定5题，也可以暂定10题。为何要在此处把题量变量total暂定呢？题量的选择是要根据用户的选择来进行设置的。本案例主要研究如何用复选框来实现题型的搭配。当完善题量的选择后，优化此处即可实现根据用户的选择确定题量。

拓展应用　在“口算练习小助手”应用程序中，设计了“加法”“减法”两个选项供用户选择。实际应用中，用复选框设计多项选择的时候，往往需要更多的选项，如何增加更多的选项供用户选择呢？

案例103 单选答题数量

知识与技能：单选框

图形用户界面程序中，不仅有供用户进行多项选择的复选框，也有单选框，即只允许用户在一组选项中选择其中一个，也就是同一组的一个选项被选中后，其他自动改为非被选中状态。在“口算训练小助手”应用程序中，需要用户在多种题量中选择一种，如何使用单选框来实现题量的选择呢？

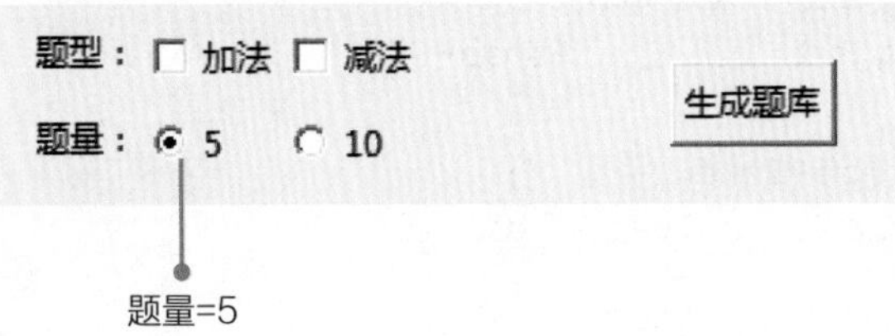

1. 案例分析

在上一个案例中，我们暂定题量为“5”，实现出题的功能。在“口算训练小助手”应用程序中，可以在界面上添加单选框，根据用户的选择，实现题量的确定。

问题思考

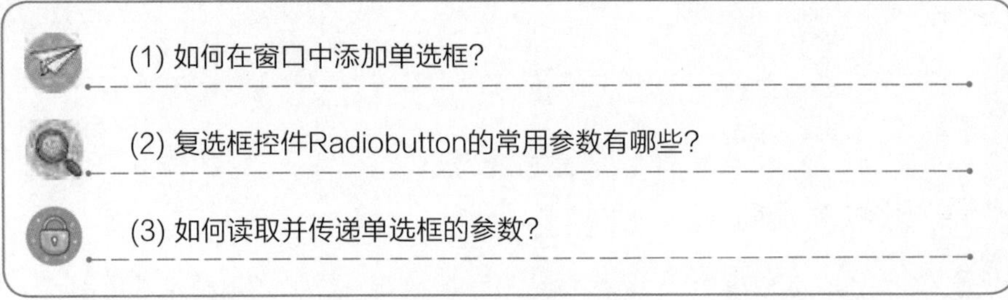

理一理　在图形用户界面上添加单选框，先要调用组件，然后根据“口算训练小助手”应用程序的设计，在设定的位置添加“5”和“10”2个单选框。

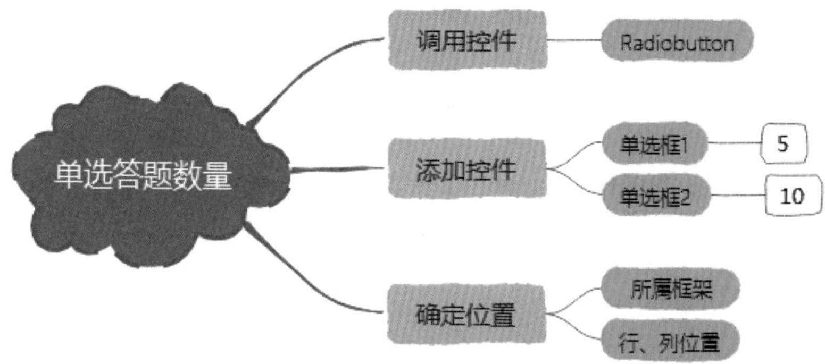

2. 案例准备

单选框组件Radiobutton　单选框组件用于添加单选按钮，单选框可以添加文本和图像。当单选框勾选时，只有一个选项可以被用户选择，然后可以执行指定的函数，或者获取勾选的值。

```
from tkinter import *
root = Tk()
root.title('单选框示例')                        #新建窗口
b1 = Radiobutton(root,text='选项一').pack()    #添加单选框b1
b2 = Radiobutton(root,text='选项二').pack()    #添加单选框b2
```

单选框组件常用属性　单选框组件Radiobutton常用属性如下表所示。

属性	说明
command	关联的函数，当按钮被点击时，执行该函数
state	状态，默认为 state=NORMAL
text	显示的文本，使用\n来对文本进行换行
variable	此单选按钮与组中的其他单选按钮共享的控制变量
value	当用户选定单选按钮时，其控制变量设置为其当前值选项
activebackground	当鼠标放上去时的背景色
activeforeground	当鼠标放上去时的前景色
compound	1. 默认值为 None，控制文本和图像的混合模式 2. 如果该选项设置为 center，文本显示在图像上(文本重叠图像) 3. 设置为 bottom，left，right 或 top时，图像显示在文本的旁边

3. 实践应用

编写程序

```
 #题量
label_tiliang = Label(fm_chuti,text="题量：")
label_tiliang.grid(row=1,column=0,padx=5,pady=5)
tl_var = IntVar()                                                    # 定义变量
tl_1 = Radiobutton(fm_chuti,text="5",variable=tl_var,value=5)
tl_1.grid(row=1,column=1)                                            # 选项一：5
tl_2 = Radiobutton(fm_chuti,text="10",variable=tl_var,value=10)
tl_2.grid(row=1,column=2)                                            # 选项二：10
```

测试程序　函数tiku中“题量”变量total=5，修改为total=tl_var.get()，以获取单选框的选择结果，运行程序，观察运行结果。

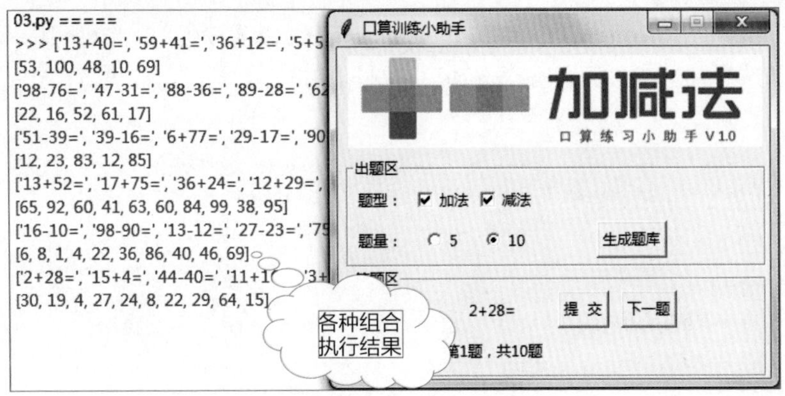

答疑解惑　测试程序时，当“题量”选择5或者10的时候，程序能够实现指定题量的口算题。但当没有选择时会出现错误提示，该如何修正这个问题呢？可以通过set方法，设置默认值为5。

```
 #题量
label_tiliang = Label(fm_chuti,text="题量：")
label_tiliang.grid(row=1,column=0,padx=5,pady=5)
tl_var = IntVar()
tl_var.set(5)                                            # 使用set方法，设置默认选项
tl_1 = Radiobutton(fm_chuti,text="5",variable=tl_var,value=5)
tl_1.grid(row=1,column=1)
tl_2 = Radiobutton(fm_chuti,text="10",variable=tl_var,value=10)
tl_2.grid(row=1,column=2)
```

拓展应用　本案例通过单选框组件，为“口算训练小助手”应用程序实现了两种题量的选择。想一想，要想实现更多题量的选择，如20题或者50题，该如何实现呢？

案例 104　输入算式答案

知识与技能： 输入框

在用户界面中，有时候需要用户输入内容，从而实现程序与用户的交互，如当用户登录软件时，输入用户名和密码。在“口算训练小助手”应用程序中，需要用户输入答案，Tkinter库中哪个组件能够实现这项功能呢？

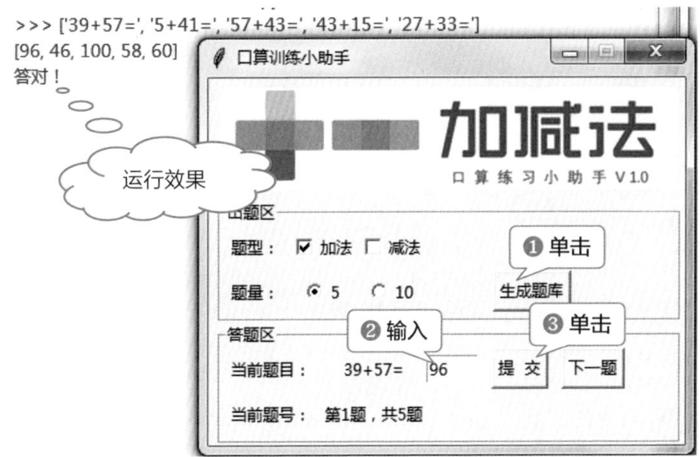

1. 案例分析

在“口算训练小助手”应用程序生成题库后，用户可以开始答题，输入答案，提交答案后，程序通过读取用户的输入，判断结果对错。当需要从键盘输入答案时，要用到输入框组件Entry。

问题思考

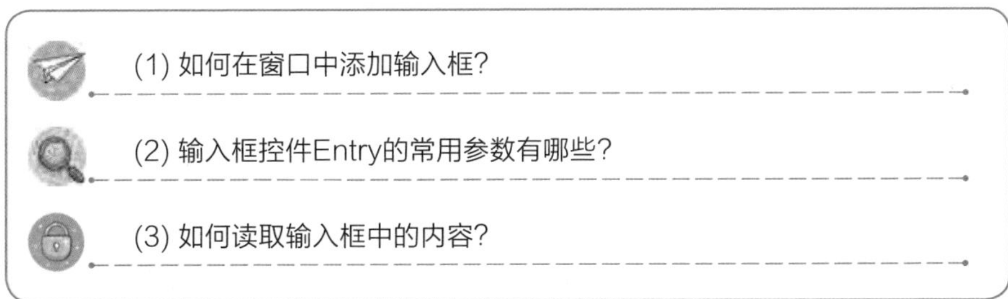

(1) 如何在窗口中添加输入框？

(2) 输入框控件Entry的常用参数有哪些？

(3) 如何读取输入框中的内容？

理一理　根据“口算训练小助手”应用程序的规划，需要用户输入答案，完成答题。使用tkinter库先调用组件后，在指定位置添加组件。

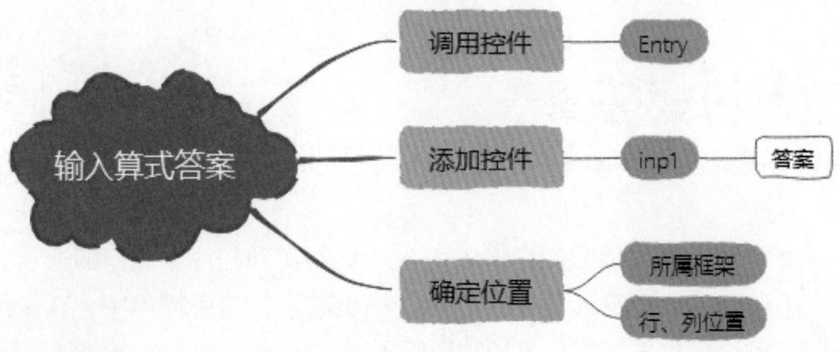

2. 案例准备

输入框组件Entry　在GUI程序界面中添加输入框组件，先要新建窗口，然后定义组件，设置属性，确定布局方式显示在窗口中。

```
from tkinter import *
root = Tk()
root.title('输入框示例')                         #新建窗口
b1 = Entry(root,bg='yellow',width=20)           #添加输入框b1
b1.pack()
```

输入框组件常用属性　输入框组件Entry常用属性如下表所示。

属性	说明
cursor	光标形状
xportselection	默认情况下，如果在输入框中选中文本会复制到粘贴板，如果要忽略这个功能，可以设置为 exportselection=0
selectbackground	选中文字时的背景色
selectforeground	选中文字时的前景色
show	指定输入框内容显示为字符
textvariable	输入框内的值，使用 StringVar() 对象来设置，而 text 为静态字符串对象
xscrollcommand	设置输入框内容滚动条
state	输入框状态，分为只读和可写，值为normal、disabled

算法设计　本案例的算法思路如下图所示。

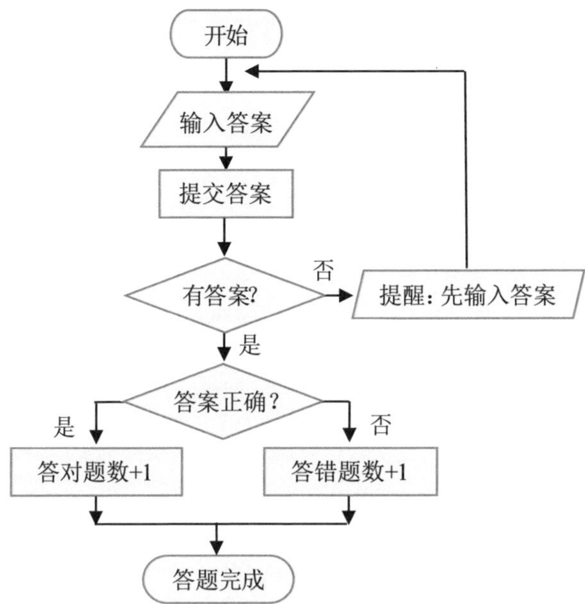

3. 实践应用

编写程序

```
  #提交答案
flag_dati=0                                              # 初始化答题标志，默认为0
def dati():
  global flag_dati,suanshi,daan,tihao,num_right,num_wrong   # 定义全局变量
  if (flag_dati ==1) :                                   # 答题标志，确定是否可以答题
    if (Var_huida.get()==''):                            # 若输入框内容为空
      print('还没有输入答案！')
    else:
      if (int(Var_huida.get())==int(daan[tihao-1])):     # 输入内容等于当前题目答案？
        num_right=num_right+1                            # 答对处理
        print('答对！')
      else:
        num_wrong=num_wrong+1                            # 答错处理
        print('答错！')
  else:
    print('题库未生成，不能答题！')
  #答案
Var_huida=StringVar()                                    # 定义变量，获取输入框内容
inp1 = Entry(fm_dati,width=5,textvariable=Var_huida)     # 添加输入框控件
inp1.grid(row=0,column=2)                                # 定位
```

测试程序　运行程序，分别测试以下几种情况：一是当未生成题库时，直接“提交”答案，是否print提示“题库未生成，不能答题！”；二是答案输入框中，不输入答案，直接“提交”答案，是否print提示“还没有输入答案！”；三是当输入答案，提交后，是否print提示“答对！”或“答错！”。

答疑解惑　在编写GUI程序时，为什么还要在IDEL中print信息呢？编写程序的时候，常在IDEL中print中间结果，这样可以随时查看程序中间值或者结果是否正确，在后期优化程序时可以对应替换或删除print命令行。

拓展应用　根据输入框组件常用属性表，尝试设置Entry参数，观察程序运行结果，并调试进一步优化程序。

案例105 提示错误信息

知识与技能：消息提示框

在图形用户界面程序中，需要将重要的消息传递给用户，为用户提供操作的反馈。向用户报告错误或发出警告等情形时多用到消息提示框，它在软件应用中无处不在。在“口算训练小助手”程序中，如何使用消息提示框来让程序更加友好呢？

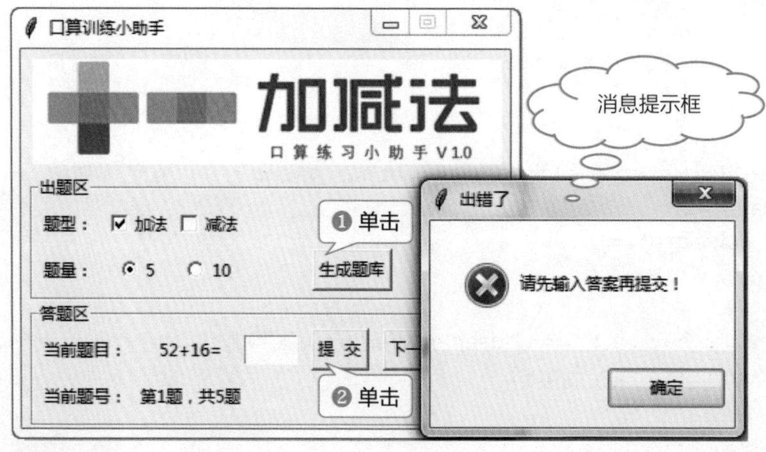

1. 案例分析

在“口算训练小助手”程序中，若没有选择题型就单击“生成题库”按钮时，会提示“请先选择题型！”；若没有输入答案直接单击“提交”按钮时，会提示“请先输入答案再提交！”；当答完最后一题单击“下一题”按钮时，会提示答对题数和答错题数。这些都可以使用消息提示框来实现。

问题思考

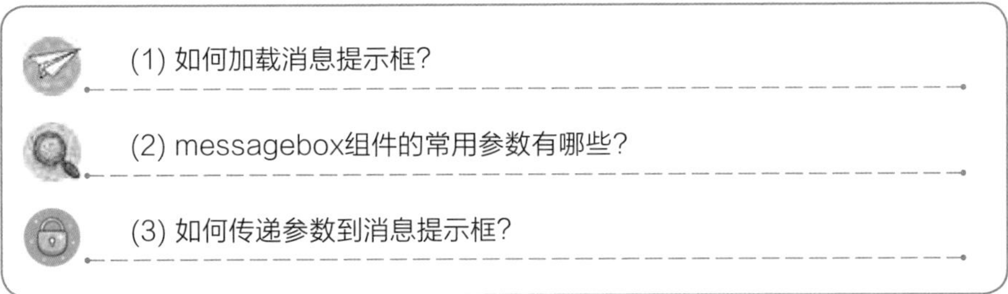

理一理　在运行“口算训练小助手”程序的“出题”“答题”功能时，错误提示或警告消息通常用print方式处理，但print只是在IDEL中显示消息，程序窗口中没有消息提示。为了使程序更具交互性，可以根据错误情况调用messagebox组件，实现在程序界面提示错误消息的效果。

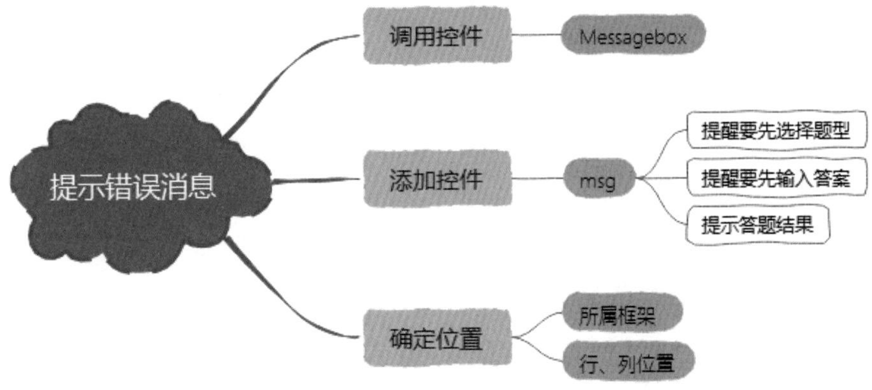

2. 案例准备

对话框的分类　Python中的tkinter模块内有messagebox模块，提供了8个对话框，这些对话框应用在不同场合，如下表所示。

消息对话框	说明
showinfo(title,message,option)	显示消息提示
showwarning(title,message,option)	显示警告消息
showerror(title,message,option)	显示错误消息
askquestion(title,message,option)	显示询问消息
askokcancle(title,message,option)	显示“确定”或“取消”(对应返回True或False)
askyesno(title,message,option)	显示“是”或“否”(对应返回True或False)

（续表）

消息对话框	说明
askyesnocancle(title,message,option)	显示“是”“否”和“取消”(取消对应返回None)
askretrycancle(title,message,option)	显示“重试”和“取消”(对应返回True或False)

消息对话框Messagebox　messagebox是tkinter中的一个模块，需要通过from...import...引入该模块，才能使用各会话消息框。

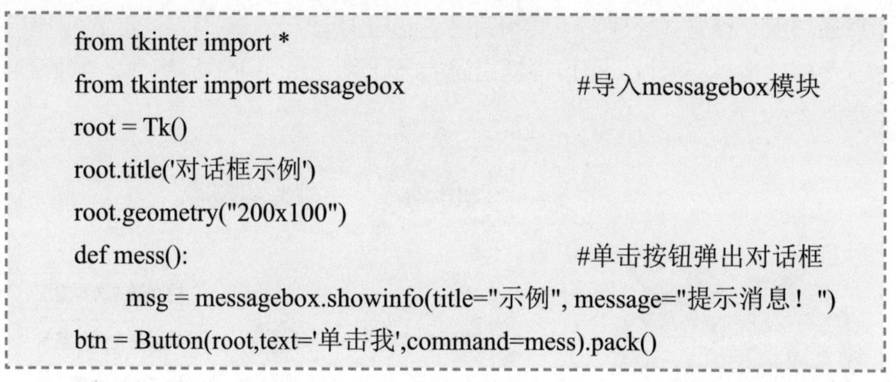

```
from tkinter import *
from tkinter import messagebox                    #导入messagebox模块
root = Tk()
root.title('对话框示例')
root.geometry("200x100")
def mess():                                        #单击按钮弹出对话框
    msg = messagebox.showinfo(title="示例", message="提示消息！")
btn = Button(root,text='单击我',command=mess).pack()
```

算法设计　下面以“口算训练小助手”中的“下一题”功能为例，当全部题目答题完毕后，提示答对题数和答错题数，探究参数如何传递到消息对话框中。算法思路如下。

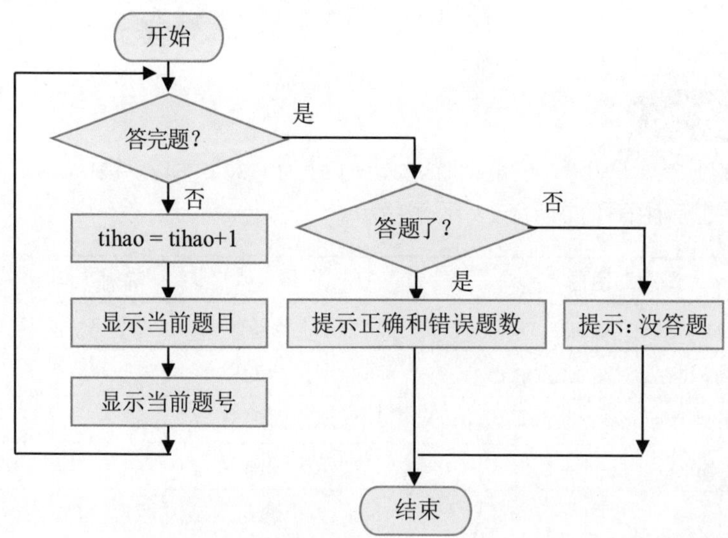

3. 实践应用

编写程序

```
#下一题
def xiati():
  global suanshi,daan,tihao
  if (int(tihao)<int(total)):                                    # 是否最后一题
    tihao=tihao+1                                                 # 更新当前题号
    Var_huida.set('')                                             # 清空答案输入框
    label_timu.config(text=suanshi[tihao-1])                      # 显示当前题目
    label_tihao.config(text='第%d题，'%tihao+'共%d题'%int(total))  # 显示当前题号
  else:                                                           # 是最后一题
    btn2.config(state=DISABLED)
    btn3.config(state=DISABLED)                                   # 答完题，按钮禁用
    if num_right+num_wrong==0:                                    # 是否有答案
      label_tihao.config(text='没有答题！')                        # 当前题号提示消息
      msg = messagebox.showerror(title="出错了",message='没有答题！')
    else:                                                         # 消息提示框
      label_tihao.config(text='答题完毕！')
      msg=messagebox.showinfo('成绩','正确题数:%d  '%\
                num_right+'错误题数：%d'%num_wrong)                # 消息提示框
      #save_score(int(num_right/total*100))                       # 保存成绩(备用)
```

测试程序　保存并运行程序，查看运行效果。

答疑解惑　messagebox对话框有多个应用场合，如显示提示消息，显示警告消息，显示错误消息，显示询问消息等8种对话框。结合“口算训练小助手”，尝试使用其他类型的对话框。

拓展应用　针对“口算训练小助手”程序的规划，进一步细化消息对话框，完善消息提示内容，使程序更加友好，更具交互性。

案例 106　保存口算成绩

知识与技能：Excel文件

在图形用户界面程序中的数据，有时需要长期保存，如“口算训练小助手”中的答题成绩，如果不保存在文件中，程序关闭后数据就会丢失，无法全面了解训练成果。图形用户界面程序中的数据可以保存在Excel文件中，供用户汇总成绩和查看训练成果。如何打开Excel文件并保存口算成绩呢？

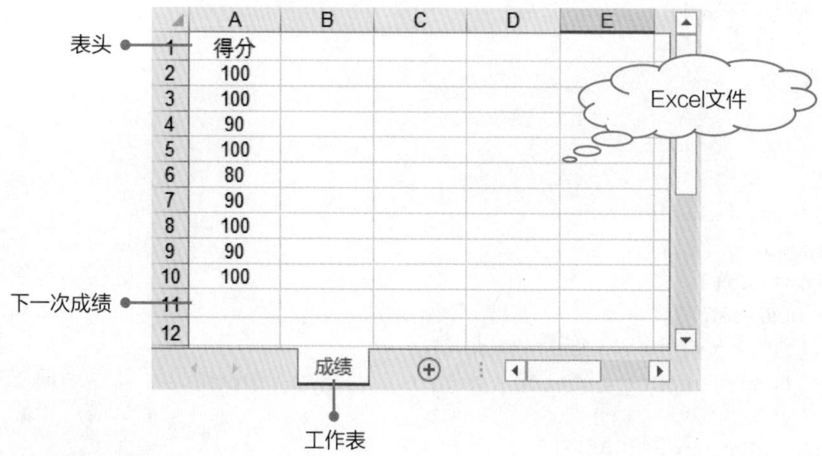

1. 案例分析

在“口算训练小助手”程序中，可以定义保存成绩函数，每次答完题后自动保存成绩到Excel文件中。

问题思考

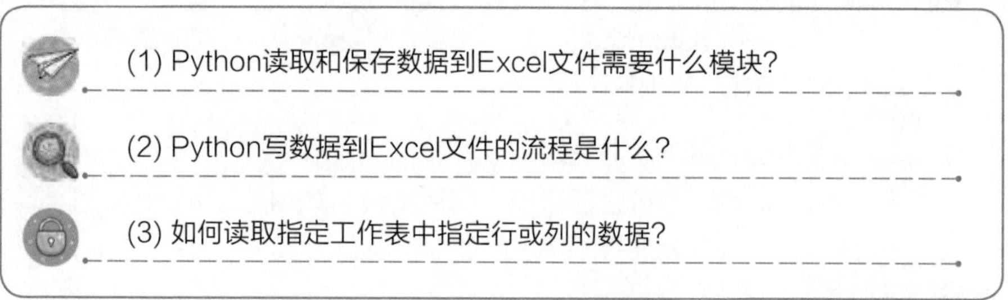

理一理　Python将数据保存在Excel文件中，需要安装相对应的库，然后创建Excel文件对象或者打开已有的Excel文件，再选择或创建一个工作表，写入数据后保存文件。

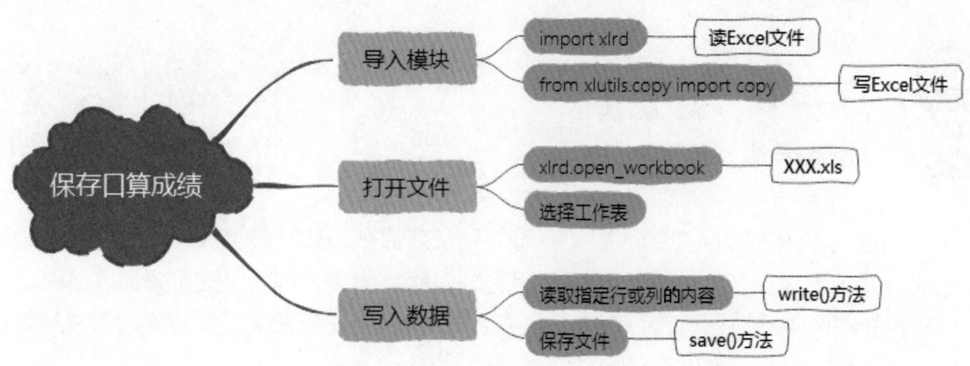

2. 案例准备

导入模块　Python写数据到Excel文件，要先打开Excel文件，读取Excel文件时需用到xlrd模块，写数据时要用到xlutils模块。 这两个模块属于第三方模块，安装这两个模块的命令分别为pip install xlrd==1.2.0和pip install xlutils。模块安装完成就可以导入了。

```
import xlrd                          #导入xlrd模块
from xlutils.copy import copy        #导入xlutils模块
```

xlrd读取Excel文件　安装完xlrd模块后，就可以对Excel文件进行读取了。

```
import xlrd                                     #导入xlrd模块
wb = xlrd.open_workbook('xxx.xls')              #打开文件
sheet = wb.sheet_by_index(0)                    #选择工作表
print('sheet的名称：', sheet.name)
print('sheet的总行数：', sheet.nrows)
print('sheet的总列数：', sheet.ncols)
print('第2行第1列的值为：', sheet.row_values(1)[0])
print('第3行的值为：', sheet.row_values(2))
print('第2列的值为：', sheet.col_values(1))
print('第3行第2列的值为：', sheet.cell_value(2,1))
```

3. 实践应用

编写程序

```
import xlrd                                                           # 导入模块
from xlutils.copy import copy                                         # 导入模块
  #保存成绩
def save_score(n):                                                    # 定义函数
   data=xlrd.open_workbook(r'score.xls',formatting_info = True)       # 打开文件
   sheet=data.sheet_by_name('成绩')                                   # 确定工作表
   x=sheet.col_values(0)                                              # 读取第1列
   y=len(x)                                                           # 计算行数
   print(y)
   copy_data=copy(data)                                               # 复制数据
   new_sheet=copy_data.get_sheet(0)                                   # 读取第1列
   new_sheet.write(y,0,n)                                             # 在最后一行后添加数据
   copy_data.save(r'score.xls')                                       # 保存文件
```

测试程序　保存并运行程序，完成一轮答题后，打开Excel文件查看成绩保存结果。

答疑解惑　在运行程序时，不能打开Excel文件，否则在保存成绩的时候会提示错误。本案例使用常用的Excel文件保存成绩数据，Python不仅可以读写Excel文件，还可以读写文本文件、CSV格式类型的文件。

拓展应用　本案例选择xlrd库和xlutils库，完成Excel数据文件的读取和追加，还有其他类型的库可以完成，如Panda库。我们可以探究如何使用其他库来完成口算成绩的保存。

案例107 添加功能菜单

知识与技能：菜单

菜单也是图形用户界面程序中的一种常见界面元素，主要用于为用户提供与程序进行交互的操作选项。菜单的作用在于为用户提供了一种简洁、快捷的方式，以便用户可以轻松地找到和使用程序中的功能。通过菜单，可以执行程序中的各种操作，如打开文件、保存文件、复制、粘贴等。菜单可以提高程序的易用性和用户体验，下面我们尝试为“口算训练小助手”程序添加菜单。

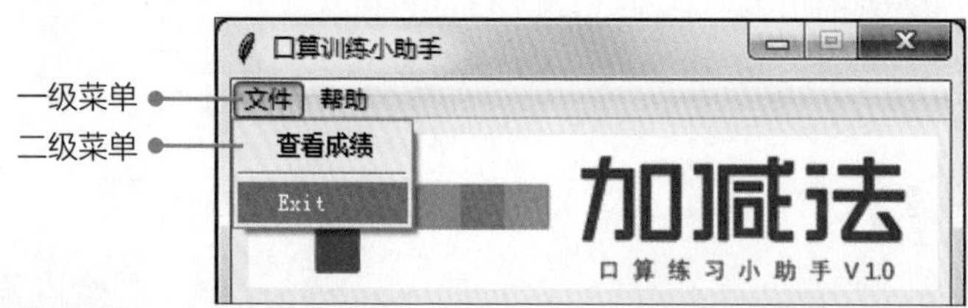

1. 案例分析

菜单几乎是所有图形窗口的必备设计，tkinter库中创建菜单可通过Menu组件来实现。

问题思考

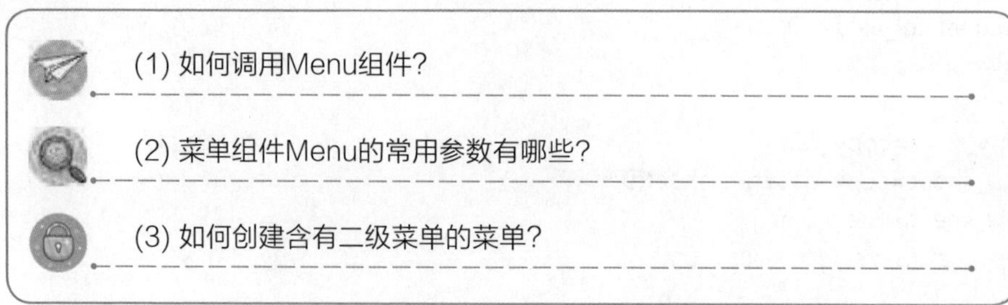

(1) 如何调用Menu组件？

(2) 菜单组件Menu的常用参数有哪些？

(3) 如何创建含有二级菜单的菜单？

理一理　用tkinter库创建菜单，先要调用Menu控件，然后建立最上层菜单(一级菜单)，可以根据需要在一级菜单下创建二级菜单，最后使用config()方法显示菜单对象。

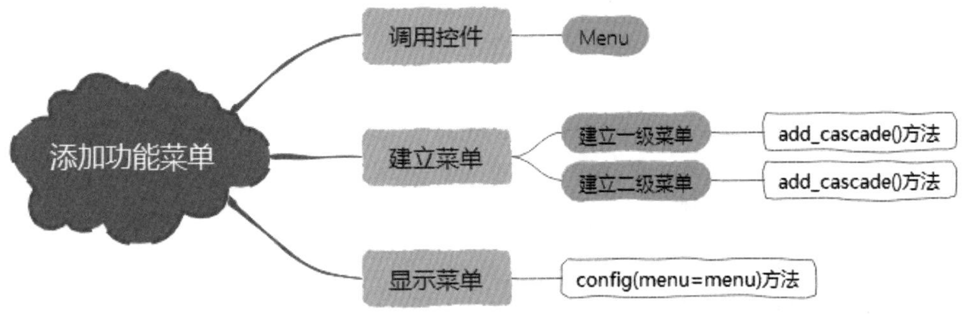

2. 案例准备

菜单组件Menu　通常先在菜单最上方建立菜单类别，然后在各菜单类别内建立相关子菜单列表，这些子菜单列表是用下拉式窗体显示的。

```
from tkinter import *
def hello():                                        # 菜单关联事件
    print('hello')
root = Tk()
menu = Menu(root)                                   # 建立最上层菜单
filemenu = Menu(menu, tearoff=0)
for item in ['python', 'c++', 'else']:
    filemenu.add_command(label=item, command=hello)        #二级菜单
menu.add_cascade(label='编程语言', menu=filemenu)           #一级菜单
root['menu'] = menu                                 # 显示菜单
```

Menu组件常用属性　菜单组件Menu常用属性如下表所示。

属性	说明
font	设置字体
fg	菜单列表未被选取时的前景色
bg	菜单列表未被选取时的背景色
disabledforeground	当菜单项的状态为DISABLED时，文字的显示颜色
image	菜单的图标
tearoff	菜单上方的分割线，通常设置为0

3. 实践应用

编写程序

```
#菜单栏
menu = Menu(root)                                          # 建立一级菜单“文件”
file_menu = Menu(menu, tearoff=0)                          # 创建菜单对象
menu.add_cascade(label='文件', menu=file_menu)
file_menu.add_cascade(label='查看成绩',command=view_score)  # 二级菜单
file_menu.add_cascade(label='Exit', command=root.destroy)   # 二级菜单
edit_menu = Menu(menu, tearoff=0)
menu.add_cascade(label='帮助', menu=edit_menu)              # 建立一级菜单“帮助”
root.config(menu=menu)                                     # 显示菜单
```

测试程序　保存并运行程序，观察程序运行状态。在制作菜单栏的时候，“查看成绩”关联了view_score函数，用于显示成绩。由于该函数还未创建，所以在测试程序的时候可以暂时删除“,command=view_score”。

答疑解惑　本案例中，Exit菜单使用destroy方法实现关闭程序窗口，quit函数也可用于退出tkinter应用程序。在Tkinter中，quit()和destroy()都可用于关闭一个窗口，它们的作用有所区别，前者用于退出应用程序的主循环，而后者用于销毁某个窗口或小部件。在编写Tkinter应用程序时，可以使用其中一个或两个函数来实现需求。

拓展应用　创建菜单的时候，为了使下拉式菜单更清晰地展示，往往使用分割线分隔下拉式菜单，添加分割线可以使用add_separator()方法，如在程序的“查看成绩”选项下添加风格线，可以添加一行代码file_menu.add_separator()。

案例108 呈现成绩统计

知识与技能： 折线统计图

数据统计图是一种图形化的表达方式，能够清晰、直观地描述数据的分布规律与趋势，实现数据的可视化，帮助人们更好地理解和分析数据。为了跟踪观察口算训练情况，可以运用折线统计图来对成绩进行可视化显示。

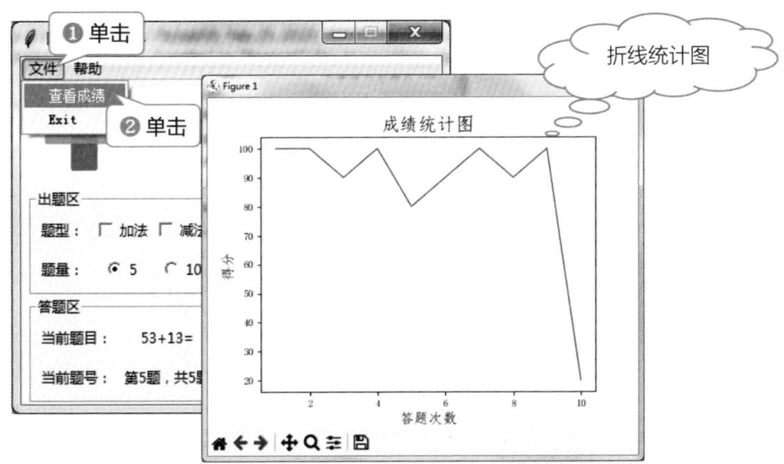

1. 案例分析

要将“口算训练小助手”保存在Excel文件中的成绩用折线统计图呈现，可以先读取Excel中的数据，然后把数据添加到折线统计图上，实现数据的可视化。

问题思考

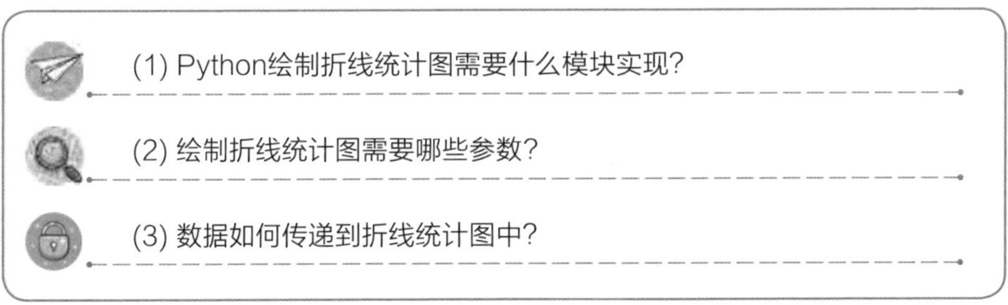

理一理　要呈现成绩统计结果，应先通过xlrd模块读取保存成绩的Excel文件，然后设置统计图的标题、横纵坐标名称，并且加载横纵坐标数据，最后显示图表。

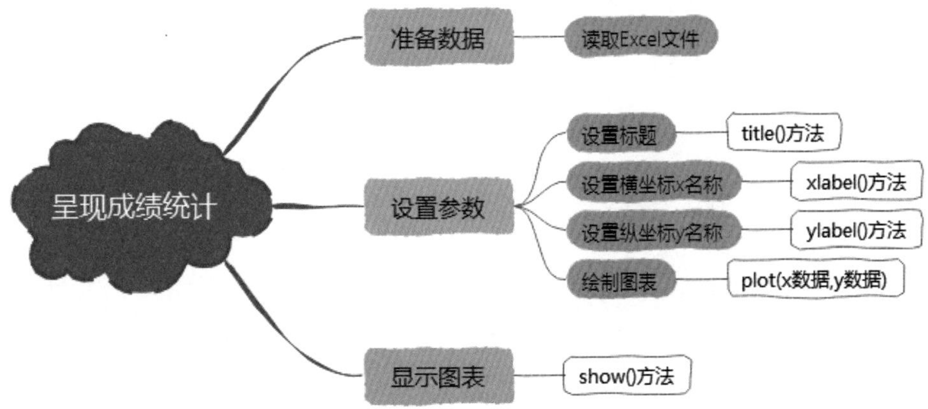

2. 案例准备

安装matplotlib模块　Python绘制折线统计图要用到第三方模块matplotlib。pip源安装模块时默认网站速度慢，可以先把pip源永久更换为清华的服务器，然后再使用pip install matplotlib安装模块。

绘制折线统计图　折线统计图可以清晰地展示数据趋势，便于对数据进行分析。加载好matplotlib模块后，就可以绘制折线统计图了。

```
import matplotlib.pyplot as plt                  # 导入模块
plt.figure(figsize=(10, 5), dpi=80)              # 设置生成图像大小和分辨率
x = [1,2,3,4,5,6,7,8,9,10]                       # x轴数据
y = [23, 10, 38, 30, 36, 20, 28, 36, 16, 29]     # y轴数据
plt.rcParams['font.sans-serif']=['FangSong']     # 解决中文乱码
plt.title('折线统计图')                           # 统计图标题
plt.plot(x, y)                                   # 绘制统计图
plt.show()                                       # 显示统计图
```

3. 实践应用

编写程序

```
import matplotlib.pyplot as plt                  # 导入模块
    #查看成绩
def view_score():
    data=xlrd.open_workbook('score.xls')         # 打开Excel文件
    sheet=data.sheet_by_name('成绩')              # 选择工作表
    y=sheet.col_values(0)[1:]                    # y轴数据
    x=(range(1,len(y)+1))                        # x轴数据
    plt.rcParams['font.sans-serif']=['FangSong']
    plt.title('成绩统计图',fontsize=18)
    plt.xlabel('答题次数',fontsize=14)
    plt.ylabel('得分',fontsize=14)
    plt.plot(x,y)                                # 绘制折线统计图
    plt.show()                                   # 显示统计图
```

测试程序　保存并运行程序，观察程序运行结果。执行多次口算练习，观察统计图中是否显示最新成绩。

答疑解惑　使用matplotlib模块时，由于该库中没有中文字体，所以有时无法正确显示中文。案例中设置统计图标题为中文标题时，要使用rcParams访问并修改加载的配置项，如设置字体为FangSong(仿宋)，以解决中文乱码的问题。

拓展应用　统计图有多种形式，每一种统计图都有特定的用处。案例中确定了横坐标和纵坐标数据，能否直接利用这些数据绘制其他类型的统计图呢？